カーボンニュートラルの夢と現実

欧州グリーンディールの成果と課題

蓮見　雄・高屋定美 編著

文眞堂

目　次

総　論

序　章　欧州グリーンディールの成果と
　　　　　社会実装の課題 ……………………………………（蓮見　雄）3

　1. 問われる欧州グリーンディールの実効性 ………………………………… 3
　2. 法整備進む欧州グリーンディールと3つのトレードオフ ……………… 6
　3. 本書の構成 ………………………………………………………………… 16
　4. 出版について ……………………………………………………………… 22

第Ⅰ部　エネルギー・環境

第1章　風力発電と送電インフラ ………………………………（安田　陽）27

　はじめに ……………………………………………………………………… 27
　1. グリーンディール前史：
　　　欧州連合の再生可能エネルギー政策の歴史 ………………………… 28
　2. 欧州における送配電インフラ ………………………………………… 35
　3. 欧州グリーンディールの中の再生可能エネルギーの位置付け ………… 38

第2章　グリーンディールの中の太陽光
　　　　―REDⅢ，導入の加速化，サプライチェーンリスク― ………（道満治彦）44

　はじめに ……………………………………………………………………… 44
　1. EUにおける再生可能エネルギーの導入量の増加とその要因 ………… 45
　2. EU再生可能エネルギー指令の歴史的経緯とREDⅢ ………………… 47
　3. EUにおける太陽光発電普及の現況と課題 …………………………… 50

ii 目 次

小括 ·· 56

第3章 グリーン水素市場創出の
主導権確保を目指すEU ································· (蓮見 雄) 58

はじめに ·· 58

1. グリーン水素のポテンシャルとR＆D＆Dの必要性 ························· 59

2. EU水素戦略の展開とウクライナ戦争を契機とする水素戦略の加速 ····· 61

3. 水素アクセラレーター・イニシアチブ ·································· 64

4. 欧州水素銀行 ·· 66

おわりに ·· 68

第4章 EUによる炭素国境調整メカニズムの背景,
論点, 今後の展望 ································· (明日香壽川) 71

はじめに ·· 71

1. CBAMが必要とされる理由：国際競争力喪失とは ······················· 73

2. 2012年のEU ETS域外拡張の試み ······································ 75

3. WTOルールとの整合性問題 ·· 76

4. 公平性原則との整合性問題 ·· 78

まとめと今後の展望 ·· 79

第Ⅱ部 産 業

第5章 EUグリーンディール産業政策のカギを握る
欧州自動車産業 ···································· (細矢浩志) 85

はじめに ·· 85

1. EU自動車産業政策の展開 ·· 85

2. 欧州自動車企業の「脱炭素」戦略 ·· 87

3. EGD産業政策に対する産業界の対応 ·································· 96

むすびにかえて ·· 98

目　次　iii

第6章　ポーランド車載電池大国における
「競争と協業」の新たな事業展開 ………………………… （家本博一）101

　はじめに ……………………………………………………………… 101
　1.　ポーランドにおける車載電池ビジネスの「現在地」 …………… 102
　2.　ポーランドでの車載電池ビジネスの新たな歩み
　　　―事業環境の変化のインパクト ………………………………… 104
　おわりに―ポーランドにおける車載電池ビジネスの今後の可能性 ………… 112

第7章　EUプラスチック政策および関連国際動向
―循環型経済の視点から― …………………………… （粟生木千佳）114

　はじめに ……………………………………………………………… 114
　1.　EU循環型経済政策におけるプラスチックの位置付け ………… 114
　2.　プラスチック汚染に関する国際交渉委員会の議論 …………… 120
　おわりに ……………………………………………………………… 121

第8章　欧州グリーンディール「自然の柱」と農業
―戦略的対話へ向けて― …………………………………… （平澤明彦）125

　はじめに ……………………………………………………………… 125
　1.　欧州グリーディールと農業 ……………………………………… 126
　2.　脱炭素と農林業 …………………………………………………… 129
　3.　自然の柱の展開と後退 …………………………………………… 132
　おわりに ……………………………………………………………… 137

第9章　EUサーキュラー・エコノミー
戦略の要点と現状 ………………………………………… （太田　圭）140

　はじめに　サーキュラー・エコノミーへの
　関心の高まりとEUの取組み ……………………………………… 140
　1.　サーキュラー・エコノミーとは ………………………………… 140
　2.　EUサーキュラー・エコノミー戦略の発展段階と現状 ………… 144

iv 目 次

3. 製品レベルからサーキュラー・エコノミーを実現するエコデザイン ······· 149

4. 製品の持続可能性の情報基盤となるDPP ······················· 151

5. EUサーキュラー・エコノミーの課題 ····························· 153

6. 重要原材料（CRM）の確保と資源効率性 ······················· 154

おわりに ·· 157

第10章 欧州新産業戦略の展開と財政・金融 ············· （蓮見 雄）159

はじめに ·· 159

1. 欧州グリーンディールにおける産業戦略の位置 ·············· 159

2. シークエンシング問題と欧州新産業戦略の展開 ·············· 162

3. 脱ロシア依存の副作用と浮上したサプライチェーン・リスク ······· 166

4. グリーンディール産業計画の要点 ···························· 169

第Ⅲ部 金融・財政

第11章 EUタクソノミーの拡張，CSRD/ESRS，企業持続可能性
デューディリジェンス指令の動向 ························· （石田 周）179

はじめに ·· 179

1. EUタクソノミーの整備と拡張 ······························· 179

2. 持続可能性情報の開示義務に関する枠組み ·················· 186

3. 企業持続可能性デューディリジェンス指令（CSDDD） ············· 190

おわりに——サステナブル・ファイナンスに関する
制度改革の「成果と課題」 ··· 194

第12章 欧州グリーンディールとサステナブル・ファイナンス
—欧州グリーンボンド市場を中心に— ························· （高屋定美）197

はじめに ·· 197

1. 欧州グリーンディールにおける金融の役割と
サステナブル・ファイナンス ··· 197

2. EUサステナブル・ファイナンス行動計画とSFDR，CSRD ·········· 200

目　次　v

 3.　EU気候ベンチマークとEUグリーンボンド基準 ……………………… 202

 4.　欧州グリーンボンドでのグリーニアムの推移 …………………………… 204

 むすびとして：今後の課題 …………………………………………………… 206

第13章　ドイツにおけるグリーンディールの概要とその展望 …………………………… (山村延郎) 211

 はじめに …………………………………………………………………………… 211

 1.　気候保護政策と憲法判例 …………………………………………………… 212

 2.　行政組織の発展と持続可能財政の転換 ………………………………… 215

 3.　金融機関の気候保護対応 …………………………………………………… 218

 4.　大企業による非財務情報の開示と海外調達先への統制 ………………… 222

第14章　オランダのASN銀行によるサステナブル・ファイナンスの取組み …………… (橋本理博) 226

 はじめに …………………………………………………………………………… 226

 1.　ASN銀行とサステナビリティ・ポリシーの概要 ……………………… 227

 2.　気候変動問題への取組み …………………………………………………… 231

 3.　生物多様性問題への取組み ………………………………………………… 233

 おわりに …………………………………………………………………………… 237

第15章　英国におけるグリーンファイナンス戦略の特徴と展望 …………………………… (吉田健一郎) 240

 はじめに …………………………………………………………………………… 240

 1.　英国におけるグリーンファイナンス戦略の始動 ……………………… 241

 2.　EU離脱を見据えた英国のグリーンファイナンス「新戦略」…………… 242

 3.　EUとの比較でみた英国のグリーンファイナンス戦略 ………………… 250

 4.　英国は「ネットゼロ金融センター」として生き残れるか ………………… 252

第Ⅳ部　市民社会

第16章　EGDの「公正な移行」と
　　　　グリーンジョブの創出 ·· (本田雅子) 259

　はじめに ·· 259

　1. EGDと「公正な移行」 ·· 259

　2. EGDとグリーンジョブの創出 ·· 264

　おわりに ·· 269

第17章　EUリノベーション戦略と
　　　　建設エコシステムの課題 ······································· (高﨑春華) 272

　はじめに ·· 272

　1. 気候危機対策における建設セクターのインパクト ···································· 273

　2. 欧州グリーンディールにおける
　　 「リノベーション・ウェーブ」戦略 ·· 276

　3. 建物のエネルギー効率向上と
　　 循環型建設セクター確立へ向けた取組み ··· 278

　おわりに ·· 282

第18章　EUの気候変動対策における
　　　　EU市民の役割 ··· (細井優子) 284

　はじめに ·· 284

　1. EUガバナンスにおけるEU市民の参加 ··· 284

　2. 欧州気候法におけるEU市民の参加 ·· 289

　3. 気候中立達成に向けた欧州気候協約とEU市民の役割 ···························· 291

　おわりに ·· 293

第19章　ポーランドにおける原発計画と市民意識 ·········· (市川　顕) 296

　はじめに ·· 296

1. ポーランドと原発 ……………………………………………………… 296
2. PiSによる原発への傾倒 ……………………………………………… 299
3. Fit for 55, EUタクソノミーそして原発建設の正当化 …………… 300
4. ダボス会議における気候・環境相の態度表明 ……………………… 302
5. 動きだす原発建設計画 ………………………………………………… 304
6. 原発建設に関する市民意識 …………………………………………… 309
7. おわりに―原発導入の課題― ………………………………………… 310

課　　題

第20章　グリーンディールと国際協力 ……………………… (蓮見　雄) 317

はじめに ……………………………………………………………………… 317
1. EUの成長戦略と通商政策のリンケージ …………………………… 318
2. EU通商政策の地政学的転換 ………………………………………… 320
3. EUのガバナンス改革による
   政策実現能力の改善と「オリンピック効果」 ……………………… 328
4. 欧州グリーンディールの矛盾とGXの競争激化 …………………… 332

参考文献：EUの政策文書, 法令 ………………………………………… 338
索引 ………………………………………………………………………… 347

総　論

序章

欧州グリーンディールの成果と社会実装の課題

1. 問われる欧州グリーンディールの実効性

1-1 総論と各論

　本書『カーボンニュートラルの夢と現実―欧州グリーンディールの成果と課題』は，前編著『欧州グリーンディールとEU経済の復興』（蓮見・高屋, 2023）の続編である。前編著の結論を一言でいえば，「持続可能性(sustainability)の主流化」を目標としてEUが進めている制度構築と，それを各国，各産業，市民生活においてどのように実現していくのかという移行経路(transition pathway)の具体化のギャップの存在である。つまり，このギャップを各分野においていかに解決し，どのような手続きと順序で目標を実現していくのかというシークエンシング(sequencing)問題が最大の課題である。

　しかし，前編著は，欧州グリーンディール(EGD)の全体像を示すことを優先し，それを構成する各分野の具体的な政策とその進捗状況，成果，課題などについては部分的な言及に留まっていた。だからこそ，同書の最後に「地政学的プレートが動く中で，今後も欧州グリーンディールの展開には紆余曲折が予想されるが，過度な期待も落胆もせず，持続可能性の主流化に向けた具体策を一つ一つ考えていくことが求められる」と記したのである（蓮見・高屋, 2023, 308）。

　そこで続編として，持続可能性の主流化の実現を目指す欧州グリーンディールの施策が各分野において，どのような成果を上げ，どのような課題に直面しているのかを明らかにしようとする本書を刊行することとしたのである。だが，「経済・社会のしくみ全体を持続可能なものに変革しようとする欧州グリーンディールの射程は遠大であり」「いずれのテーマを検討するにしても，研究者，実務家を問わず様々な専門分野の人々の協力が不可欠である」（蓮見・高

4 総 論

屋，2023, ix)。幸いにして異なる専門分野の皆さんの協力を得て学際的な研究
会を通じて実に多くを学び，欧州グリーンディールを多面的に分析する序章を
含め21の章からなる本書の刊行にこぎ着けることができた。

　以上の通り，前編著を総論とするならば，本書は各論であり，2つの本は補
完関係にある。

1-2　社会実装という課題

　EUが新たな成長戦略として欧州グリーンディールを公表してから5年，そ
の強化策であるFit for 55の法令パッケージの大半は発効あるいは政治合意が
成立している。欧州グリーンディールが再エネや水素を基礎とした産業への構
造転換，マネーをESG投資へと誘導するサステナブル・ファイナンスを通じ
て，「公正な移行 (just transition)」という形で社会政策に配慮しながら経済復
興を実現しようとする世界で最も体系的な政策であることは，紛れもない事実
である。したがって，法的基礎の確立という点に限れば，フォン・デア・ライ
エン委員長下の欧州委員会の実績は大きい。

　しかし，① 法整備，② 技術的・経済的な実効性，③ EU経済の復興という
目標の達成は，明確に区別されなければならない。地政学的リスクが顕在化
し，GX（グリーン・トランスフォーメーション）をめぐる対立が激化する「割
れた世界」の中で各産業の特性やグローバルサプライチェーンの現実を踏まえ
つつ，経済安全保障を確保しながら脱炭素化の具体的な移行経路を共創しカー
ボンニュートラルを社会実装していくことができるのか。これが今後の課題で
あり，多くの困難が予想される。

　その成否を決定づけるのが，企業行動の変化，民間投資，市民の行動変容で
ある。当然，技術的・経済的な実効性の確保には，グリーンか否かといった単
純な二択の思考で現実を切るのではなく，多様なステイクホルダーの利害を踏
まえた妥協が求められる。EU経済の復興には，「明確なリスク評価と「デカッ
プリングではなくデリスキング」という原則」(Leyen, 2024, 27) を堅持するこ
とによって，産業の戦略的自律性の強化を図りつつ，同時に中国やインドなど
新興諸国を含めた経済協力を維持する必要がある。国ごとの産業構造の違いや
エネルギー事情の違い，ネットゼロ産業のグローバルサプライチェーンの現実

や依存リスクなどを考慮しながら，教条主義に陥らずプラグマティックに対策を考えることが必要となる。

2024年7月18日，フォン・デア・ライエン氏は，2024～2029年の政策指針「欧州の選択」(Leyen, 2024) を示し，欧州委員長に再任された。同文書において注目すべきは，防衛・安全保障の強化とともにビジネス環境の改善と産業の脱炭素化の必要性が強調され，「法律の簡素化，統合，成文化」を進め「ビジネスを容易にする」方針が示されたことである。また，1期目の段階ではほぼ整えられた欧州グリーンディールの法的枠組の実現を目指し，100日以内に新たに「クリーン産業ディール」を実施し脱炭素化アクセラレータ法と新たに欧州競争力基金を提案するとしている。

ここには，「誰が気候中立（カーボンニュートラル）を最初に達成し，今後数年にわたって世界経済を形成する技術を最初に開発するか決定づける競争」の中で，欧州は「後れをとり競争力を失うわけにはいないはいかないし，戦略的脆弱性を露呈させたままにしておくこともできない」(Leyen, 2024, 6) との危機感が示されている。まさに問われているのは，産業の脱炭素化の実効性 (enforcement) であり，カーボンニュートラルの社会実装なのである。

1-3　本書のタイトルについて

本書のタイトルを『カーボンニュートラルの夢と現実—欧州グリーンディールの成果と課題』としたのは，上述のように，理想や規範で環境を語る時代は終わり，いかにして持続可能な社会を実現していくのかという社会実装についてともに考え行動していく時代が到来しているからである。法整備が進む欧州グリーンディールも，まさにこれから実効性が問われることになる。しかし，カーボンニュートラルの実現には困難が伴うという「現実」に直面して，単なる「夢」として諦めるべきだというのは，本書のタイトルの意図するところではない。

2050年気候中立（カーボンニュートラル）は，世界共通の目標になった感があるが，これは，後述するように環境と社会の持続可能性という普遍的課題を温室効果ガス (GHG) 排出量の定量的削減に還元し，その原因となる社会経済システムそのものの分析から目をそらせる作用を持つという点において根本的

6 総 論

問題を含んでいる[2]。

だがそれでも，カーボンニュートラルは環境破壊の「現実」に気がついた人類が生み出した共通の「夢」であり，一つの目標が設定されたことは人類の集団的行動変容の契機となっている。1992年に国連気候変動枠組条約（United Nations Framework Convention on Climate Change：UNFCCC）が締結され，同条約の締約国会議（COP）が開催されるようになった。1997年に京都議定書（COP3），2015年にパリ協定（COP21）が締結され，国連でも「持続可能な開発目標（SDGs）」が採択されたことは，その証である。しかし，「夢」は「現実」を踏まえた具体策が伴わなければ「現実」を変える力とはならない。まさに今求められているのは，EU域内外の多様なステイクホルダーの利害に配慮しつつカーボンニュートラル実現への具体的な移行経路を共創し「現実」を変えていくことだ，というのが本書のタイトルの意図である。

2. 法整備進む欧州グリーンディールと3つのトレードオフ

2-1　欧州グリーンディールの新機軸

EUにとって，欧州グリーンディールは，リスボン戦略，欧州2020年戦略に続く3度目の成長戦略である。この背景にあるのは，アジアの新興諸国の台頭と欧州経済の地盤沈下である。IMFによれば，世界のGDP（購買力平価）に占めるEUのシェアは，域内市場統合白書が公表された1985年時点で24％を超えていたが，2000年には20％に，2010年には16％に低下し，2020年以降は14％を切っている。こうした状況下で打ち出された欧州グリーンディールには3つの新機軸がある（蓮見・高屋, 2023, 24-34）。

第1に，EUの成長戦略は，①「利潤」を求める資本主義システムに，②「環境」の持続可能性（sustainability）と③「社会」の持続可能性の基準を埋め込む（embedding）ことを目指す点において共通している。欧州グリーンディールは，これを引き継ぎつつ，②を中核においた産業構造転換を目指し，そこに①の新たな源泉を見いだすことによって経済成長を達成し，③を実現しようとするという点において徹底している。だからこそ，欧州グリーンディールは，「2050年に温室効果ガス排出を実質ゼロにし，経済成長を資源利用と切り

離した，現代的で資源効率性の高い競争力ある経済を備えた公正で豊かな社会へとEUを変革することを目的とした新しい成長戦略」(COM/2019/640) と定義されているのである。

第2に，リスボン条約191～194条を基礎として，気候変動対策・エネルギー供給の確保・産業競争力強化という3つの課題を一体として進めるEU主導のフレームワークが形成されている。これを基礎に，2021年には欧州気候法が発効し，2050年気候中立（カーボンニュートラル）が法的拘束力をもつに至っている。

第3に，過去の成長戦略が「市場の信頼」と「市民の信頼」を確保し得なかった反省から，欧州グリーンディールには，サステナブル・ファイナンス，および脱炭素化の影響を被る地域や人々を支援する公正な移行メカニズムや社会気候基金が組み込まれている。

以上の点から見る限り，欧州グリーンディールは過去の成長戦略よりも実効性が高いと言えるかもしれない。

2-2　EUが紡ぐグリーンの物語とEUの利害

しかし，Vezzoni (2023) が指摘するように，EUが紡ぐグリーン成長という物語は，依然として成長至上主義を脱しておらず，持続可能性という普遍的課題をCO_2など温室効果ガス (GHG) 排出量の定量的削減に還元している。結果的に，これは，環境破壊が惑星の限界（プラネタリー・バウンダリー）を越える事態を引き起こしている資本主義経済システムの社会生態学的関係を方法論的に排除し，GHG削減がどのような物質に依存し，どのようなシステムに基づいて供給されているのかという政治経済学的分析から目を遠ざける作用を果たしている。

第1に，2023年に改訂されたプラネタリー・バウンダリーによれば，対策が必要とされる9つの領域のうち，気候変動だけでなく，生物多様性，土地利用変化，淡水利用，生物地球化学的循環（リン，窒素など），新規化学物質の6つが既に地球そのものの限界を大きく超えており，海洋酸性化，大気エアロゾルの負荷，成層圏オゾン層破壊についても限界に近づきつつある（図序-1）。つまり，CO_2を削減するだけで持続可能性が担保される訳ではない。

図表序-1　2023年に改訂されたプラネタリー・バウンダリー

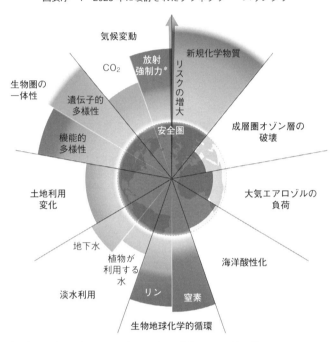

注：地球に出入りするエネルギーの気候に対する放射。CO₂以外に様々な要因がある。
出所：Stockholm Resilience Centre (https://www.stockholmresilience.org/research/planetary-boundaries.html)

　第2に，IEA (2023) によれば，化石燃料需要は2030年にピークに達し，その後は再生可能エネルギーの時代がやってくる。世界の再生可能エネルギーによる発電の設備容量は2023年に対前年比50%増と過去20年間で最大の伸びを記録し，2023年末のCOP28は2030年までに再生可能エネルギー3倍化の目標を掲げており，その主力は太陽光や風力である (IRENA, 2024)。だが，これらを社会実装していくには，少なくとも次の4つの課題を解決しなければならない。

　①VREの安定利用と産業利用：太陽光や風力による発電は，変動型再エネ (VRE) と呼ばれ，これらを主力電源として利用するには電力の供給と価格の安定化が不可欠であるが，そのためには送電網の整備・スマートグリッド化，

電力市場改革が必要である。

②　金属鉱物資源の安定確保と環境コスト：送電網の整備には銅が，太陽光にはシリコン，レアアース，電気自動車（EV）にはリチウム，コバルトなど金属鉱物資源の安定確保が必要であるが，その生産・精製は石油・ガス以上に地理的に偏在している[3]。

③　再エネ関連機械・設備の廃棄とリサイクル：例えばEVの普及は，大量の廃バッテリーを生み出すため，安価かつ環境負荷を最小化したリサイクル市場の創出が必要である。

④　移行経路の具体化：VRE主力電源化に伴い産業の電化が必要となるが，特にエネルギー集約型産業とそれ以外では技術的条件が大きく異なるため，各産業界と連携して脱炭素化の移行経路を具体化していかなければならない。

　第3に，EU経済の再興という地域的利害である。EUは，2024年に経済安全保障戦略を公表しているが，既にウクライナ戦争以前の2020年3月の時点で欧州グリーンディールの具体策として新産業戦略を打ち出している。これによれば，EU経済の地位低下は「欧州の主権（sovereignty）に関わる」との危機感から，「地政学的プレートが動く中で」「欧州の産業競争力と戦略的自律性を強化する」との方針が示されている（COM/2020/102）。つまり，欧州グリーンディールがカーボンニュートラルの実現を目指すという普遍的な言説で語られているとしても，そこにはEU経済の再興という地域的利害が色濃く反映している。

2-3　法整備進む欧州グリーンディール

　上記のような問題点があるとしても，欧州グリーンディールが，カーボンニュートラルを目指す世界で最も体系的な政策であることは確かである。2019年12月に欧州グリーンディールが公表された後，EUは，新型コロナ危機，ウクライナ戦争という2つの危機に直面したもかかわらず，むしろこれらを契機として，欧州グリーンディールの包括的な法整備を加速させている。その中核となるのが，ユーロ共同債を原資とする復興基金創設を背景に打ち出されたFit for 55と称される法令パッケージである。脱ロシア依存を目指すREPowerEUも基本的にはその延長線上にある。Fit for 55を中心とする大半

の法案は発効あるいは政治合意が成立している。一部審議中のものが残されているが，既に撤回された植物防護製品持続可能使用規則案，加盟国の徴税権に関わるエネルギー課税指令案，および2040年温室効果ガス90％削減目標の合意と新たなFit for 90の策定などを除けば，その多くは発効が見込まれる。

　図表序‐2は，欧州グリーンディールに関わる一連の法令をリストアップしたものである。ここでは，全てを網羅しているわけではないし，詳細について論じることはできないが欧州グリーンディールの全体像として次の点を確認しておきたい。① 単に環境規制が強化されているだけでなく，② GHG排出削減が遅れていたエネルギー，交通，産業に対する政策が次々と打ち出されている。③ タクソノミー・非財務情報開示・グリーンボンドが三位一体となって資本の流れをESG投資への誘導するサステナブル・ファイナンスの枠組が構築されつつある。④ GXを目指すEGDと並行してDX（デジタル・トランスフォーメーション）を目指すデジタル戦略が進められている。⑤ 強化されたEU ETS（温室効果ガス排出量取引制度）を原資とする社会気候基金が創設された。⑥ これらを前提として，経済安全保障が強化されつつある。

　図表序-2の分類はあくまでも便宜的なものであり，重要なことは様々な法令が相互補完関係にあり総体として産業構造転換を目指していることである。例えば，どのような経済活動をグリーンと定義するかを定めるタクソノミーは，全ての政策の中核であり，エコデザイン規則（ESPR）に含まれる製品デジタルパスポート（Digital Product Passport：DPP［サプライチェーン全体の持続可能性情報をデジタル化し製品にタグ付けする仕組み］）の制度的基礎である。バッテリーパスポートはDPPの先行事例である。特に「産業の中の作業」と呼ばれる自動車産業は重要である。乗用車・小型商用車CO_2排出規則には，CO_2のライフサイクルアセスメント（LCA）の標準化が含まれ，今後委任規則によって具体化される。Euro7は，排出ガスだけでなくタイヤやブレーキの粉じんやバッテリー性能も規制対象に加えている。審議中の車両設計循環性要件・使用済み自動車管理規則（ELV規則）案にもサーキュラー車両パスポートが含まれている（本書第5章を参照）。

　言うまでもなく，DPPはデータ規則などデジタル政策と不可分である。データ規則は，ELV規則案と連携してメーカーの「車載データ」独占を揺るが

し，自動車産業のCASE（コネクティド，自動運転，シェアリング，電動化）への転換の端緒を切り開く競争政策の役割を果たしている（蓮見，2023a）。

図表序 − 2　欧州グリーンディールに関連する主要法令

環境（気候変動）	EU ETS改正指令（無償割当の段階的廃止，海運追加，及び建物，道路輸送，小規模産業対象のEU ETS2）	Directive (EU) 2023/959
	航空部門ETS適用に関する改正指令	Directive (EU) 2023/958
	加盟国分担規則改正	Regulation (EU) 2023/857
	土地利用，土地利用変化，林業規則改正（LULUCF）	Regulation (EU) 2023/839
	森林破壊防止規則	Regulation (EU) 2023/1115
	自然再生規則	Regulation (EU) 2024/1991
	植物防護製品持続可能使用規則（撤回）	COM/2022/305
	土壌モニタリング指令	COM/2023/416
	炭素除去認証枠組規則（CRCF）	COM/2022/672
	炭素国境調整メカニズム規則（CBAM）	Regulation (EU) 2023/956
	産業排出指令改正（IED2.0）	Directive (EU) 2024/1785
	2040年温室効果ガス90％削減目標	COM/2024/63
エネルギー	再生可能エネルギー指令改正（REDⅢ）	Directive (EU) 2023/2413
	エネルギー効率化指令	Directive (EU) 2023/1791
	域内ガス市場共通ルール指令改正（水素を含む）	Directive (EU) 2024/1788
	域内ガス市場規則改正（水素を含む）	Regulation (EU) 2024/1789
	欧州水素銀行設立	COM/2023/156
	建物のエネルギー性能指令改正（EPBD）	Directive (EU) 2024/1275
	エネルギー部門メタンガス削減規則	Regulation (EU) 2024/1787
	乗用車・小型商用車CO_2排出規則改正（LCAの標準化）	Regulation (EU) 2023/1634
	電力市場デザイン規則改正	Regulation (EU) 2024/1747
	電力市場デザイン指令改正	Directive (EU) 2024/1711
	トランスヨーロピアンエネルギーネットワーク規則（TEN-E）	Regulation (EU) 2022/869
	エネルギー課税指令改正	COM/2021/563
交通	自動車排出規則（Euro7，粉じん，バッテリー性能を含む）	Regulation (EU) 2024/1257
	代替燃料インフラ規則	Regulation (EU) 2023/1804
	船舶代替燃料規則（FuelEU Maritime）	Regulation (EU) 2023/1805
	航空機代替燃料規則（RefuelEU Aviation）	Regulation (EU) 2023/2405

12　　総　　論

	エコデザイン規則 (ESPR, 製品デジタルパスポート[DPP]を含む)	Regulation (EU) 2024/1781
	バッテリー規則 (バッテリーパスポートを含む)	Regulation (EU) 2023/1542
	廃棄物輸送規則改正	Regulation (EU) 2024/1157
	包装・包装廃棄物規則改正 (PPWR)	COM (2022) 677
	食品接触リサイクル・プラスチック規則	Regulation (EU) 2022/1616
CEを目指す産業政策	修理する権利指令	Directive (EU) 2024/1799
	建設資材規則改正	COM/2022/144
	ネットゼロ産業規則	Regulation (EU) 2024/1735
	重要原材料規則	Regulation (EU) 2024/1252
	欧州戦略技術プラットフォーム規則 (STEP)	Regulation (EU) 2024/795
	車両設計循環性要件・使用済み車両管理規則 (ELV 規則) (サーキュラー車両パスポートを含む)	COM/2023/451
	廃棄物枠組指令改正 (繊維産業)	COM/2023/420
	タクソノミー規則	Regulation (EU) 2020/852
	企業サステナビリティ報告指令 (CSRD)	Directive (EU) 2022/2464
	企業持続可能性デューディリジェンス指令 (CSDDD)	Directive (EU) 2024/1760
金融・財政 (企業サステナビリティ関連)	強制労働製品禁止規則	COM/2022/453
	サステナブル・ファイナンス開示規則 (SFDR)	Regulation (EU) 2019/2088
	金融商品市場指令 (MiFID2) 改正 (「サステナビリティ選好」追加)	Regulation (EU) 2021/1253
	ベンチマーク (金融指標) 規則改正 (気候変動追加)	Regulation (EU) 2019/2089
	グリーンボンド規則	Regulation (EU) 2023/2631
	半導体強化策枠組規則	COM/2022/46
	データ規則	Regulation (EU) 2016/679
	デジタルサービス規則 (DSA)	Regulation (EU) 2022/2065
デジタル	データガバナンス規則	Regulation (EU) 2022/868
	デジタル市場法 (DMA)	Regulation (EU) 2022/1925
	サイバー・レジリエンス規則	COM/2022/454
	AI規制枠組み規則	Regulation (EU) 2024/1689
	対内直接投資審査枠組規則	Regulation (EU) 2019/452
経済安全保障	反経済的威圧措置規則	Regulation (EU) 2023/2675
	外国補助金規則	Regulation (EU) 2022/2560
	国際調達措置規則 (IPI)	Regulation (EU) 2022/1031
社会	社会気候基金規則	Regulation (EU) 2023/955

出所：ジェトロビジネス短信，EnviX (2023, 2024) などを参考に筆者作成。

2-4　静脈経済開発戦略としての欧州グリーンディール

　これらは，いずれもサーキュラー・エコノミー（CE）への産業構造転換につながっている。CEは，①リニアエコノミーと呼ばれる従来の経済活動から生み出される使用済みの物質を市場の外部に「廃棄」するのではなく，②文字通り資源として「再利用」し二次原材料を生み出す新たな市場を創出する試みである。①を動脈経済とするならば②は静脈経済と呼ぶことができるが，①と②が均衡することによって市場の外部に廃棄される物質は最小化され，結果的にカーボンニュートラルが達成されると想定されている（本書第9章を参照）。欧州グリーンディールは，利潤に基づく資本の流れに持続可能性基準を埋め込むことによって未開拓の静脈経済を新たな資本蓄積のフロンティアとして開発しようとしている。この点において，欧州グリーンディールは，3R（Recycle，Reduce，Reuse）を超えた射程を持つ。

　以下，図表序-3に基づいて筆者の考えを説明しよう。欧州グリーンディールの基礎となるのがタクソノミーである（制度）。個々の製品には，タクソノミーに基づき設計段階から分解・回収や再生資源の利用などを組み込んだエコ

図表序-3　制度を基礎に情報によってミクロとマクロを連携させる欧州グリーンディールの構想

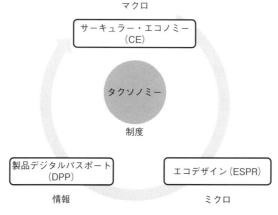

出所：筆者作成。

デザインが求められる（ミクロ）。そして，各製品には，製品デジタルパスポート（DPP）としてQRコードなどによって持続可能性情報がタグ付けされる。これはまさにGXとDXの融合である（情報）。こうした制度設計によって，初期段階では特にインフラ整備などについて公的支援を必要とするとしても，次第に静脈経済のコストが低減し市場が成長して新たな収益機会を生み出し，企業や投資家が自ずとCEに誘導され，翻って規模の経済と学習効果によって静脈経済の成長が加速し，結果として経済構造全体としてCEが実現する（マクロ）。これが，欧州グリーンディールの長期的な狙いであり，GXはDXと不可分である。

　もっとも現実には，EUの循環率（原材料に占める二次原材料の割合）は，過去10年11％前後と改善しておらず，ELV規則案で改善が提案されているものの製造企業とリサイクル企業の情報共有は進まず，それゆえにリサイクルコストも下がっていない。欧州環境機関（EEA）によれば，EUの資源循環率は，2020年，21年と低下して12％を下回り，30年目標の23.4％の達成が危ぶまれている。現状の静脈経済は，使用済み原材料の規格や分別回収システムが確立しておらず，高コストで市場規模が小さく技術開発も遅れており，現状ではビジネスを成立させることが難しい。

　そのため，欧州グリーンディールは，復興基金，IPCEI（欧州共通利益に適合する重要プロジェクト），各国の国家補助など公的資金による支援を受けている。だが，これらには予算制約があり，かつ単一市場の基礎である競争を歪めるリスクを伴っている。

　そこで，欧州グリーンディールの具体策たる新産戦略において打ち出されたのが，機動的な官民連携を目指す産業アライアンス（バッテリーアライアンス，クリーン水素アライアンスなど）であり，各産業の事情を踏まえたCEへの移行経路の共創である。このために，欧州委員会は「産業界を総動員」すると標榜している。しかし総じて言えば，この試みは始まったばかりである。

　ただし注目すべき動きもある。例えば，2021年にドイツで発足した企業コンソーシアム（Catena-X）には，旭化成，欧州DENSO，富士通，NTTコミュニケーションズを含め168社が参加し，自動車産業におけるバリューチェーン全体のデータ連係を実現する分散型データベースの構築に着手しており，2023

年10月からは，トレーサビリティ，品質管理，製品カーボンフットプリントなどのユースケースでビジネスアプリケーションデータの提供を開始している（FOURIN, 2024, 14-17）。

2-5　3つのトレードオフと「欧州の選択」

以上から，グリーンディールの進捗状況を評価すれば，① 法的基礎は整い，サステナブル・ファイナンスの枠組も整備され，新たな産業戦略としてグリーンディール産業計画が示されたものの，② サーキュラー・エコノミーのビジネスモデルは未確立で，③ 欧州グリーンディール関連投資の収益性も不確実でESG投資も伸び悩んでおり，EUは ④ 開放経済に基づく国際協力と経済安全保障のバランス，すなわち「デカップリングではなくデリスキング」という課題に直面している。

2024年7月4日，最も影響力のあるシンクタンクの1つであるブリューゲルは，欧州委員長，欧州理事会議長，欧州議会議長宛てに「分裂を乗り越え，脅威に立ち向かえ」と題するメモを作成している。激励を思わせるタイトルとは裏腹に，この文書は厳しい警告を含んでいる（Brugel, 2024）。7月5日付のEuractivは，同文書を取り上げ，「フォン・デア・ライエン氏への警告：気候変動と産業のツケを消費者に押しつけるな」との記事を掲載している（Packroff, 2024）。

そのキーワードはトレードオフである。第1に，ウクライナ戦争を契機とする再軍備やウクライナ支援を継続しつつ，GXとDXに同時に対処しなければならないが，予算制約がある。欧州委員会の試算でも，2030年までに気候変動対策に3,560億ユーロ，DXに1,250億ユーロが不足している。再軍備やウクライナ支援を考慮すれば，資金不足はもっと大きくなる。しかし，財政的な余地は乏しく，独自財源の新設には意見の対立がある。

第2に，脱炭素化の加速は少なくとも移行期においては成長にマイナスの影響を与え，特に建物や交通を含めて例外なしに炭素コストの負担を求める排出量取引制度（EU ETS2）の導入（2027年予定）は，社会的結束を揺るがし，GXを巡る意見の対立を激化させるだろう。

第3に，EUの経済安全保障を確保しつつGXを加速するには，これまで以

上に産業政策や通商政策を活用していく必要がある。しかし，保護主義や中国との敵対といった下策（ham-handed）は，EUの成長を損ない国際的な気候変動対策をより困難にする。

以上の3つのトレードオフを考慮した策が必要であるというのが，ブリューゲルのメモの要点である。

冒頭で指摘したように，① 法整備，② 技術的・経済的な実効性，③ EU経済の再興という目標の達成は，明確に区別されなければならない。法整備が着実に進んできたことは事実であるが，2期目の欧州委員長就任に当たりフォン・デア・ライエン氏が示した「欧州の選択」は，上記の3つのトレードオフに同時に対処しながら技術的・経済的な実効性を確保しEU経済の再興を果たすことができるだろうか。それを考えるには，持続可能性を埋め込んだ経済制度を構築しようとする欧州グリーンディール全体の動きを俯瞰しながら，各分野の個別具体的な政策の成果と課題を一つ一つ検証していく作業が必要となる。

3. 本書の構成

本書の構成は以下の通りである。

・総論

上述の通り，序章「欧州グリーンディールの成果と社会実装の課題」（蓮見雄）では，総論として，欧州グリーンディールの射程と法的基盤の整備が進んでいる状況を俯瞰した上で，その実効性が問われていることを指摘している。EUは，「明確なリスク評価」と「デカップリングではなくデリスキング」という原則を堅持しながら欧州グリーンディール実現の技術的・経済的な実効性を確保するという課題に直面している。

続いて，第1章から第19章は，以下の通り，第Ⅰ部「エネルギー・環境」，第Ⅱ部「産業」，第Ⅲ部「金融・財政」，第Ⅳ部「市民社会」から構成されている。第20章では，本書の締めくくりとして，経済安全保障を考慮しながらカーボンニュートラル実現に不可欠な国際協力の課題について考察している。

・第Ⅰ部　エネルギー・環境

　第1章「風力発電と送電インフラ」(安田陽)は，再生可能エネルギーの中でも，とりわけ欧州において早い段階から技術開発や大量導入が進展した風力発電に焦点をあて，歴史的経緯や国際機関との関係性も紹介しながら，カーボンニュートラルへと向かう大きな流れの中における欧州グリーンディールの位置付けと役割について概観している。同時に，この章では，風力発電を含む再生可能エネルギーの大量導入に欠かせない送電インフラについて，EUの政策，理念，政策決定手法などを紹介している。

　第2章「グリーンディールの中の太陽光—REDⅢ，導入の加速化，サプライチェーンリスク—」(道満治彦)は，2023年に改正されたEU再生可能エネルギー指令(REDⅢ)とEUの太陽光発電戦略に焦点を当てている。REDⅢはVREの導入拡大と再エネの主力電源化の現実を踏まえたものであるが，この章ではその概要とその影響について検討し，EUの太陽光戦略の現状と課題，およびさらなる導入拡大のボトルネックについて論じている。

　第3章「グリーン水素市場創出の主導権を目指すEU」(蓮見雄)は，再生可能ネルギーの産業利用の要としての役割を期待されるグリーン水素とEUの水素戦略を検討している。グリーン水素は，未発達だが，世界のGHGの65％を占める産業において化石燃料を代替する高いポテンシャルを持つ。グリーン水素市場の創出には，研究(Research)，開発(Development)，社会実装(Deployment)が必要であり，EUは，体系的にこの課題に取り組み，その主導権を確保しようと試みている。

　第4章「EUによる炭素国境調整メカニズムの背景，論点，今後の展望」(明日香壽川)は，炭素国境調整メカニズム(CBAM)によりEUが温室効果ガス削減の「規範の創造者」となる可能性を認めつつも，CBAMを批判的に検討している。この章では，その制度的な必要性と留意点を指摘した上で，失敗に終わった2012年のEU ETSの域外適応の試みを確認しつつ，CBAMとWTOルールとの整合性について検討し，気候変動対策における最大の難問とも言いうる公平性との整合性について議論し，今後を展望している。

18 総論

・第Ⅱ部 産業

　第5章「EUグリーンディール産業政策のカギを握る欧州自動車産業」(細矢浩志)は，CASE(コネクティド，自動運転，シェアリング，電動化)革命と欧州グリーンディールが同時に進展している時代に，主要自動車企業が脱炭素化にどのように取り組んでいるかについて分析している。自動車産業は「ネットゼロ産業計画」の中核部分であり，欧州自動車業界は業界横断型のデータ連係基盤の構築を目指すCatena-Xに取り組んでおり，自動車産業はGXとDX実現の要である。

　第6章「ポーランド車載電池大国における「競争と協業」の新たな事業展開」(家本博一)は，車載電池関連の生産能力(国別・容量ベース)で，中国に次ぐ世界2位(欧州最大)となったポーランドの成長戦略の現状と課題について論じている。ポーランドは，車載電池部門が一定程度の比較優位を有する分野や工程(再製造，転用，リサイクル/リユースなど)に的を絞り，同時に韓国系の車載電池企業をその基点とする「協業と連携」関係に新たな可能性を見出そうとする成長戦略に取り組んでいる。

　第7章「欧州のプラスチック政策および関連国際動向―循環型経済の視点から―」(粟生木千佳)は，サーキュラー・エコノミーの中核となるプラスチックに関する国際協力という広い視野からEUプラスチック戦略の全体像を整理している。2022年にプラスチック管理国際的共通枠組み構築のための国際交渉委員会(INC)が設立されるが，それはEUの政策，G7/G20や国連環境総会などの議論，マイクロプラスチックに関する研究成果，市民社会からの訴えなどの相互作用の結果である。

　第8章「欧州グリーンディール「自然の柱」と農業―戦略的対話に向けて―」(平澤明彦)は，農業政策を中心としつつ，広く生態系に関わるフードシステムや生物多様性の分野(自然の柱)について考察している。欧州グリーンディールに呼応した共通農業政策(CAP)と関わる法案は，農業部門の反発と欧州議会右派会派の連携により大幅な後退を余儀なくされている。この章では，主要な3つの立法案を中心に，その経緯と課題，および対話の契機を整理し，気候中立実現において農林業が果たす役割を論じている。

第9章「EUサーキュラー・エコノミー戦略の要点と現状」(太田圭)は, プラネタリー・バウンダリーの限界を超えて地球環境が脅かされる中で, EUが取り組んでいるサーキュラー・エコノミーのための制度づくりの現状と課題について論じている。EUは, 製品レベルからCEを実現するエコデザイン規則を導入し, その情報基盤となるDPPの構築に着手しているが, 現状では循環率やリサイクル率は低く, また資源効率性を考える上で重要な金属鉱物資源も輸入に大きく頼っており, CEの実現には多くの課題がある。

第10章「欧州新産業戦略の展開と財政・金融」(蓮見雄)は, 産業の戦略的自律性強化とカーボンニュートラルへの移行経路を具体化しようとするEUの新産業戦略の進化を説明した上で, その実現のカギを握るのが民間投資であることを指摘し, 本書第Ⅱ部産業と第Ⅲ部金融・財政を橋渡ししている。EUがネットゼロ産業のサプライチェーンリスクを認識し進めているグリーンディール産業計画の最大の特徴は, 民間の技術と投資を呼び込むための規制緩和と官民連携である。なお, 経済安全保障戦略も新産業戦略を基礎としているが, これについては国際協力と関連するので第20章で論じられている。

・第Ⅲ部　金融・財政

第11章「EUタクソノミーの拡張, CSRD/ESRS, 企業持続可能性デューディリジェンス指令の動向」(石田周)は, EUにおけるサステナブル・ファイナンスに関する制度改革の進展について, EUタクソノミーの整備と拡張, 企業持続可能性報告指令(CSRD)と, その具体的な開示基準を定める欧州持続可能性報告基準(ESRS), 企業持続可能性デューディリジェンス指令(CSDDD)を中心に検討している。EUは, 総じてサステナブル・ファイナンス実現のための制度構築を着実に進めているものの, 制度の不備, 妥協, 環境タクソノミーや社会タクソノミーの遅れなど多くの課題が残されている。

第12章「欧州グリーンディールとサステナブル・ファイナンス—欧州グリーンボンド市場を中心に—」(高屋定美)は, 欧州グリーンディールにおける金融市場の役割に焦点を当てて検討している。欧州グリーンディールを実現していくためには, 脱炭素に向けた経済活動を支援するための金融の役割が決定的に重要となる。この章では, EUが進めようとするサステナブル・ファイナンス

戦略と，それに基づくグリーンボンド基準，サステナブル認証について考察
し，今後を展望している。

第13章「ドイツにおけるグリーンディールの概要とその展望」(山村延郎)は，
EU経済の心臓部であるドイツにおけるグリーンディールの進展と課題を概観
し，EUの目標を超えるドイツ固有の目標，推進の背景，金融業界の動向につ
いて紹介している。ドイツの場合，大衆運動や立憲主義に立脚して行政各部が
体系的に目標に向かって行動しており，例えばサステナブル・ファイナンスに
おいては，ドイツ連邦自体が税制・財政で関与を深め構造改革を起こそうとし
ている。

第14章「オランダのASN銀行によるサステナブル・ファイナンスの取組み」
(橋本理博)は，サステナブル・ファイナンスに特化したASN銀行の事例を取
り上げ，目標達成のための具体的な方法を確認している。同行は「金融機関の
炭素会計パートナーシップ(Partnership for Carbon Accounting Financials：
PCAF)」やその生物多様性版であるPBAF(Partnership for Biodiversity
Accounting Financials)の設立を主導し，金融機関による投融資が気候や生物
多様性に与えるインパクトを測定する手法の開発に取り組むなど，これらの分
野で先駆者的な役割を果たしてきた。

第15章「英国におけるグリーン・ファイナンス戦略の特徴と展望」(吉田健一
郎)は，欧州最大の国際金融センターを有する英国におけるグリーン・ファイ
ナンス市場の整備について考察している。英国のグリーン・ファイナンス戦略
はEUの制度とも調和が図られている。同時に，英国は，独自に世界初の
「ネットゼロ金融センター」をめざし，グリーン・ファイナンスのグローバル・
ハブとなることで，環境目標の達成を金融セクターの国際競争力強化と結び付
けようとしている。

・第IV部　市民社会

第16章「EGDの「公正な移行」とグリーンジョブの創出」(本田雅子)は，欧州
グリーンディールの政策文書に示された戦略の全体図の中に記されている「誰
一人取り残さない(公正な移行)」の内容を検討し，同文書が「欧州社会権の柱」
に言及しているにもかかわらず，実際には十分な社会政策を備えていないこと

を明らかにしている。「公正な移行」の実態は脱炭素化によって最も大きな影響を被る化石燃料産業が集中する一部の地域の移行の痛みの緩和に留まり，グリーンジョブ創出についてもスキルギャップ問題がある。

第17章「EUリノベーション戦略と建設エコシステムの課題」（高崎春華）は，EUで最大のエネルギー消費部門であり，市民生活にも深く関わる建設セクターのエネルギー効率化を目指して大規模な改修を進めようとする「リノベーション・ウェーブ」について検討している。この政策は，建設業に対する産業政策に留まらず，景気刺激策ともなり，またエネルギー貧困対策，冷暖房システムの脱炭素化，雇用創出などを通じて社会政策としての役割も果たす可能性がある。

第18章「EUの気候変動対策におけるEU市民の役割」（細井優子）は，EUが気候変動対策において市民の役割を重視する理由と市民の行動変容について検討している。EUは，「欧州気候協約協定（European Climate Pact）」を立ち上げ，「欧州将来会議」ではGXが重要なテーマとなった。多くの市民は，気候変動対策よりもインフレなど目先の生活を重視する傾向があるが，市民はEUの民主的正統性を担保するだけの存在ではなく，脱炭素化実現の不可欠のパートナーであり，市民を置き去りにしない配慮が求められる。

第19章「ポーランドにおける原発計画と市民意識」（市川顕）は，気候変動に対する認識が高まる中で，欧州屈指の石炭産出国であるポーランドが原子力発電所建設に舵を切っていた政治過程に着目し，エネルギー安全保障とカーボンニュートラルという二つの命題を手がかりとして，当時のポーランド政府（「法と正義（PiS）」を中心とする右派政権）がどのような言説を用いて原発建設を正当化したのか，そして国民がどのような論理でそれを支持したのかを明らかにしている。

・課題

第20章「グリーンディールと国際協力」（蓮見雄）は，本書の締めくくりとして，GXを巡る国際競争激化の中で，EUが地経学（geoeconomics）の「自己実現（self-fulfilling）のジレンマ」に陥ることなく，持続可能性を埋め込んだ「公正な競争空間（level playing field）」のグローバル・スタンダード化に貢献しう

るかという問題意識に基づき，EUの通商政策の変遷と経済安全保障について論じている。その成否は，EUが，欧州グリーンディール実現に向けた移行経路を具体化すると同時に，ネットゼロ技術のグローバルサプライチェーンの現実を踏まえ，「証拠に基づいて」経済安全保障手段を運用することによって，域内外のステイクホルダーの信頼を確保しうるかどうかにかかっている。

　以上から，経済・社会の仕組み全体を持続可能なものに変革しようとするEUの政策が，極めて多面的に展開されていると同時に，多くの課題に直面していることがわかるだろう。問われているのは，欧州グリーンディールの実効性であり，その社会実装なのである。持続可能な社会への移行経路の共創という課題は，私たち自身の課題でもあり，その実現には多様なステイクホルダーとの対話が不可欠である。前編著とともに，本書が，そのきっかけとなればと願っている。

4.　出版について

　本書は，市村清新技術財団地球環境研究助成「欧州グリーンディール具体化のための新産業戦略と日EUグリーンアライアンス」（2022年2月〜2025年1月）に基づく共同研究の成果の一部を，立教大学経済学部叢書による助成を得て出版するものである。

　文眞堂の前野弘太氏には，『沈まぬユーロ—多極化時代における20年目の挑戦』（2021年），『欧州グリーンディールとEU経済の復興』（2023年）に続き，今回も多大なご尽力を頂いた。

　企画の趣旨に賛同し，研究会に参加し，優れた論考を寄稿してくださった皆様の協力がなければ，本書を上梓することはできなかった。ご協力に感謝するとともに，改めてともに考えることの大切さを感じている。これまでの研究活動を支えてくださった皆様に，心より感謝を申し上げたい。

付記：なお，EUの政策文書，規則，指令については，巻末にまとめて掲載することとした。これにより，本書全体を通じて同一文書が統一的に表記され，また関連法令を一覧することができる。読

者は，必要があれば，文書番号で検索すればオンライン上で簡単に原資料にアクセスすることができる。

[注]

[1]　1-2, 1-3, 2, 3は，蓮見（2024）を加筆・修正したものである。

[2]　例えば，Eurostatによれば，EU人口の21.4%（2023年）が貧困・社会的排除のリスクにさらされているが，本書第16章でも指摘されているように，欧州社会権の柱とグリーンジョブの創出には多くの課題がある。

[3]　詳しくは，蓮見（2023b）を参照。

[参考文献]

蓮見雄・高屋定美（2023）『欧州グリーンディールとEU経済の復興』文眞堂。

蓮見雄（2023a）「EV化のサプライチェーン・リスクとELV規則案—サーキュラリティ車両パスポートと拡大生産者責任—（2）」MUFG BizBuddy, ユーラシア研究所レポート2023年9月6日。

———（2023b）「EUの脱ロシア依存とエネルギー安全保障」『上智ヨーロッパ研究』14, 75-105。

———（2024）「問われる欧州グリーンディールの実効性」『世界経済評論』68（6）, 37-47。

EnviX（2023, 2024）「海外環境法規制　トレンドレポート」第31号，第32号。

FOURIN（2024）『欧州自動車サプライチェーンのカーボンニュートラル化』

Brugel（2024）M. Demertzis, A. Sapir and J. Zettelmeyer, "Overcome divisions and confront threats : Memo to the Presidents of the European Commission, Council and Parliament". *Policy Brief*, 12/24.

IEA（2023）*World Energy Outlook* 2023.

IREAN（2024）*TRIPLING RENEWBLE POWER BY 2030*.

Leyen, Ursula von der（2024）, EUROPE'S CHOICE POLITICAL GUIDELINES FOR THE NEXT EUROPEAN COMMISSION 2024-2029.

Packroff, J.（2024）"Von der Leyen warned : Don't slap the bill for climate and industry on consumers", *Euractiv*, 05 July 2024.

Vezzoni, R.（2023）"Green growth for whom, how and why? The REPowerEU Plan and the inconsistencies of European Union energy policy", *Energy Research & Social Science*, 101, 1-15.

EUの政策文書，法令等については，本書巻末のリストを参照。

（蓮見　雄）

第Ⅰ部

エネルギー・環境

第1章

風力発電と送電インフラ

はじめに

　欧州グリーンディールは，2019年12月の発表直後に発生したCOVID-19のため，復興政策的な性格を帯びているが，この時期に欧州連合（EU）が突然にわかに気候中立や経済復興に目覚め，話が湧き上がったものではない。特に，再生可能エネルギーに関しては，既に30年以上も前に地下水脈から山の湧水として現れ，さまざまな小川を集め，滔々と流るる大河としてここに至る歴史がある。

　日本では「再生可能エネルギーと言えば太陽光」というような理解が多いが，実は世界中で風力発電より太陽光発電が先行している国や地域は日本とカリフォルニアなど数えるほどしかない。世界の多くの国では2000年代初頭から風力発電が爆発的な勢いで成長しており，「再生可能エネルギーと言えば風力」という状態が20年以上続いている（太陽光はようやく2020年代に入ってから本格化）。

　本章では，再生可能エネルギーの中でもとりわけ欧州において早い段階から技術開発や大量導入が進展した風力発電に焦点をあて，歴史的経緯や種々の国際機関と欧州連合（EU）の関係性も紹介しながら，過去から現在，現在から未来へとつなぐ大きな流れの中における欧州グリーンディールの位置付けと役割について概観する。

　また，風力発電を含む再生可能エネルギーの大量導入に欠かせない送電インフラについても，EUの政策の歴史的経緯やその理念，政策決定手法などを紹介する。

1. グリーンディール前史：
欧州連合の再生可能エネルギー政策の歴史

1-1　風力発電技術小史

　風力発電の技術史は19世紀末，英国・スコットランドのジェイムズ・ブライス（1887年）やデンマークのポール・ラクール（1891年）の発電用風車の試作まで遡ることができるが，商業用として本格的な開発が始まったのは1970年代のオイルショックがきっかけである。発電用風車の開発は欧州だけでなく米国でもこの時期ほぼ同時に熾烈な開発競争が始まり，特に米国で公益事業規制政策法（Public Utility Regulatory Policies Act：PURPA）が1978年に施行されたのを契機に，カリフォルニア州で風車ブームとなった。このことが，逆にその後の欧州の風力産業の進展を決定づけることになったのは歴史の綾とも言えよう。

　当時は米国のボーイングやロッキードなど名だたる航空機・宇宙・軍事産業も風車開発に参入し，当時から2MW規模の大形風車も試作されたが，地表近くの複雑な局所風や乱流をコンピューターシミュレーションにより予測することは難しく，故障が相次ぎ，撤退を余儀なくされた。結果的に当時の市場で勝ち残ったのは，数十〜数百kW程度のデンマークの中小企業製の壊れにくい頑丈な小さな風車だった。その当時中小企業だったヴェスタス社は，現在，世界最大の風車メーカーとなっている。

　1990年初頭の段階では，量産された商用風車はまだ定格0.5MW，ローター直径40m，ブレード最高到達高さは60m程度に過ぎないものであった。本稿執筆時点（2024年8月現在）で実際に設置された風車の中で最大のものは定格20MW，ローター直径260m，ブレード最高到達高さは約300mとなっており，30年前と現在とでは彼我の差がある。これは当時同じく黎明期にあった移動体通信（携帯電話）やインターネットのその後の発展と共通であると言えば，その技術進展のスピードも頷けよう。

1-2　EUの再生可能エネルギー政策小史

　1993年9月にEU初の再生可能エネルギーに関する拘束力を持つ法律文書として「共同体における再生可能エネルギー源の促進に関する欧州理事会決定」（Council Decision（EEC）93/500/EEC）が制定されたのも，上記のような定格0.5 MW程度の風車の時代である。

　この決定（decision）では，序文に「2000年までにCO_2排出量を1990年代のそれと同じ水準に維持する」「再生可能エネルギー源の開発は，温室効果ガスおよび地球温暖化の危機の削減に貢献する」（筆者仮訳）と明記されており，再生可能エネルギーが脱炭素政策の有力手段の一つとして着目されていたと見ることができる。この決定の施行された時期は，1988年に気候変動に関する政府間パネル（IPCC）が設立され，1990年第1次評価報告書が公表されたばかりであり，1992年6月環境と開発に関するリオ宣言や国連気候変動枠組条約（UNFCCC）が採択された次の年でもある。さらには1992年2月に欧州連合条約（マーストリヒト条約）が調印され，1993年11月のEU正式発足が待ち望まれていた段階でもある。このような激動の時期に，加盟国単独の国内法ではなく，いち早く加盟国共通の法律文書で再生可能エネルギーの促進が謳われたということは，慧眼に値する。

　EU発足の3年後の1996年，すなわち京都議定書が採択される1997年の1年前の11月には，「未来のためのエネルギー：再生可能なエネルギー源」と題された緑書（グリーンペーパー）（COM/1996/576）が公表され，翌1997年にはこの緑書に対して修正が加えられた同名の白書（ホワイトペーパー）（COM/97/599）が公表された。ここでは，2010年までにエネルギー消費の12%を再生可能エネルギー源で賄うことが「意欲的な目標」と設定された。

　2001年には「再生可能資源からのエネルギーの利用の促進に関する指令」（通称，再エネ指令）（Directive 2001/77/EC）が制定され，前述の1997年の「白書」にて掲げられた2010年までにエネルギー消費の12%を再生可能エネルギー源で賄うことが義務化された。

　2009年は，欧州の再生可能エネルギーにとってマイルストーンとなった年である。この年に批准されたリスボン条約（EUの基本条約）の194条には，再

30　第Ⅰ部　エネルギー・環境

生可能エネルギーを発展させエネルギーネットワークの相互接続を促進することがEUの権限として書き込まれた。また，この年には従来の再エネ指令などが相次いで大幅改正され，改正再エネ指令（REDⅠ）Directive（EC）2009/28が制定された。

REDⅠでは，従来の目標が引き上げられ，2020年までにエネルギー消費に占める再生可能エネルギーの比率を20％にするという政策目標が法律文書の中で明記された。この目標は，翌年2020年に公表された「エネルギー2020 – 競争性，持続可能性，エネルギー安全保障のための戦略」（COM/2010/639）で謳われた20-20-20目標のうちの一つの法的根拠と位置付けられる（他の目標は，2020年におけるEUの温室効果ガス排出量を1990年比で20％削減，エネルギー効率化を20％改善する，の2つ）。

2018年にはREDⅠの改正版であるREDⅡと呼ばれる指令（Directive（EU）2018/2001）が制定され，2030年までの目標として，最終エネルギーに対する再生可能エネルギーの比率を32％にすることが加盟国に義務付けられた。

図表1–1に，EU再生可能エネルギーに関する主な政策文書・規則・指令を整理する。

1–3　欧州委員会の再生可能エネルギー将来予測の歴史的推移

以上のように，EU発足前後からの再生可能エネルギー関連の政策文書や法令文書を列挙すると，EUに再生可能エネルギーに対する先見の明があったように見えるが，統計データはそれとは別の解釈を物語っている。

図表1–2は2013年の時点で描かれた，その当時から過去を振り返ってみた欧州における風力発電の累積設備容量の実績と過去時点での将来予測を比較したグラフである（この時期は太陽光はまだコストが高く大量導入されていない）。図（a）は欧州委員会の各種文書における予測であり，図（b）は民間産業団体である欧州風力発電協会（EWEA，現・WindEurope）の予測を示している。

両グラフを比較して明らかな通り，1990年代における欧州委員会の風力発電の将来予測は極めて低位であり，風力発電，ひいては再生可能エネルギーがほとんど期待されていなかったことがわかる。また，産業団体の方の予測の方

第1章　風力発電と送電インフラ　　31

図表 1-1　EU の再生可能エネルギーに関する主な政策文書・規則・指令

文書名（一部簡略化）	文書番号	通称名	再エネ目標*	備考
Promotion of renewable energy source in the Community	COM/92/ 180 final	—		再生可能エネルギーに関する EU 初の法令文書
Energy for the Future : Renewable Sources of Energy, Green Paper	COM/96/ 576 final	再エネ緑書	2010年 12〜15%	—
Common rules for the internal market in electricity	Directive 96/92/EC	電力自由化 指令		発送電分離（法的分離） 再エネ優先給電（許可）
Energy for the Future : Renewable Sources of Energy, White Paper	COM/97/ 599 final	再エネ白書	2010年12%	—
Promotion of the use of energy from renewable sources	Directive 2001/77/EC	再エネ指令		
Promotion of the use of energy from renewable sources	Directive 2009/28/EC	改正再エネ 指令, RED I	2020年20%	
Common rules for the internal market in electricity	Directive 2009/72/EC	改正電力自 由化指令		発送電分離（所有権分離） 再エネ優先給電（義務）
Energy 2020	COM/2010/ 639 final	—	2020年20%	20-20-20目標で知られる
Promotion of the use of energy from renewable sources（recast）	Directive (EU) 2018/2001	RED II	2030年32%	—
European Green Deal	COM/2019/ 640 final	欧州グリーン ディール		再生可能エネルギーに関する 具体的記述は実は少ない
Establishment of a framework to facilitate sustainable investment	Regulation 2020/852/EU	タクソノミー 規則		再生可能エネルギーに関する 具体的記述は実は少ない
Fit for 55 : delivering the EU's 2030 Climate Target on the way to climate neutrality	COM/2021/ 550 final	Fit for 55 パッケージ	2030年 32〜44%	—
REPowerEU : Joint European Action for more affordable, secure and sustainable energy	COM/2022/ 180 final	REPowerEU 計画		ロシアによるウクライナ侵略 からわずか2週間でまとめら れた欧州委員会の政策文書
REPowerEU Plan	COM/2022/ 230 final	—	2030年45%	ロシアによるウクライナ侵略 からわずか2ヶ月でまとめら れた同計画
Promotion of energy from renewable sources	Directive (EU) 2023/2413	RED III	2030年 42.5%（義務） 45%（努力目標）	—

注：＊再エネ目標は，最終エネルギー消費に占める再生可能エネルギーの比率であり，電源構成
　　比でないことに注意。
出所：筆者による整理。

図表1-2 欧州の風力発電導入目標（予測）の歴史的推移と実績値（2010年まで）

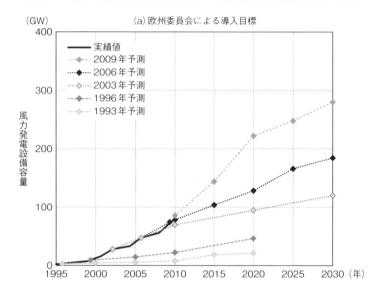

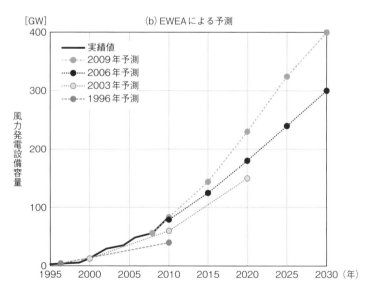

出所：安田(2013, 194)

がむしろ意欲的であり，その後予測を大幅に上回る導入量が達成されたため，2010年代を迎える直前になってようやく欧州委員会も産業団体の予測と同じ意欲的な目標に上方修正した，という歴史的経緯が見て取れる。

因みに，2020年における欧州（EU27＋英国＋ノルウェー＋スイス）の風力発電の総設備容量は220GWであり，2010年代初頭における両者の予測がともにほぼ的確だったということになる（それでも，欧州委員会による2020年以降の予測は，産業団体のそれよりも低い）。

この風力発電の躍進は，前述の風車の大型化という技術的進展だけでなく，風車製造・運搬・設置に関する効率的な工法や保守メンテナンスのノウハウ向上による低コスト化，いくつかの加盟国における固定価格買取制度（FIT：Feed-in Tariff）の導入など，経済・政策的な要因も大きい。さらに，この間に受け入れ側の電力システムや電力市場の改革やイノベーションも進み，系統柔軟性をはじめとする変動性再生可能エネルギーを管理する能力が向上したことも一因である（安田，2024a，安田，2024b）。

1990年から2020年にかけての30年間に関しては，風力発電に牽引されたEUの再生可能エネルギー政策は，当時先見の明はあったものの，ささやかな夢に過ぎなかった。しかし実際には，民間がその上を行き先導する形で，当初のささやかな夢よりも現実の方が遥かに上回った，という歴史を持つ。今後2050年までの30年間で，今や大いなる野望となったEUの脱炭素・再生可能エネルギー政策が，現実とどう渡り合うか，興味深く注視する必要がある。また，EUの過去30年間の再生可能エネルギーの技術史・政策史は，失われた30年を経験した日本において今後再生可能エネルギーをどうすべきか，2020年代の今こそ，よい示唆となるであろう。

1-4　国際機関の電源構成将来見通し

前項では2010年代まで欧州委員会の風力発電導入予測が低すぎ，現実が予測を大幅に上回ったということを示したが，実は国際機関も2010年代前半までは再生可能エネルギーの将来予測を過小評価していたという歴史的経緯がある。図表1-3は，国際エネルギー機関（IEA）が毎年発行している『世界エネルギー展望（WEO）』および最近の報告書から，それぞれの報告書発行当時に電

図表 1-3　IEA による再生可能エネルギー導入率将来見通しの歴史的推移

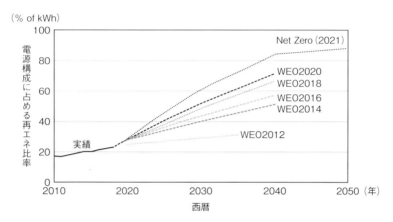

出所：IEA（2021）などをもとに筆者作成。

源構成における再生可能エネルギー導入率の将来を IEA がどのように予測していたかを示すグラフである。

　図の最下部の曲線に示される通り、2012年の段階では陸上風力のコストは低下していたものの、洋上風力や太陽光のコストはまだ高く、再生可能エネルギー大量導入時の系統運用のソリューションも十分に確立していなかったため、IEA も将来の再生可能エネルギー導入率は高々30％程度であると予測していた。

　一方、2010年代後半になると、洋上風力や太陽光のコストも低減し、系統柔軟性に代表される受け入れ側の電力システムの運用ソリューションも理論や実装が進んだため、将来見通しは年を追うごとに右肩上がりで上昇を続けていた。図表1-3の最上部の曲線からわかるように、パリ協定1.5℃目標を遵守するためのネットゼロ排出（NZE）シナリオでは、2050年の電源構成に占める再生可能エネルギーの比率が約9割に達するとの見通しとなる。

　同様の分析は、IEA とは異なる国際機関である国際再生可能エネルギー機関（IRENA）でも行われ、IEA と同じように2021年に2050年までのネットゼロのシナリオ分析を公表している。IRENA の試算でも、2050年の電源構成に占め

る再生可能エネルギーの比率は90％となると見通されている（IRENA, 2021）。

　IEAは主に経済協力開発機構（OECD）加盟国を中心に31カ国＋オブザーバー7カ国で構成され，再生可能エネルギー以外のすべてのエネルギー源を調査するのに対し，IRENAは再生可能エネルギーのみに特化し，逆に加盟国は発展途上国や産油国も含む160カ国＋EUと，地球上の大多数の国が参加している国際機関である。このように，異なる立場の異なる国際機関が異なる手法を用いてコンピューターシミュレーションを行った結果，ほぼ同じような結論に達するという点は重要である。

2. 欧州における送配電インフラ

　送配電インフラ設備は風力発電をはじめとする再生可能エネルギーの大量導入を促進する上で極めて重要な役割を持つ。本節では風力発電大量導入の文脈の中での送配電インフラの発展の歴史的経緯とEUの政策について短く紹介する。

2-1　風力発電と送電インフラ増強

　図表1-1において電力自由化指令（Directive 96/92/EC）が見られるが，この指令において発送電分離が義務化された（当時は現在の日本と同じ法的分離）。かつて長らく発電部門は規模の経済が働き自然独占が起こると考えられていたが，20世紀末になると再生可能エネルギーや小規模分散型電源も登場し，必ずしも規模の経済が働かないことが徐々に明らかになったため，この部門（および小売部門）を自由化することが世界各国で行われるようになった。一方，送配電は依然として規模の経済が働くため，引き続き強い規制の下で独占が認められる部門であり，両部門を分離する必要が生じた。これが発送電分離の基本的考え方である。

　分離された送配電部門は政府の強い監督・規制により，計画経済的な長期計画が必要となるが，一方で電源は自由化されているため，いつどこにどのような電源が導入されるかは市場に任せることになり，不確実性を伴うこととなる。そのため，不確実性下における電力システムの設計と計画の技術的・政策

的方法論が2000年代に世界的に急速に進展した（安田，2019；安田，2024b）。

発電部門の自由化により不確実性が増すと，送電インフラの増強・拡張は事業予見性が低下し，投資が減退すると考えられがちだが，結論を先取りすると，特に風力発電のような再生可能エネルギーが増えると電源の空間配置が変化し，既存のネットワーク構成では随所で送電混雑が発生するようになり，社会全体の厚生損失が発生する（2-3項で詳述）。そのため，送電インフラを増強・拡張することは厚生損失を緩和し大きな便益を生むこととなり，欧州では送電インフラの増強・拡張が活況となっている。

2-2　EUの送電インフラ政策

系統計画に関してEUの政策として着目すべきものに，共通利益プロジェクト（PCI）（European Commission, c.a.2006）がある。PCIとは，2006年に発効された「汎欧州エネルギーネットワークのためのガイドライン」（Decision No 1364/2006/EC）に従って認定されたEU助成対象プロジェクトである。PCIとして認定された送電線の建設にはEUによる助成が法的に担保されるが，PCIに認定されるためには，下記のようなガイドラインを満たさなければならない。

> 第6条　経済的実現可能性の評価は，環境影響，電力の安定供給および社会経済的結束力への貢献に関連した，中長期を含むすべてのコストと便益を考慮した<u>費用便益分析に基づかなければならない</u>」（筆者仮訳，下線は筆者）

ここで，「～なければならない」の原文は助動詞 "shall" が使われており，これは法律文書や規格文書において例外なく遵守しなければならない最も強い要求事項を表している。

このような費用便益分析（CBA）による意思決定の手法は，政策上重要である。なぜなら，CBAは規制影響評価（RIA）や根拠に基づく政策決定（EBPM）の根幹的手法であるからである。民族や国や言語が異なるEUでは，科学的・効率的な合意形成のためのツールとして，2000年代から既に電力網・ガス網のインフラ設備の重点投資にはこのCBAが要求されていた。

2-3 送電インフラの費用便益分析

　EUおよび関係諸国（例えばノルウェー，スイス，EU離脱後の英国など）の電力網の計画にCBAが用いられる事例は，欧州送電系統運用者ネットワーク（ENTSO-E）が2年ごとに発行する系統開発10カ年計画（TYNDP）にも見られる。ENTSO-Eは民間団体ではあるが，その設立やTYNDP発行の義務はEUの改正電力自由化指令（Directive 2009/72/EC）と同時に定められたものであり，欧州のエネルギー政策の中に組み込まれている（同様にガス網の団体であるENTSO-Gもある）。

　ENTSO-EはTYNDPを2年ごとに策定するにあたって，将来の送電増強計画をCBAで行っており，その詳細手法を定めた報告書も公表されている（ENTSO-E, 2023）。そこでは，「安定供給の改善」「社会厚生および市場統合」「再生可能エネルギー発電の接続」「送電損失（の軽減）」「CO_2排出量（の削減）」「技術的レジリエンス」「柔軟性（の向上）」が送電網新設・増強の便益として計上され，それぞれ定量化が試みられている。ENTSO-Eの費用便益分析の手法について日本語で読める解説としては，岡田・渡邊（2007）も参照のこと。

　送電網（特にエリア間を結ぶ連系線）の増強・拡張が便益をもたらすことは，ミクロ経済学の基本理論から導くことができる。仮に隣接エリア間の連系線に送電混雑が発生しなければ両者の卸市場（スポット）価格は同一となるが，送電混雑が発生すると市場分断が起こり，値差が発生する。この状態では，一方で生産者余剰，他方で消費者余剰が発生し，社会全体で厚生損失が発生する。ここで連系線を増強することにより，両エリアで厚生損失が緩和され，その分が社会的便益となる。これが上記の「社会厚生および市場統合」の示すものであり，これが送電網の増強・拡張の便益の最も大きな部分を占めることになる。

　このように，CBAという科学的・定量的評価手法により，優先順位や社会的便益が明示されるため，巨額の投資が必要な送電線プロジェクトに対してもEUや国の巨額の補助金にあまり頼らず民間の投資が進み，2030年までに144件の送電網増強・拡張計画（および23の系統用蓄電池）の計画が進んでいる（ENTSO-E, 2024）。また，送電網の増強・拡張によりネットワークコスト（日

本の託送料金に相当）の上昇が予想されるが，再生可能エネルギーの大量導入によりスポット価格が低下し，電力料金全体（税や補助金は除く）は5ユーロ/MWh（約0.8円/kWh）下がる可能性とENTSO-Eは試算している（ENTSO-E, 2018）。日本では「再エネのせいで送電コスト（託送料金）が上がる」という理解が支配的だが，欧州では「再エネのおかげで送電インフラに投資が回る（ネットワークコストは上がるが正味の電力料金は下がる）」という社会的便益の理解が浸透している。

　以上のように，再生可能エネルギー（特に風力）と送電インフラは，自由化部門と規制部門で互いにビジネスモデルは異なるものの，相互互恵で社会的便益を生む手段となる。日本の系統規模（年間総消費電力量やピーク需要）は，欧州のそれに比べると約3分の1程度であり，単純計算で日本で2030年までに50件ほどの送電網増強・拡張計画があることを想像すれば，その社会に与える意義と影響が理解できよう。

　EUはこの関係の科学的・理論的根拠に2000年代からいち早く気づき，政策として推し進めてきたと言える。このようなCBAによる送電インフラ政策は，米国や中国でも見られ，2010年代後半からは日本の電力広域的運営推進機関でも同様のCBA手法が進められている。しかしながら，日本では再生可能エネルギー（特に風力発電）の将来目標や見通しが低いため，現時点で送電網増強・拡張のCBAを行ってもあまり高い便益が見込めない状況にある（安田, 2019）。

3. 欧州グリーンディールの中の再生可能エネルギーの位置付け

3-1　大転換の中で，実は再エネは既定路線

　これまでの節で，EUのグリーンディール（COM/2019/640）が登場する2019年以前のEUの風力発電を中心とする再生可能エネルギー政策および国際動向を概観した。この文脈で2019年に公表されたグリーンディールやそれに続く政策文書・法令文書を眺めると，実は理解は比較的簡単である。他の分野ではさまざまかもしれないが，再生可能エネルギー，とりわけ風力発電に関しては「今まで進めてきたことを引き続き進める」ということにほかならない。

欧州ではここ30年の輝かしい前進の歴史があり，かつての「ささやかな夢」が現実ではそれ以上に大きく成長したという経緯を持つ。したがって，今後30年も技術的・制度的に乗り越え難い大きな障壁や課題はあまり存在せず，むしろこれまでの成長が踊り場や息切れにならないよう，今まで通りのペースで（あるいはさらにペースを上げて）脱炭素を実現するための有力手段として，邁進するだけであると言える。

事実，EUの脱炭素政策と知られているグリーンディールやタクソノミー規則の原文を精査しても，再生可能エネルギーに関する具体的な記述は意外と多くないことに気づく。これはEUの脱炭素政策の中で再生可能エネルギーの地位が相対的に低いということを意味するのではなく，むしろ，脱炭素の最有力手段である再生可能エネルギーの導入が比較的順調（あるいは過去の予想以上に）に進んでいるのに対し（図表1‐2参照），他のセクターの進捗状況が遅いため，それらに多くの紙面と要求が割かれている，と解釈できよう。

特に，2022年2月に始まったロシアによるウクライナ侵略を受けて，EUもこれまでのロシアによるガス（および石炭，ウラン）依存を大きく改めざるを得なくなった。ウクライナ侵略からわずか2週間後には欧州委員会はRE-PowerEUというこれまでのロシア依存への反省を滲ませたタイトルをつけた短い政策文書（COM/2022/108）を発表した。また，そのわずか2カ月後には具体的なREPowerEU計画（COM/2022/230）を策定した。

それまでEUはガス消費量の90％，石油輸入の27％，石炭輸入の46％をロシアに頼っていたが，それを短期間に（ただし10年という年限で）大転換するのはチャレンジングかもしれない。しかし，これまで何も準備していなかったわけではなく，これまで比較的順調に進めてきた再生可能エネルギーに関する既存政策をさらにその延長として強固に押し進めればよいというカードを既にホールドしていた（本章の範囲外であるが，エネルギー効率化についても同様）。それ故に，このわずか2カ月間での大きなエネルギー政策の大転換が可能となったと解釈できる。

実際，REPowerEU計画では2030年までの再生可能エネルギーの目標（最終エネルギー消費に対する比率）が45％と引き上げられることが提案されたが，実はこの目標は2021年のFit for 55パッケージ（COM/2021/550）において32〜

44%としていた上位目標をわずかに修正したに過ぎない。他のセクターでは天変地異にも匹敵する大転換が迫られる部分もあったかもしれないが、再生可能エネルギーに関しては「準備ができている」状態だったのである。

2023年には、再生可能エネルギーに関する指令が改正され、通称REDⅢと呼ばれる新たな指令（Directive（EU）2023/2413）が制定された。ここでも前年のREPowerEU計画で掲げられた2030年45％は努力目標となったが、42.5％を義務的目標とし加盟国に法的拘束力を以て義務付けられた。

グリーンディールおよびFit for 55関連の詳細なタイムラインはEuropean Council（c.a.2023）も参照のこと。REPowerEUに関して日本語で読める解説としては、市川（2023）も参照のこと。REDⅢについては第2章も参照のこと。

3-2　Fit for 55に見る世界の中でのEU再エネ政策の立ち位置

IEAのNZEシナリオの2050年までの電源構成における再生可能エネルギー導入率の見通し（図表1-4最上部の曲線の再掲）およびEUの見通しを比較したものを図表1-4に示す。この図のEUの見通しは、正確には欧州委員会など

図表1-4　IEAおよびEUの再生可能エネルギー導入率の推移と見通し

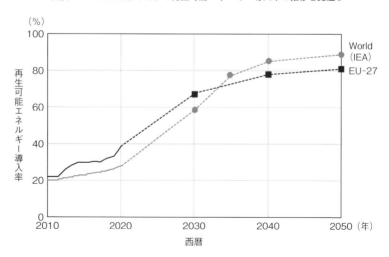

出所：IEA（2024），IEA（2023），ETIPWind（2023）のデータより筆者作成。

EUの機関が公表したものではないが，ETIPWind（The European Technology & Innovation Platform on Wind Energy）という欧州委員会によって出資された公的な研究プラットフォームが発表するものであり，Fit for 55の一環として報告書が公表されている。その点で今後のEUの政策に大きな影響を与えるものであると考えることができる。

日本では，「欧州のような一足飛びの脱炭素でなく段階的に…」（日本経済新聞，2023）というような解釈をよく見かけるが，これは欧州および世界の動向を見誤った先入観と憶測に基づく事実誤認と見ることができよう。なぜならば，図表1-3に示すとおり，ここ10年で脱炭素や再生可能エネルギー大量導入を急ぐのはむしろIEAやIRENA，IPCCなどの種々の国際機関であり，欧州は国際機関の提言や勧告に寄り添い，国際合意にほぼほぼ合致した見通しやそれを実現するための政策を取っているに過ぎないからである。もちろん，その中でエネルギー分野や他の産業分野での世界覇権狙うという野心的な意図がEUにあったとしても，その根拠は多くの国際機関が公表する科学的根拠や国際合意に基づいているという点がEUの戦略の最大の強みであり，この視点こそが日本では欠落しがちである。

図表1-4では，2010～2030年の実績および予測においてEUが世界平均を上回っているが，これはEUではまず風力発電が先行し，石炭火力など火力発電の削減が進んだからだと理解できる。各種国際機関が盛んに警告する脱炭素の科学的根拠をEUが認識し，その対策を先導することで，脱炭素・再生可能エネルギー・環境分野の国際的イニシアティブを取ろうという意図がここに読み取れる。

また，2040年以降，EUの再生可能エネルギー導入率の見通しが世界平均のそれをわずかに下回るのは，途上国に比べ欧州の方が原子力発電の比率が若干高いからだと解釈できる。しかしながら，この見通しは図表1-3で見たとおり年々ダイナミックに変化しており，今後も恒久的に固定されるものでは決してない。したがって，今後，原子力発電の動向（例えばウラン調達や放射性廃棄物最終処分のロシア依存，ウクライナのザポリージャ原発に代表するような原発の戦時リスクなど）によってこの見通しは今後も若干変化していくことが予想される。

もちろん，これまで30年間で風力発電が大きく進展したからといって，今後30年の未来の見通しがバラ色であるという保証はない。足元では洋上風力の資材高騰などの影響で欧州内や北米で入札済み案件の撤退も相次ぎ，急激な大型化開発競争に伴う製品不良の問題など，風力業界も難題を抱えている。しかし，過去30年の成功の歴史は，試行錯誤や紆余曲折の積み重ねの成果であるともいえる。欧州の風力発電（および柔軟性をはじめとする新しい送電分野）の技術・産業・政策が，30年前の小さな湧水から大河に発展し，今後30年で未踏の大海に漕ぎ出すにあたって順風満帆となるかは，引き続き注視が必要である。

[参考文献]

市川顕（2023）「REPowerEU―危機への対応と3つのE―」日本国際問題研究所編『戦渦のヨーロッパ―日欧関係はどうあるべきか―』。

岡田健司，渡邊尚史（2007）「欧米諸国における送電権の動向調査」，電力中央研究所報告，Y07001。

日本経済新聞（2023）「開国の障壁（1）投資不足の日本企業 海外マネー，脱炭素で誘う」2023年11月14日。

安田陽（2013）『日本の知らない風力発電の実力』オーム社。

安田陽（2019）電力系統は誰がどのように計画をするのか？ ～電源計画・系統計画に関する最新国際動向～，計画行政，Vol.49, No.2, pp.3-8 。

安田陽（2024a）再生可能エネルギー超大量導入を実現する系統柔軟性，エネルギー・資源，Vol.45, No.2, pp.104-111。

安田陽（2024b）『再生可能エネルギー技術政策論』インプレス。

ENTSO-E（2018）The Ten-Year Network Development Plan. https://docstore.entsoe.eu/major-projects/ten-year-network-development-plan/general/Pages/default.aspxE

ENTSO-E（2023）4th ENTSO-E Guideline for Cost Benefit Analysis of Grid Development Projects, Version 4.1 for ACER/EC/MS opinion, 24 April 2023. https://eepublicdownloads.blob.core.windows.net/public-cdn-container/tyndp-documents/CBA/CBA4/230424_for_opinion/CBA_4_Guideline_for_ACER_opinion.pdf

ENTSO-E（2024）Long Term（TYNDP）https://tyndp.entsoe.eu

ETIPWind（2023） Getting fit for 55 and set for 2050 – Electrifying Europe with wind energy. https://etipwind.eu/publications/getting-fit-for-55/

European Commission（c.a.2006），Energy – Project of Common Interests. http://ec.europa.eu/energy/infrastructure/transparency_platform/map-viewer/

European Council（c.a.2023）Timeline - European Green Deal and Fit for 55, last reviewed on 18 January 2024. https://www.consilium.europa.eu/en/policies/green-deal/timeline-european-green-deal-and-fit-for-55/

IEA（2021） Net Zero by 2050 – A Roadmap for the Global Energy Sector.

IEA（2024） Countries and Regions, https://www.iea.org/countries

IRENA（2021）World Energy Transitions Outlook – 1.5℃ Pathway.

EUの政策文書，法令等については，本書巻末のリストを参照。

（安田　陽）

第2章

グリーンディールの中の太陽光
―REDⅢ，導入の加速化，サプライチェーンリスク―

はじめに

　本章の主題は，欧州グリーンディール（COM/2019/640）の中で再生可能エネルギー，特に太陽光がどう位置付けられるかを検討することである。前著（道満（2023））で論じたように，再生可能エネルギーの導入拡大は欧州グリーンディールの前提条件であり，2018年再生可能エネルギー指令（REDⅡ，Directive（EU）2018/2001）などを含むクリーンエネルギーパッケージが中心的な役割を果たした。

　かつては，固定価格買取制度（Feed-in Tariff：FIT）や，再生可能エネルギーに対する優先接続・優先給電といった幼稚産業保護政策が再生可能エネルギーの促進を支えた。その影響で，欧州でも太陽光や風力といった変動型再生可能エネルギー（VRE）の導入拡大が加速し，再生可能エネルギーが主力電源化していったのである。

　しかしながら，再生可能エネルギーが主力化したことに伴い，クリーンエネルギーパッケージ以降，再生可能エネルギーの電力市場およびエネルギー市場での統合が主要なテーマとなった。そのため，REDⅡ以降は，優先接続・優先給電は見直され，FIT制度に代わりフィード・イン・プレミアム（Feed-in Premium：FIP）や入札制度のように市場での売買契約や市場原理を前提とする仕組みに置き換わっていったのである。

　さて，本稿では道満（2023）を踏まえて，次の3点を議論する。まず，① 新たな再生可能エネルギー指令である2023年再生可能エネルギー指令（REDⅢ，Directive（EU）2023/2413）の概要を整理した上で，その影響について論じる。次に，② REDⅢの中での太陽光の位置付けについて論じる。世界では，太陽

第2章　グリーンディールの中の太陽光―REDⅢ, 導入の加速化, サプライチェーンリスク―　45

光発電が2022年に追加で243GWが導入され, 累計1185GWとなっている（REN21, 2023）。EUでも, 2022年に太陽光が追加的に38.9GW導入されている。そもそもREPowerEU計画（COM/2022/230）の中で, 新規に導入される太陽光の設備容量を2025年までに2倍以上, 2030年までに3倍以上に増加させるとしている。この目標に向けてどのような施策がとられているのかを説明する。そして最後に, ③再生可能エネルギーのさらなる導入拡大に向けたボトルネックは何かを論じる。その際に, 対中依存とサプライチェーンリスク, 重要原材料（CRM）の調達リスクについて議論する。

1. EUにおける再生可能エネルギーの導入量の増加とその要因

1-1　EUにおける再生可能エネルギーの導入状況

　まず, EUにおける再生可能エネルギーの導入状況を確認しておきたい。Eurostatによれば, 2022年のEU27カ国における最終エネルギー消費に占める再生可能エネルギーの割合は23.0％である。EU27カ国で20％というREDⅡにおける再生可能エネルギーの義務的な導入目標は達成されている。

　次に電力に占める再生可能エネルギーの比率を確認する。2022年のEU27カ国全体の電源構成比は火力43.9％, 原子力21.4％, 水力10.1％, 風力13.7％, 太陽光7.7％, 地熱・その他1.4％である（図表2-1）。EU27カ国におけるネットの発電電力量全体は2013年に2774.2TWhであったが, 2022年の2701.1TWhとなっており, この10年間で大きく変化はしていない。そうした中で, 電力に占める火力の比率は2013年の47.5％から2022年の43.9％, 原子力の比率は2013年の27.6％から2022年の21.4％と低下している。他方で増加傾向にあるのが, 再生可能エネルギー, 特に太陽光や風力といったVREである。太陽光・太陽熱の発電電力量は, 2013年の83.2TWh（3.0％）から, 2022年の207.5TWh（7.7％）に増加した。同様に風力は206.9TWh（7.5％）から415.5TWh（15.4％）に増加した。

1-2　再生可能エネルギーのコスト低下

　VREの導入が加速している要因は何か。確かに, COP21で締結されたパリ

図表 2-1　EU27 カ国における各発電源の比率（%）

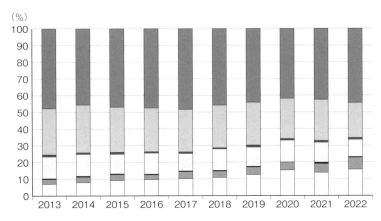

出所：Eurostat をもとに筆者作成。

協定の発効や SDGs・ESG 等の環境関連投資への関心の高まりもあるが，それよりも大きな要因は発電単価の低下である。世界全体での太陽光と陸上風力の均等化発電単価（LCOE）は，2010年から2022年の約10年間で，それぞれ0.445ドル/kWh から 0.49 ドル/kWh（89％減），0.107 ドル/kWh から 0.033 ドル/kWh（69％減）に大きく下落した（IRENA, 2023）。再生可能エネルギーのプロジェクトの中には，すでに FIT 制度などの支援政策がなくても競争可能な水準のプロジェクトも出現している。

EU 域内における VRE も同様のトレンドである。欧州各国でも太陽光のLCOE は低下しており，2010年から2022年の間で，フランス85％減，ドイツ80％減，イタリア86％減となった（IRENA, 2023）。EU 域内における太陽光増加の背景として考えられるのは，① 黎明期に導入された FIT 制度等の導入促進政策の効果，② 再生可能エネルギーに対する優先接続・優先給電や透明で非差別的な電力市場の形成，③ 太陽光のシステム価格や LCOE の急速な低下があると言える。

2. EU再生可能エネルギー指令の歴史的経緯とREDⅢ

第2節では，REDⅢのグリーンディールでの位置付けを論じた後に，REDⅢの概要と論点を整理する。

2-1　グリーンディールの中でのREDⅡ・REDⅢの位置付け

欧州グリーンディールの中でREDⅡの役割はどのように位置付けられるのか[1]。再生可能エネルギーの主力電源化に大きく作用したのが，REDⅡより前に導入されていた再生可能エネルギーの優先給電と，メリットオーダーを含む経済的優先順位に基づく給電である。後者について，メリットオーダー曲線の下では短期限界費用の安い電源から順に並ぶことになり，短期限界費用の安いVREは他の電源よりも先に供給される[2]。再生可能エネルギーの主力電源化，そしてそれを受けた再生可能エネルギーの優先給電の縮小を含む競争環境の再設定が行われたクリーンエネルギーパッケージは欧州グリーンディールの前提条件であった。欧州グリーンディールの本文でも，エネルギーシステムにおける脱炭素化を進める上で，エネルギー効率性を最優先にした上で，再生可能エネルギーを発展させる必要があると言及している。

では，その後に登場したREDⅢはどのような背景を持っているのか。Fit for 55（COM/2021/550）では，欧州気候法で規定された2050年のカーボンニュートラルおよび2030年の温室効果ガス1990年比55％削減実現のために，REDⅡで定められた2030年の最終エネルギー消費に占める再生可能エネルギー目標を32％から40％に引き上げると提案した。また，エネルギーシステム全体のクリーン化と再生可能エネルギーに基づく電化を進めるとともに，産業や運輸など電化が困難な分野ではクリーン水素などの再生可能燃料の導入を促進することも提案している。

これと同時に，REDⅡの改正案が提示された（COM/2021/557）。この指令改正案で提示された論点は，①REDⅡの32％という再生可能エネルギー目標では不十分で気候目標計画に基づけば少なくとも38〜40％に引き上げる必要がある点，②この目標を達成するにはエネルギーシステム統合，水素，海洋再

生可能エネルギー，生物多様性戦略と言った様々な分野での新たな追加的措置が必要だという点である。またRED II の改正案は，EU ETS，エネルギー効率化指令，建築物のエネルギー性能指令，エコデザイン指令，エネルギー課税指令などの改正とも連動することも提示されている。

ところが，2022年のロシアによるウクライナ侵攻を受けて，気候変動だけではなくエネルギー安全保障確保の観点も必要となった。そうした状況下で発出されたのが，REPowerEU計画である。REPowerEU計画は，① エネルギーの節約，クリーンエネルギーの創出，エネルギー供給の多角化を掲げるとともに，② RED II の改正案における2030年の再生可能エネルギー目標を40％から45％に引き上げることを提案している。また，③ 太陽光，風力，水素，バイオメタン，送電・パイプラインのインフラ投資等に具体的な提案がなされている。太陽光については，① 2025年までに現在の2倍以上の320GW，2030年までに600GWの新規導入，② 特定の建築物に対する屋根置き太陽光の設置義務化（本書17章を参照），③ サプライチェーンの強化，④ 欧州太陽光発電産業同盟（European Solar Photovoltaic Industry Alliance：ESIA）の設立が提案されている。

2-2　RED III の概要と論点

REPowerEU計画を受けて，RED II 改正案が修正され，2023年11月にRED III が発効した。以下にはRED III の概要と論点を示す。

第1に，(1) 最終エネルギー消費に占める再生可能エネルギーの引き上げである。Fit for 55 およびREPowerEU計画の影響を受けて，① 2030年の最終エネルギー消費に占める再生可能エネルギー目標を少なくとも42.5％にするとともに45％まで高めるように求められた。また，② 革新的再生可能エネルギー技術を2030年までに新規導入される再生可能エネルギー容量のうち少なくとも5％導入することが求められた。

部門別の具体的目標についても見ておきたい。第15a条では，建築物の再生可能エネルギー利用を49％以上にすることが求められた。また，第25条は運輸部門での最終エネルギー消費に占める再生可能エネルギー比率を定めており，加盟国は燃料供給者に対して，2030年までに少なくとも29％とするか，

もしくは2030年までに再生可能エネルギー利用を通じて温室効果ガス排出量を14.5％削減するかのいずれかを求めるよう義務付けられた。

第2に，(2)産業分野での再生可能エネルギー利用である。第22a条では，産業分野における再生可能エネルギー目標が示されている。具体的には，年平均で，産業部門における最終エネルギー消費および非エネルギー用途の使用量に占める再生可能エネルギー源の割合を，少なくとも1.6％ポイント増加させるよう加盟国が努める必要がある。また，2030年までに最終エネルギー消費および非エネルギー用途に占める水素の42％を非生物由来の再生可能燃料にし，2035年までに60％への引き上げが求められた。

産業用利用でも電化が費用対効果の高い選択肢の場合は電化が望ましいとされているが，産業用利用ではそうでない場合もある。そうした場合に非生物由来の再生可能燃料が温室効果ガス削減のための有力な選択肢となる。

第3に，(3)再生可能エネルギーのエネルギーシステム統合の促進である。第20a条では，加盟国に対して，① 配電系統運用者（Distribution System Operator：DSO）が1時間以内間隔で電力の再生可能エネルギー割合と温室効果ガス排出量に関するデータを入手可能な場合は予測付きで提供することを義務付け，② 家庭用および産業用バッテリー製造者に対して電池所有者に加えて建築物のエネルギー管理者や市場参加者が電池容量や健全性，充電状態，電力設定値など基本データのアクセスできることを義務付け，③ 家庭用バッテリーおよび電気自動車所有者の電力市場への参加（混雑管理や柔軟性・バランシングサービスの提供を含む）ができるようにすることを義務付けている。また，第15e条では，再生可能エネルギーを電力システムに統合するために必要な送電網や蓄電インフラを開発する地域の設定についても規定された。

第四に，(4)バイオマスエネルギーの持続可能性である。近年EUでは，バイオマスエネルギーがカーボンニュートラルに資するのか，あるいはバイオマスエネルギーの利用が生物多様性や森林問題との観点から問題がないのかということがたびたび指摘されてきた（相川，2021；相川，2023）。それに合わせた対応がRED Ⅲでも求められた。

まずバイオマスのカスケード利用の徹底が求められた（前文10，改正第3条）。その背景は，バイオマス原料市場における不当な歪曲効果や，生物多様

50　第Ⅰ部　エネルギー・環境

性，環境，気候変動への悪影響などが指摘されている。また，森林バイオマスを燃料とする電熱併給ではない発電に対しては，公正な移行計画に基づくプロジェクトおよびバイオマスのCO_2回収・貯留（BECCS）を行うプロジェクトを除き，直接的な財政支援やその延長が禁止された。

　最後に，(5) その他の論点として4点挙げておきたい。第1に，① 2030年再生可能エネルギー目標に向けた必要分野のマッピング（第15b条）と再生可能エネルギー加速化地域の設定（第15c条）が挙げられる。前者では，各加盟国が2030年再生可能エネルギー目標達成に際し，再生可能エネルギー発電所や送電網・貯蔵施設等の関連インフラの設置に必要なポテンシャルを特定するマッピングの実施が求められている。後者では，加盟国は再生可能エネルギー加速化地域を設定することが求められ，加速化地域では許認可手続きの簡素化や迅速化が確保される（第16条）。

　第2に，② 気候中立が達成されるまでの間，再生可能エネルギー発電所の計画・建設・運転・送電網への接続等の再生可能エネルギーの利用促進が「優先すべき公共の利益」とされたことである（第16f条）。正当化された特定の状況下ではこの条文の適用を制限できるが，その場合は欧州委員会に理由とともに説明する義務を負う。

　第3に，③ 再生可能エネルギーのリパワリングに関する許認可手続きの加速化が規定されたことである（第16c条）。

　第4に，④ 再生可能エネルギー生産のための国家間共同プロジェクトに関する協力枠組みの構築である（改正9条）。2030年末までに1つ以上の共同プロジェクトの設立が各加盟国に義務付けられ，少なくとも2つの共同プロジェクトの設置に合意できるよう努力することが求められている。年間電力消費量が100TWhを超える加盟国は2033年までに3番目の共同プロジェクトの設立合意に努めるよう求められている[3]。

3.　EUにおける太陽光発電普及の現況と課題

　では，今後EU域内において，REPowerEU計画の中で掲げた太陽光の設備容量を2025年までに2倍以上，2030年までに3倍以上の新規導入を達成する上

での課題は何か。これを太陽光のサプライチェーンと重要な原材料（CRM）の課題から読み解いていく。

3-1 太陽光発電市場の現況

まずSolarPower Europe（2023）から太陽光の導入状況を確認しておきたい。図表2-2はEU域内における太陽光の累積の設備容量の推移を示している。2023年の推計値は前年の207GWに対して27％増の263GWに増加した。国別の累積の設備容量は、ドイツが最大で82.1GWで、スペイン35.6GW、イタリア29.5GW、オランダ22.5GW、フランス18.7GWなどである。また2023年単年の導入量の推計値は、多い順にドイツ14.1GW、スペイン8.2GW、イタリア4.9GW、ポーランド4.6GW、オランダ4.5GWなどである。EU域内で2023年に導入された太陽光の規模別割合は、住宅用、オフィス・産業用、大規模がそれぞれ約3割である。

次に、同じくSolarPower Europe（2023）を参考に、太陽光が系統連系まで

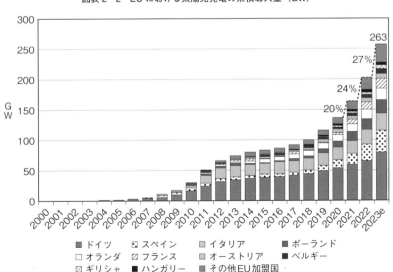

図表2-2　EUにおける太陽光発電の累積導入量（GW）

出所：SolarPower Europe（2023）, 24.

図表2-3 EUにおける太陽光パネル部品の製造能力（GW）

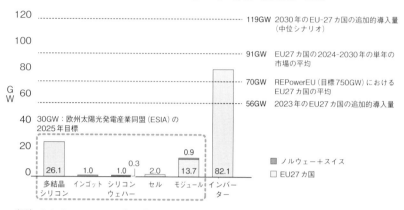

出所：SolarPower Europe (2023), 46.

要する時間を見ていく。各加盟国における小規模太陽光の系統連系に要する時間はおおよそ半月～1年以内となっている。他方で、大規模太陽光の系統連系は各加盟国によってばらつきがある。ドイツでは1～3年であるが、スペインでは5～6年、イタリアでは4～5年、オランダでは4～7年を要する。EU送電系統行動計画（COM/2023/757）でも、送電網増強の待ち時間が4～10年、高圧連系の場合は8～10年を要すると指摘されており、送電網への投資が必要である[4]。

第三に、太陽光関連産業の状況として、太陽光パネルの製造能力に着目したい。図表2-3は太陽光パネルの部品段階別の製造能力を示している。多結晶シリコン、インゴット、シリコンウェハー、セルという段階を経て、最終財である太陽光パネル（モジュール）が完成する。SolarPower Europe（2023）の調査によれば、EU27カ国における現時点での生産能力は、モジュールで13.7GWの製造能力しかない。これは、REPowerEU計画の目標を達成する上でも大きな障害となる可能性がある。

これらの点を整理すれば、太陽光発電の導入量は加速度的に伸びているものの、系統連系の長期化の課題と太陽光パネル部品の対域外依存という課題が指摘できるだろう。後者の問題を本章では取り上げる。

3-2　太陽光パネルとCRMの対中依存

前述の通り，太陽光パネル部品の域内製造能力はREPowerEU計画の目標には到底及ばない。では，この太陽光パネルはどこから来ているのだろうか。それは中国からの輸入である。IEA（2023）によれば，この10年間で欧州・日本・米国のシェアが減る一方で中国の優位性が高まっており，世界の太陽光発電設備の7割以上が中国で生産されている（図表2-4）。中間財であるシリコンウェハーやセルの生産量では最終財であるモジュールに比べ，世界的に対中依存度が高いという状況にある。

また，もう一つの問題がCRMへの依存である。太陽光パネルもガリウムやインジウムへの依存は避けられない。そしてガリウムもインジウムも中国が最

図表2-4　脱炭素技術の地域別の生産量の割合

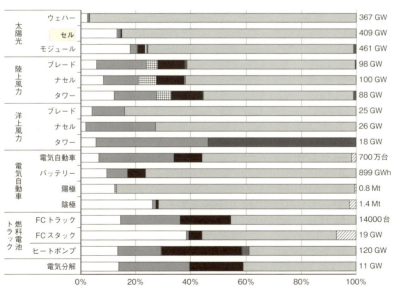

出所：IEA（2023），96．

54 　第Ⅰ部　エネルギー・環境

大の産出国であり，それぞれ中国のシェアは96％，57％となっている[5]。

　近年の国際情勢を見れば，経済安全保障への関心の高まりから，特定の国に財や重要な原材料を依存することは地政学的リスクだと捉えられる向きがある。特に，米中貿易戦争，米中デカップリング，あるいはロシアによるウクライナ侵攻の発生に伴って，国際政治経済学的な状況が安定していた2010年代に代わって，デリスキングを求める流れに大きく変化している。そのため，全世界的に対外依存度の低下は以前より要求される状況にある。

3-3　EU太陽エネルギー戦略は解決策になるのか

　では，こうした問題に対してEUはどう対応しようとしているのか。その答えを(1)EU太陽エネルギー戦略(COM/2022/221)，(2)欧州太陽光発電産業同盟(ESIA)の設立，(3)CRMへの依存への対応から見ていきたい。

　第1に，(1)EU太陽エネルギー戦略である。欧州委員会はREPowerEU計画と同時に，EU太陽エネルギー戦略を公表し，その中で4つの重点項目を示した。その重点項目とは，① 欧州屋根置き太陽光イニシアティブを通じた太陽光の迅速かつ大規模な導入の推進，② 許認可手続きの簡素化，③ 太陽エネルギー人材の確保，④ 欧州太陽光発電産業同盟(ESIA)の発足とEU域内の太陽光発電設備製造部門における強靭なバリューチェーンの拡大である。

　特に，④ に着目してみれば，太陽光パネルや関連部品の輸入依存に対する欧州委員会の危機感がわかる。2020年には，80億ユーロ規模の太陽光発電設備が輸入されたが，このうち75％が中国からのものであったとEU太陽エネルギー戦略は指摘している[6]。このような一国への依存は世界的もしくはその国固有の有事が発生した場合はEUの回復力を低下させる。他方で，イノベーションと競争市場を背景として，太陽光発電設備製造のバリューチェーンの拡大は，雇用と付加価値を創出しながらEUのこの分野での回復力を強化することにつながると言う。

　そこで対策として挙げられているのが，① 太陽エネルギー分野におけるイノベーション支援と，② 太陽光発電システムの持続可能性の促進である。前者については，Horizon Europeの支援を通じて低炭素技術に約250億ユーロの支援が予定されている。後者については，現在の太陽光発電システムは20年

以上の運用で製造時に必要とされるエネルギーの20倍を生産できるが，その一方で問題とされている製造時の二酸化炭素と環境のフットプリントを削減することを意図している。

第2に，(2) EU太陽エネルギー戦略でも明記された欧州太陽光発電産業同盟 (ESIA) の設立である。ESIAは，欧州バッテリー同盟や欧州クリーン水素同盟のアプローチを参考に，2022年10月に設立された。このESIAの目的は，欧州委員会が主導して，関係する産業界，研究機関，消費者団体，その他のステークホルダーが結集することで，EU太陽エネルギー戦略で指摘された課題である欧州における太陽光発電設備のバリューチェーンの回復力と戦略的自立性の構築を目指すことにある。特に① 投資機会の拡大，② 太陽光発電システムの持続可能性，③ サプライチェーンの多様化も主要な論点で，なおかつ資金や利害の調整を担う側面がある。

また，ESIAの中では，2025年までにサプライチェーン全体での製造能力の30GWに達する目標が合意された。この目標を達成すれば，欧州では年間600億ユーロの新たなGDPが生まれ，40万人以上の新規雇用が創出されると試算している。だが，この目標の達成に対しては業界団体でさえ悲観的な見方をしている (SolarPower Europe, 2023))。図表2-3の通り，ESIAの2025年の目標30GWに対して，多結晶シリコン26.1GWは達成間近であり，欧州が比較的を持つインバーターで82.1GW，最終財であるモジュールで13.7GWの製造能力を有している。他方で，中間財であるインゴットからセルに至る過程では2GW以下の製造能力でしかなく，2025年までに30GWまで引き上げることは困難な状況だろう。

ESIAによる2025年の域内調達目標は，確かに，グローバルサプライチェーンを改善してEU域内での産業化を図るという長年の課題への重要な「問題提起」ではある。他方で，業界団体からさえも非現実的だと指摘されている目標とその実効性に対しては疑問符を付けざるを得ないだろう。

第3に，(3) CRMへの対応である。EU太陽エネルギー戦略でもCRMに言及している。太陽光パネルの多くはシリコンに依存し，モジュールの製造と設置にはガラス，アルミニウム，鉄が必要で，なおかつ系統接続においては銅が必要であり，そしてそれらの原材料は1カ国もしくは少数の国に依存していると

指摘されている。そこで必要になるのが太陽光モジュールの回収・リユース・リサイクルといった静脈経済の確立である。

EUはそれぞれに対して，サーキュラー・エコノミーの確立や，エコデザイン規則とエネルギーラベリング規則の改正，重要原材料法（Regulation（EU）2024/1252）で対応しようとしている（本書第9章を参照）。いずれにせよ，太陽光パネルの静脈経済の確立は，太陽光パネルの持続可能性の促進だけでなく，グローバルサプライチェーンの改善と太陽光関連業界の雇用創出の鍵の一つにもなり得る。

小括

本章では，EU域内における再生可能エネルギーの導入状況を概観した上で，REDⅢの概要を確認し，そしてEU太陽光発電に対する産業政策が抱える課題について指摘した。近年EU域内ではLCOEの低下によりVREの導入量が増加し，再生可能エネルギー比率は電力で3割，最終エネルギー消費でも2割を超えた。この状況下でVREの導入をさらに加速化させながら電力市場への統合を求められたのがREDⅡであり，エネルギー市場全体および経済社会・産業への統合が求められたのがREDⅢだと言える。

また，再生可能エネルギーの黎明期には風力・バイオマスを中心に導入されてきた欧州でさえも，近年のEU域内における太陽光の飛躍的増加には目を瞠るものがある。そして，導入までのスパンが短い太陽光はEU域内で今後も増加することが見込まれる。

他方で，欧州の太陽光産業が抱える課題も根深い。エネルギー安全保障や経済安全保障といった国際政治経済学的状況の変化により，太陽光パネルやCRMの対外依存は世界的にもリスクだと捉えられている。EU太陽エネルギー戦略やESIAの方針は，太陽光発電を飛躍的に増やしながら，対域外依存度を減らすという重要な問題提起である。しかし，EU太陽エネルギー戦略やESIAをどう現実的かつ実効的なものとしていくかは，未だ道半ばである。

付記：本稿は，道満（2024）を圧縮し，加筆修正したものである。

第2章　グリーンディールの中の太陽光—REDⅢ，導入の加速化，サプライチェーンリスク—　57

[注]

1　REDⅡ以前の経緯については，本書第1章および道満 (2023) 参照。

2　グリーンディール産業計画の下での新たな電力市場改革では，EU電力市場設計の改定に関する規則 (Regulation (EU) 2024/1747) において，前日市場で用いられている限界費用に基づく市場設計が記載された。

3　Eurostatによれば，2022年時点で年間電力消費量100TWhを超えるのは，ドイツ，フランス，イタリア，スペイン，ポーランド，スウェーデン，オランダである。

4　送電網の追加的投資として，業界団体は約3750〜4250億ユーロ，欧州委員会は5840億ユーロが必要であるとされている (COM/2023/757)。

5　JOGMEC (2023)「鉱物資源マテリアルフロー2022　ガリウム (Ga)」，JOGMEC (2023)「鉱物資源マテリアルフロー2022　インジウム (In)」参照。

6　Eurostatによれば，2022年にはさらにその割合が増加し，輸入額226億ユーロのうち96％が中国からの輸入である。

[参考文献]

相川高信 (2021)「EU Fit for 55：森林バイオエネルギーの持続可能性基準を強化」，自然エネルギー財団，2021年8月3日，https://www.renewable-ei.org/activities/column/REupdate/20210803.php（アクセス日：2024年2月9日）。

相川高信 (2023)「EU-REDⅢ最終版におけるバイオエネルギーの取り扱い」，自然エネルギー財団，2023年10月11日，https://www.renewable-ei.org/activities/column/REupdate/20231011.php（アクセス日：2024年2月9日）。

道満治彦 (2023)「グリーンディールの前提としての再エネ政策—優先規定の変遷から見る日本への示唆—」蓮見雄・高屋定美編著『欧州グリーンディールとEU経済の復興』文眞堂。

道満治彦 (2024)「欧州グリーンディールにおける太陽光拡大戦略の政策的含意—新再生可能エネルギー指令REDⅢとEU太陽光エネルギー戦略から—」『商経論叢』第59巻第4号。

所千晴 (2022)『資源循環論から考えるSDGs』エネルギーフォーラム。

Anna Vanhellemont, Bernard Vanheusden and Theodoros Iliopoulos (2022) *Harmonisation in EU Environmental and Energy Law*, Intersentia.

Maciej M. Sokołowski (2022) *Energy Transition of the Electricity Sectors in the European Union and Japan：Regulatory Models and Legislative Solutions*, Palgrave Macmillan.

IEA (2023) "Energy Technology Perspective 2023".

IRENA (2023) "Renewable Power Generation Costs in 2022".

REN21 (2023) "Renewables 2023 Global Status Report-Renewables in Energy Supply".

SolarPower Europe (2023) "EU Market Outlook For Solar Power 2023 – 2027".

EUの政策文書，法令等については，本書巻末のリストを参照。

（道満治彦）

第3章

グリーン水素市場創出の主導権確保を目指すEU

はじめに

　2023年，EUの発電量における再生可能エネルギー（再エネ）の割合は44％に達し，化石燃料による発電の割合は19％減となり，3分の1を下回った（Ember, 2024, 6）。だが，再エネ由来の電力をいかにして産業利用していくかという課題が残されている。そこで注目されているのが水素である。なぜなら，水素は，世界の温室効果ガス排出量の約65％を占める産業全体の代替燃料として貢献しうるポテンシャルを持つからである。EUは，再エネ由来の電力によって水を分解して作られるグリーン水素戦略を強化し水素の産業利用を進めようとしており，さらにウクライナ戦争を契機として水素戦略を加速している。

　しかし，2022年のEUのエネルギー消費における水素は2％に満たず，主にプラスチックや肥料など化学品の生産に利用されているにすぎない。しかも，その96％は天然ガス由来のグレー水素であり，大量のCO_2の排出源となっている。現状では，世界の水素の6割がグレー水素（天然ガス由来），2割がブラウン水素（石炭由来）であり，交通，石油化学，熱など新分野での水素利用は広がっていない。

　カギを握るのはグリーン水素の新たな産業利用の開拓である。そのためには研究（Research），開発（Development）だけでなく，社会実装（Deployment）が必要であり，市場の創出が重要である。EUは，世界で最も体系的にこの課題に取り組み，その主導権を確保しようと試みている。本章では，EUの水素戦略の展開とその要点を確認する。

1. グリーン水素のポテンシャルとR＆D＆Dの必要性

　2022年の世界の水素生産量9,500万トンのうち，6割はグレー水素，2割はブラウン水素であった（IEA, 2023, 64）。その大半は，従来の用途（石油精製，アンモニアの原材料など）である。直接還元鉄（DRI）製造の還元剤でも水素は利用されているが，年間約1万トンとわずかである（図表3-1）。だが，IEA（2023, 20-22）によれば，「クリーンエネルギー転換において水素が果たすための方向性とペース」を評価するには，現在の水素の使用量を評価するだけでは不十分であり，新たな水素の用途を追跡することが必要である。IEAの2050年ネットゼロシナリオによれば，2030年までに水素使用量は毎年6%増加し，1億5,000万トン以上に達し，その40%近くが交通，合成燃料，発電など新たな用途によるものである。

　水素は，電気，自動車・航空・船舶の燃料，熱源，電力貯蔵，産業における化学原料など幅広い用途が期待できるエネルギー源であり，気体・液体の状態で輸送，貯蔵ができる。アンモニアやメタノールへの変換による輸送，長期保存，産業利用ができる柔軟性を有する。再エネ由来の電力によって水を電気分解して生産されるグリーン水素は脱炭素化の実現にとって高いポテンシャルを持つ。特に変動の激しい洋上風力発電との親和性が高い。

　しかし，現状において，「水素は，既存の化石燃料や他の低炭素技術と競争力がなく，あるいは最終利用技術が商業的に成熟していないため，これらの用途で大規模に利用されていない」（IEA, 2023, 21-22）。IRENA（2020, 3-4）の評価によれば，水素の普及には，5ドル/kgのコストを1ドル/kgに引き下げることが必要であり，そのためには電解槽コストを約80%削減し，電力コストを約60%引き下げなければならない。この点で水素市場の創出と再エネの発展を想定した電力市場改革は相補的な関係にある。

　水素は，脱炭素の高いポテンシャルをもつことから，コスト削減という課題を抱えながらも世界で水素の社会実装を目指す動きが加速し低炭素水素生産プロジェクトが急増している。IEA（2023, 11）は，初期段階にあるものも含めて2030年には，2,700万トンのグリーン水素，1,000万トンのブルー水素（CCUS[1]

図表 3-1 水素利用の現状と 2050 年ネットゼロシナリオ

部門別水素利用（2020-2030年）

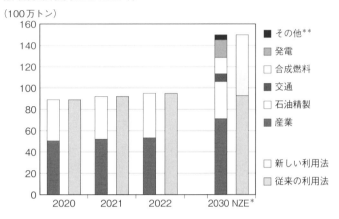

地域別水素利用（2022年）

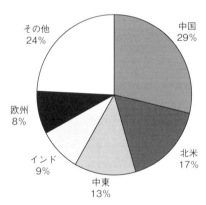

注：＊NZE＝IEAによる2050年ネットゼロシナリオ
　　＊＊その他には，建築やバイオ燃料の改良が含まれる。
出所：IEA, 2023, 20.

によりCO_2を除去）が新たに生産される可能性を指摘している。

　しかし，これらの水素生産プロジェクトが実現するかどうかは，グリーン水素の社会実装が進み需要が拡大し，水素市場が発展するかどうかにかかってい

る。そのためには，水素のエンドユーザーの技術・設備，水素生産の方法・コスト，安価で大量の再エネ電源の確保，水素・CO_2の輸送・貯蔵のコスト，安全性を含む法的枠組，ビジネスモデルの構築といった問題を同時に解決していかなければならない。言い換えれば，グリーン水素の社会実装にはR＆D＆D（Research, Development, Deployment）[2]が必要であり，市場の創出がカギを握っている。市場が創出され一定の規模に達すれば，再エネ市場でみられたように競争を通じた技術革新と規模の経済性が期待できる。

現状において，欧州は世界の水素需要の8％を占めるに過ぎないが，EUは，この課題に最も体系的に取り組んでおり，その政策の成否はグリーン水素市場の将来を占う試金石となる。

2. EU水素戦略の展開とウクライナ戦争を契機とする水素戦略の加速

EUは，新型コロナ危機とウクライナ戦争という2つの想定外の危機に見舞われた。欧州委員会は，それらに対処しつつ欧州グリーンディール政策を軌道修正し，次第に再エネの産業利用の要としてのグリーン水素の重要性を強く認識するようになり，水素戦略を抜本的に強化していった。以下，その各段階の要点を確認していこう。

2-1 エネルギーシステム統合と水素

2019年の欧州グリーンディールの政策文書（COM/2019/640）は，エネルギーインフラの規制枠組の再検討に関連してグリーン水素と水素ネットワークに言及しただけであった。だが，2020年3月に欧州グリーンディールの具体策として公表された欧州新産業戦略（COM/2020/102）では，すべての「異なる部門を結びつけることによって…すべてのエネルギーキャリア」を有効に活用するとして，「賢い部門統合（smart sector integration）」という表現で再エネの産業利用の実現におけるセクターカップリングの重要性を指摘し，欧州グリーン水素アライアンスの創設を提案している。

2020年7月8日，欧州委員会は，エネルギーシステム統合戦略（COM/2020/299）を公表した。これは，再エネの主力電源化を想定して電力，

熱，液体・固体燃料などのあらゆるエネルギーキャリアを相互に，また建設，交通，産業等のあらゆるエンドユーザーと結びつけることによって，経済活動全体でエネルギー効率性を改善しようとする政策である。同文書は，① 循環型のエネルギーシステム（余剰電力や廃熱を異なる産業部門間で利用），② エンドユーザーの電化・再エネの系統接続の柔軟性強化，③ 電化の困難な部門における水素を含む低炭素燃料の利用促進を実現するという方針を示した。

　一見すると，水素の役割は ③ に限定されているかに見えるが，実はそうではない。水素は ① ② を実現する上で要の役割を果たすことが想定されている。同文書は，次のように指摘している。「再エネを利用して電気分解によって生成された水素は，統合エネルギーシステムにおいて特に重要な「結節点（nodal）」の役割を果たせる。それは，再エネが大量に供給される時間に送電網に送られる電力を減らし，エネルギーシステムに長期に保存することによって変動型再エネ（VRE）の大部分の統合を促進できる。また，地域の再エネ電力を様々な最終用途に利用することを可能にする」。

　シーメンスの報告書は，欧州委員会が打ち出しているセクターカップリングの要としての水素の活用という構想を極めてわかりやすく示している（図表3-2）。グリーン水素を媒介とすることによって，再エネが鉄鋼，化学品産業，石油化学工業など様々な産業とつながり，産業の脱炭素化が進むことが想定されている。こうして，「水素戦略は，水素のバリューチェーン全体に取り組み，水素が費用対効果の高い方法で経済の脱炭素化に貢献するための諸条件を創出する対策を示す」とされた。

　だからこそ，同日に公表された水素戦略（COM/2020/301）は，① 投資の拡大，② 需要と生産を同時に拡大させる施策（支援，需要喚起，水素規格の統一など），③ 実行可能な支援枠組（支援スキーム，市場ルール，インフラ強化のためのTEN-E規則改正），④ 研究・開発，⑤ 対外的側面（水素の技術標準・規制・定義の国際標準の主導権，近隣諸国との水素協力，ユーロ建て水素ベンチマーク開発など）包括的な方針を示したのである。そして，同時に官民連携による水素市場創出を目指す欧州クリーン水素アライアンスが立ち上げられた。

図表3-2 セクターカップリングの要としての水素

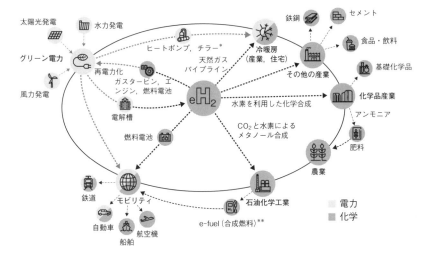

注：＊ヒートポンプ：低温部から高温部へ熱を移動させる技術。チラー：水を循環させて冷却・加熱する技術。
　　＊＊e-fuel（合成燃料）：再生可能エネルギー由来の水素とCO_2を触媒によって合成した液体燃料。
出所：SIMENSE ENERGY, 2021, 5.

2-2　Fit for 55—水素の商流創出のための制度構築

　新型コロナ危機は，ユーロ共同債を原資とする復興基金をもたらした。公的資金の裏付けを受けて打ち出されたFit for 55は，端的に言えば，あらゆる分野において脱炭素化を進めるものであり，これは産業における再エネ利用の必要性を高めた。2021年12月，欧州委員会はFit for 55の一環として，再エネ指令改正案などとともに域内ガス市場共通ルール指令案（COM/2021/803）と域内ガス市場規則案（COM/2021/804）を公表した。これまでEUのガス消費の95％が天然ガスであり法令もインフラも天然ガスを前提としていたが，これを見直して天然ガス，再生可能ガス，水素に関する共通のルールを設定し，特に水素の商流（つくる，運ぶ・貯める，売る，買う）の創出のための制度構築を目指す政策である。

64　第Ⅰ部　エネルギー・環境

2-3　地政学的転換による軌道修正と水素戦略の加速

　2022年2月に始まったウクライナ戦争は，地政学的転換による欧州グリーン
ディールの軌道修正をもたらした。これは，EUが輸入する石油の約3割，天
然ガスの約4割を占め半世紀にわたり続いてきたロシアからの相対的で安価な
石油，ガス供給という前提が消失することを意味し，産業の脱炭素化の緊急性
を高めた。

　地政学危機に直面したEUは，2週間後に脱ロシア依存政策REPowerEU
（COM/2022/108）の概要を示し，同年5月18日，その具体策としてREPowerEU
計画（COM/2022/230）を公表した。この計画は，Fit for 55の実現を前提とし
つつ，① 短期的施策として，調達先の多角化，ガス備蓄強化，石炭火力や原
子力の利用を図りながら，② 再エネの産業利用を加速するために，③ エネル
ギーシステム統合を前提として，グリーン水素戦略を強化している。中期的に
太陽光発電と風力発電などを中心に再エネを最終エネルギー消費の45％への
引き上げが提案され[3]，その有効利用に不可欠な送電網などエネルギーインフ
ラを強化しつつ，グリーン水素市場の育成を目指す戦略として新たに水素アク
セラレーター・イニシアチブが組み込まれた。

　このように，REPowerEUは，単に再エネ戦略を加速するだけでなく，長期
的には，それをグリーン水素市場の創出と組み合わせることによってエネル
ギーシステム統合とセクターカップリングを進め，産業の脱炭素化の実現を急
ごうとしているのである。

3.　水素アクセラレーター・イニシアチブ

　REPowerEU計画の一環として打ち出された水素アクセラレーター・イニシ
アチブは，主に次の3つの施策からなる（SWD/2022/230）。

　第1に，2030年までにクリーン水素を域内生産1,000万t，輸入1,000万tに
拡大する。そのために，水素プロジェクトに「欧州共通利益に適合する重要プ
ロジェクト（IPCEI）」に基づく公的支援を適用する。事実，欧州委員会は，
2022年に水素技術に関するHy2Tech[4]，水素の産業利用に関するHy2Use,

2024年に水素インフラに関するプロジェクト群からなるHy2Infraに対するIPCEIを承認している（ジェトロビジネス短信，2024年2月22日）。

REPowerEUの水素アクセラレーター・イニシアチブとFit for 55シナリオを比較すると，単に目標値が3倍に引き上げられただけでなく構成が見直され，これまであまり利用が進んでいなかった産業用の熱供給，石油化学，交通などの分野における水素利用の大幅な拡大が見込まれている。特に，Fit for 55では想定されていなかった大規模なアンモニア製品の輸入が想定されている。

第2に，水素インフラの発展の促進である。改正TEN-E（トランスヨーロピアン・エネルギーインフラ）規則（Regulation（EU）2022/869）に基づき，ACER（欧州エネルギー規制機関調整機構），ENTSO-G（欧州ガス系統運用事業体ネットワーク），その他のステイクホルダーが水素インフラの強化について協議することとなった。なお，欧州では，国境を越える送電網とガスパイプラインが網の目のように張り巡らされているが，REPowerEU計画では水素についても同様の水素回廊を構築することが提案されている。また，エネルギーインフラ運用事業体33社から構成される欧州水素バックボーンイニシアチブ（EHB）は，欧州委員会の提案を上回る積極的な提案を行っており，民間企業が水素インフラの整備を後押ししている（EHB, 2023）。

第3に，クリーン水素の輸入拡大のための国際協力を強化するために，REPowerEU計画の公表と同日に，欧州理事会，欧州委員会，欧州議会の共同政策文書「変貌する世界におけるEUの対外エネルギーへの関与」（JOIN/2022/23）が公表された。同文書では，加盟国と協力してGlobal European Hydrogen Facilityを設立することによってクリーン水素の規制枠組を構築し，欧州にグリーン水素の取引ハブを創出して水素貿易においてユーロ建てのベンチマークを構築するなど水素の世界市場形成の主導権を確保する方針が示されている。なお，2022年12月，日本はEUと水素に関する協力覚書を交わしているが，これは既に同文書に記されていたものである。

以上のように，ウクライナ戦争は，EUの水素戦略を加速する契機となったのである。

域内ガス市場共通ルール指令（Directive（EU）2024/1788）と域内ガス市場規

則（Regulation（EU）2024/573）が成立している。なお，2023年6月にはグリーン水素の定義に関する委任規則（Delegated Regulation（EU）2023/1184）が成立しており，この要件はEU向け輸出企業にも適用される。

　注目すべきは，水素系統運用事業体ネットワーク（European Network of Network Operators for Hydrogen）が創設されたことである。これまで，電力市場ではENTSO-E（電力系統運用者事業体ネットワーク）が国境を越えた送電網インフラの強化と効率的運用を支え，再エネの発展を促進してきた。ガス市場ではENTSO-Gによって国境を越えた域内ガス市場の統合が進められ，EUはガス供給国に対して買手としての交渉力を強化してきた[5]。EUではガスの共同購入が始まっているが，これは既にEUにおける天然ガス市場が統合されているからこそエネルギー安全保障に貢献しうるのである。そして，これに水素市場が加わった。しかも，2029年末までに，これら3つのエネルギーネットワークを統合するという選択肢も含めて，水素，電力，ガスを効率的に統合する方法について検討することが合意されている[6]。

　また，2023年11月に発効したREDⅢと呼ばれる再エネ指令においても，水素などの非生物由来の再生可能燃料が，鉄鋼業や化学工業などの脱炭素化において重要な役割を果たすことが明記されている（本書第2章を参照）。

4．欧州水素銀行

　このように，EUは，グリーン水素市場を創出するための制度構築を進めている。だが，それは市場が成立する必要条件だが十分条件ではない。当然のことだが，収益性が見込めなければ投資が行われないからである。市場が未成熟で高コストな状況から，いかにしてグリーン水素市場に民間投資を呼び込んでいくかが課題となる。そこで，2023年3月に提案されたのが，欧州水素銀行（COM/2023/156）である。これによれば，1,000万トンのグリーン水素を生産，輸送，消費するために必要となる総投資額は3,350億〜4,710億ユーロ，再エネ由来の電力の生産に2,000億〜3,000億ユーロが必要である。水素インフラの投資額は電解槽500億〜750億ユーロ，域内パイプライン280億〜380億ユーロ，貯蔵60億〜110億ユーロである。同文書は，「水素分野への投資の大部分は民

第3章 グリーン水素市場創出の主導権確保を目指すEU 67

図表3-3 水素プロジェクトへの民間投資の促進を目指す欧州水素銀行構想

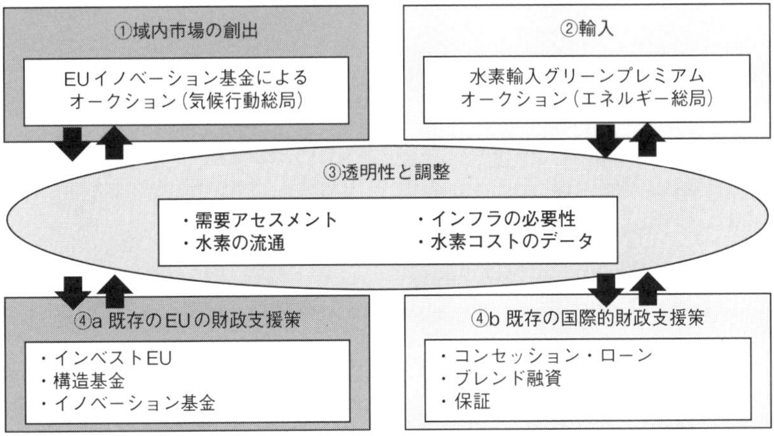

①域内市場の創出
EUイノベーション基金による
オークション（気候行動総局）

②輸入
水素輸入グリーンプレミアム
オークション（エネルギー総局）

③透明性と調整
・需要アセスメント　　・インフラの必要性
・水素の流通　　　　　・水素コストのデータ

④a 既存のEUの財政支援策
・インベストEU
・構造基金
・イノベーション基金

④b 既存の国際的財政支援策
・コンセッション・ローン
・ブレンド融資
・保証

出所：COM/2023/156の図に加筆。

間投資で賄わなければならない」と端的に指摘している。

　図表3-3に示すように，欧州水素銀行は，グリーン水素の供給とオフテイカーによる新たな需要を結びつけることによって，水素プロジェクトへの民間投資を喚起し，新たにグリーン水素市場を立ち上げ，域内生産①のみならず，輸入②を促進しようとする試みである。欧州委員会は，既存のEUの財政支援策④aだけでなく，国際機関の支援策④bにも働きかけ，グリーン水素の生産と供給の確保を図る。さらに，加盟国の政策，コスト，インフラなどの情報をオフテイカーと共有することによってグリーン水素需要を可視化し，最後に水素銀行が水素プロジェクト支援の調整役を担う③。

　これが実際にどの程度の民間投資を喚起し，どのようにグリーン水素市場が育っていくかは未知数である。しかし，かつて高コストで固定価格買取制度（FIT）に頼ってきた再エネが普及し市場規模が拡大する中で競争が激化し，技術革新，学習効果，規模の経済性などによって急速にコストが低下し，翻ってそれが市場拡大を加速してきたことを思い起こせば，これは必ずしも荒唐無稽な構想とは言えないだろう。

おわりに

　ウクライナ戦争に直面したEUは，脱ロシア依存を決断したが，これは脱化石燃料，特に産業の脱炭素化を加速し，かつ産業の戦略的自律性を強化する必要性を高めた。REPowerEUは，① 化石燃料供給源の変更，② 再エネの一層の強化，③ グリーン水素戦略の加速の3つの要素から構成されている。

　① 化石燃料供給源の変更は，具体的にはロシア産の化石燃料の代替供給源を確保することだが，結果的に経済コストも環境コストも高い米国産LNGを始めとしたスポットLNGに過度に依存することとなった。つまり，脱ロシア依存は，新たに米国LNG依存というリスクを生み出した（蓮見，2022）。

　同時に，化石燃料，特に欧州のガス価格が高騰した際にも，域内で生産され，過去十年のあいだに10分の1まで価格が低下していた再エネがEUのエネルギー安全保障に貢献したことも事実である。IRENA（2022, 18）の試算によれば，欧州における2022年1〜5月の天然ガス火力発電（＋炭素コスト）は2020年同期比645％と高騰した。しかし，再エネが発達していたおかげで，この間にLNGタンカー530艘，一日当たり3.5艘分の天然ガス輸入が節約された。また，IEA（2022, 10）は，ウクライナ戦争の影響について，「国内で発電される再エネのエネルギー安全保障上の利点が明確になった」と指摘している。したがって，EUがREPowerEUにおいて，② 再エネの一層の強化を目指すことは当然であり，欧州グリーンディールの軌道修正ではなく，その成果の延長線上にある。しかも，これは新たなLNG依存からの脱却を実現する上でも必要な措置である。

　しかし，再エネの主力電源化は，その産業利用が伴わなければならない。そこで，REPowerEUにおいて，再エネの強化と同時に，③ グリーン水素市場の創出を急ぐ措置として水素アクセラレーター・イニシアチブが組み込まれたのである。水素利用は，既に欧州グリーンディールでも想定されていたものであるが，ここでは特に水素の産業用熱利用など新たな需要創出対策の必要性が重視された。これは，欧州グリーンディールの最も大きな軌道修正であり，その後，技術，産業利用，インフラに関する3つのIPCEIが承認され，さらに民

第3章　グリーン水素市場創出の主導権確保を目指すEU　69

図表3-4　ウクライナ戦争とEU水素戦略の加速

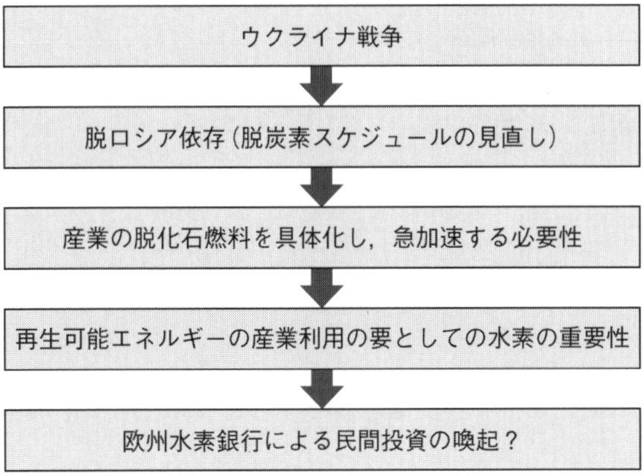

```
┌─────────────────────────────────────┐
│            ウクライナ戦争              │
└─────────────────────────────────────┘
                 ↓
┌─────────────────────────────────────┐
│   脱ロシア依存（脱炭素スケジュールの見直し）   │
└─────────────────────────────────────┘
                 ↓
┌─────────────────────────────────────┐
│  産業の脱化石燃料を具体化し，急加速する必要性  │
└─────────────────────────────────────┘
                 ↓
┌─────────────────────────────────────┐
│ 再生可能エネルギーの産業利用の要としての水素の重要性 │
└─────────────────────────────────────┘
                 ↓
┌─────────────────────────────────────┐
│    欧州水素銀行による民間投資の喚起？       │
└─────────────────────────────────────┘
```

出所：筆者作成。

間資本を呼び込むための水素銀行構想が示されている（図表3-4）。

　EUは，ウクライナ戦争に直面し脱ロシア依存という地政学的転換を決断した。EUは，さしあたり米国産LNGへの過度な依存というリスクを抱えているが，カーボンニュートラルを目指し，資源利用と経済成長をデカップリングする産業構造転換を目指す成長戦略そのものは揺らいでいない。EUは，地政学危機に直面しながらも，それに適応し，当初の水素戦略に示されていた ① 投資の拡大，② 需要と生産を同時に拡大させる施策（支援，需要喚起，水素規格の統一など），③ 実行可能な支援枠組（支援スキーム，市場ルール，インフラ強化のためのTEN-E規則改正），④ 研究・開発，⑤ 対外的側面（水素の技術標準・規制・定義の国際標準の主導権，近隣諸国との水素協力，ユーロ建て水素ベンチマーク開発）などを実現すべく体系的な取り組みを進め，グリーン水素市場の主導権を確保しようとしている。2023年11月から競争入札が開始された。しかし，その試みは始まったばかりである。

付記：本稿は，蓮見（2024）を圧縮し，加筆・修正したものである。

70   第Ⅰ部　エネルギー・環境

[注]

[1] Carbon dioxide Capture, Utilization and Storage

[2] R＆D＆Dについては，伊藤（2020）から着想を得ている。

[3] 詳しくは，蓮見（2023）を参照。

[4] 再生可能エネルギーの目標値は，欧州議会との協議の末，再生可能エネルギー指令REDⅢでは42.5％に引き下げられ，45％は努力目標に変更された。

[5] 2022年7月には，15カ国が共同申請した水素プロジェクトIPCEI Hy2Techに対する54億ユーロの公的支援が承認され，これは88億ユーロの民間投資を生み出すと欧州委員会は試算している（https://ec.europa.eu/commission/presscorner/detail/en/ip_22_4544）。

[6] これは，ロシアとのガス価格交渉においてさえ，一定の有効性を発揮していた。詳しくは蓮見（2015）を参照。ただし，それは，政治的要因によって市場経済の機能が制限されず自由な取引ができる平時においてであって，ウクライナ戦争による地政学リスクの顕在化は，その有効性を低下させている。

[7] https://www.europarl.europa.eu/news/en/press-room/20231204IPR15648/green-deal-agreement-on-reform-of-eu-gas-and-hydrogen-market-governance

[参考文献]

伊藤亜聖（2020）『デジタル化する新興国─先進国を越えるか，監視社会の到来か』中公新書。

蓮見雄（2015）「EUにおけるエネルギー連帯の契機としてのウクライナ」『日本EU学会年報』35，103-126。

─── （2022）「EUの脱ロシア依存とエネルギー安全保障」『上智ヨーロッパ研究』14，72-105.

─── （2023）「ウクライナ戦争と脱ロシア依存」蓮見雄・高屋定美編著『欧州グリーンディールとEU経済の復興』，78-122。

─── （2024）「脱ロシア依存とEU水素戦略の展開─REPowerEUの軌道修正と課題」『欧州グリーンディール戦略の現状と展望』ITI調査研究シリーズNo. 153，一般財団法人国際貿易投資研究所，20-40。

Ember（2024）*European Electricity Review 2024.*

EHB（2023）*IMPLEMENTATION ROADMAP-CROSS BORDER PROJECTS AND COSTS UPDATE.*

IEA（2022）*Renewables 2022 Analysis and forecast 2027.*

IEA（2023）*Global Hydrogen Review 2023.*

IRENA（2020）*Green Hydrogen Cost Reduction.*

IRENA（2022）*Renewables Power Generation Costs in 2021.*

SIMENSE ENERGY（2021）*Power-to-X：The crucial business on the way to a carbon-free world.*

EUの政策文書，法令等については，本書巻末のリストを参照。

（蓮見　雄）

第4章

EUによる炭素国境調整メカニズムの背景，論点，今後の展望

はじめに

　2021年7月，欧州委員会は，「欧州グリーンディール」の実現に向けた気候変動対策の政策パッケージ「Fit for 55」の一環として，炭素国境調整メカニズム（Carbon Border Adjustment Mechanism：CBAM）規則案を発表した。CBAM規則（Regulation（EU）2023/956）は2023年5月17日に施行され，2026年からの本格適用を前に2023年10月1日から対象事業者に報告義務を課す移行期間がすでに始まっている。

　CBAMとは，EU排出量取引制度（EU ETS）に基づいてEU域内で生産される対象製品に課される炭素価格に対応した料金を域外から輸入される対象製品にも課す制度である。対象製品は，鉄鋼，アルミニウム，セメント，電力，肥料，水素であり，EU加盟国がそれらを輸入する場合，その輸出国の生産過程で生じる直接排出量に相応する炭素価格，加えてセメント・電力・肥料については使用された電力などの間接排出量も含めた炭素価格をそれぞれ支払う。当面は報告義務のみだが，2026年1月以降，炭素価格に相当するCBAM証書を購入する義務が発生する。

　このようなEUが独自に導入する国際制度は，鉄鋼やアルミなどの排出量が大きな分野での温室効果ガス排出削減という点だけではなく，「炭素制約と企業の国際競争力」および「気候変動ガバナンス」という二つの点からも注目される。なぜなら，一部の国による他国産品に対する国境調整は，炭素制約の不均衡による企業の国際競争力喪失リスクの低減やカーボン・リーケージの回避を目的ともするもので，多くの場合，生産に炭素排出が伴う財やサービスの国際

取引に対して輸入国と輸出国が共通炭素税をかけることと経済学的にはほぼ同義となるからである。また，このような動きは，ポジティブに考えれば世界政府が存在しない限り難しいと言われていた全球での排出量取引あるいは世界共通炭素税への一歩とも考えられ，現在の国連での国際交渉に基づいた気候変動ガバナンス体制に影響を与える。すなわち，対立が硬直化し，なかなか合意が形成されない国別排出量の設定による国レベルでの炭素制約の賦課というガバナンス制度を補完する以上の意味を持つ可能性がある。

　すなわち，CBAMのような気候変動政策および貿易政策を多くの国が実施し，かつ製品やセクターの数も増えれば，企業の国際競争力喪失の懸念は解消され，かつ世界全体の温暖化対策という意味で大きなプラス効果を持つ。この一連のEUの動きは，世界全体での早急な温室効果ガス排出削減に関する効果的かつ効率的な取り組みを進めるという意味では正当なものであり，強引ではあるものの「規範の創造者（norm entrepreneur）」という評価もEUに対しては可能である。

　しかし，現実はそううまくは行かない。実は，CBAMはEUにとって「2度目の正直」である。具体的には，かつてEUは2021年1月1日からの開始を目指して，EU ETSの航空分野への拡大を企てた。すなわち，域外からの航空機の乗り入れに対する炭素賦課金を導入しようとした。しかし，多くの国の反対を受けて制度導入を最終的には見送った。その意味では，今回のCBAMはEUにとってのリベンジとも言いうる。

　今，導入されつつあるEUのCBAMの全体的な仕組みに関しては上野（2023）が詳しい。また，手塚（2023）が，前出の排出枠の過剰割り当てや間接排出量の算定方法など制度的な問題点を具体的に指摘している。いずれの論考も，日本企業による鉄鋼，アルミニウム，セメント，電力，肥料，水素の対EU輸出量が小さいことから，少なくとも短期的には日本企業に大きな影響はないとしている。一方，蓮見（2024）は，CBAMを単なる環境政策ではなく，EUの成長戦略の一環として議論している。

　筆者は，これまで国内外における気候変動政策の制度設計や国際交渉に関して研究してきた。したがって，本稿では，上記のような状況の下，EUのCBAMに関して，まず1においてその脱炭素をすすめると言う意味での制度的

な必要性および留意点を確認する。2では，前述の2021年のEU ETSの航空分野への域外適用の顛末を紹介し，3では，導入反対派の主な論拠の一つとなっている世界貿易機関（WTO）ルールとの整合性について述べる。4では，気候変動対策における最大の難問とも言いうる公平性との整合性について議論する。最後に以上をまとめると同時に今後を展望する。

1. CBAMが必要とされる理由：国際競争力喪失とは

ここでは，主に明日香・金本・盧（2009）およびAsuka et al.（2009）に基づいて，環境制約と国際競争力の喪失や産業の空洞化をめぐる議論を整理する。

仮に何らかの理由で，国際的に競争している競合会社と比較して相対的に生産費用が上昇した場合，国内市場および海外市場において価格競争において不利な立場になり，利益も市場シェアも失う可能性は存在する。また，利益減少は，新規投資もより減少させ，場合によっては失業者が発生する。すなわち，もし何らかの政策によって相対的に生産コストが上昇した場合，新たな政策→生産コスト上昇→商品や製品への価格転嫁による価格上昇→相対的な国際競争力の低下→空洞化という経路は理論的にはありえる。その意味で，EUのエネルギー多消費産業が，他国の同種企業との「競争条件の平等化（level playing field）」を求めたのはもっともだと言える。

しかし，そのような場合でも，環境対策と国際競争力喪失との因果関係を具体的に考える際には以下の3点が重要である。

第1は，新たな政策や制度の導入によって企業の生産コストが本当に上昇するかどうか，もし上昇するとすればどれだけ上昇するかである。エネルギー・コストの上昇，例えば再生可能エネルギー（再エネ）や省エネによって電力価格の上昇が実際にどれだけ起きるかどうかは具体的な制度設計に大きく依存する（実際には，様々な影響緩和策がすでに制度設計の中に盛り込まれている）。また，議論する際のタイム・フレーム，すなわち短期的なのか長期的なのかも重要である。

第2は，国際競争で議論になる製造業のコスト構造である。例えば，日本において排出量取引制度の導入が議論された2009年当時の日本の製造業の平均

光熱費割合は経産省工業統計によると約3%である。光熱費割合が5%以下の業種が全体の9割を占め，中央値は約1.3%となっている。この割合では，光熱費が仮に日本で2010年以降に経験したように3割上がっても生産額に占める割合は0.4%にすぎない。これは，輸出産業が為替変動で対応している金額より小さい（歌川，2015）。すなわち，製造業全体としては，大きな影響を受けるとは考えにくい。

　第3は，仮にエネルギー・コストが上昇したとしても，工場の海外移転などの空洞化の経路を実証するのは難しく，実際に実証した研究結果もないことである。なぜなら，前述のように，企業の海外移転などの海外投資判断に関しては，エネルギー・コストという原材料コストに相当するコストだけではなく，その他のコスト（例：労働コスト），製品の販売価格，為替レートなども国際競争においては大きく関係してくるからだ。実際に，企業における新規の立地や投資に関する経営判断においては，市場へのアクセス，資本へのアクセス，関連産業の存在，運輸コスト，原材料の調達コスト，熟練労働力の確保，税制，インフラコスト，投資環境などが大きく影響する。さらに，国際競争力は，コストと価格以外にも定性的かつ無形的な要素を持つ。それらは，製品の質，営業部隊の能力，人的資源，アフター・ケアなどである。

　実際には，環境対策が導入されたことによって企業が利益を得るようなことも起きている。例えば，EUにおける環境税導入とEU ETS導入の両方の場合で，大部分の企業が，実際には利益と生産量の両方を増加させたことが明らかになっている（Grubb et al, 2009）。これは，EU ETS第1期（2005-2007年）では，政府によって無償で排出枠が割当てられたにも関わらず，多くの企業が機会費用として製品価格に一定の炭素価格を転嫁したからである。このため，企業への排出枠過剰割当もあって，EU ETSに属するすべての産業部門が結果的に利益を得た。すなわち，制度設計次第で企業への影響力は大きく変わる。

　実は，本稿3の国際貿易機関（WTO）ルールとの整合性問題においても後述するように，今回のCBAMに対する批判の大きな理由となっている無償での排出枠の過剰割当で生じる様々な問題が，EU ETSにおける有償割当への早期移行の必然性を高めた。すなわち，排出枠の有償化の流れを止めることができないと判断したEUのエネルギー多消費産業が真剣になって欧州委員会などに

CBAMの導入を強く求めたという背景がある。

2. 2012年のEU ETS域外拡張の試み

以下は2010年頃にEUが試みて断念したEU ETSの航空分野への域外拡張の顛末である。

まずEUは，EU域内の空港への発着陸便に関しては，原則として，途上国を含むどこの国の航空会社にも温室効果ガス排出量の上限を設定することを決めた。そして排出量が上限を超えた場合は，EU ETSで流通する排出枠（EU allowance）あるいは京都メカニズムで発生するクレジットを購入することを航空会社に求め，不遵守の場合はペナルティ（罰金100ユーロ/ton-CO$_2$。不足分は次期に支払い義務）も課すとした。これがEU ETSの航空分野への域外適用であり，炭素制約の国際的不均衡に対して実質的な国境調整が単独に適用されようとした世界初のケースであった。

しかし，このEU ETSの域外適用に対しては，多くの政府や企業がEUによる気候単独主義（climate unilateralism）として反対した（明日香，2012）。例えば，米国議会では，EU ETSの域外適用に対する参加を拒否するよう米国航空局に求める法案が提出されている。インドは，南アフリカ・ダーバンでの国連気候変動枠組条約第17回締約国会議（COP17）で，EU ETSの航空分野への適用に反対する国別提案を提出し，特に「偽装された国際貿易制限（disguised restriction on international trade）」という観点から批判している。2011年6月には，アメリカ航空輸送協会とユナイテッド航空，アメリカン航空などがシカゴ条約違反などの理由でイギリスの裁判所に提訴した（これに対して2011年12月22日に欧州司法裁判所は，違法性なしという判断を下している）。2011年9月30日には，国際民間航空機関（ICAO）に属する28カ国がEUの単独行動に反対する共同宣言を出している。続いて2012年2月21日にロシアのモスクワでは，中国，米国，ロシア，インド，サウジアラビア，UAE，シンガポール，南アフリカ，ブラジル，アルゼンチン，日本，そして小島嶼国連合（AOSIS）のメンバー国でもあるセイシェルを含む23カ国が対抗措置に関する協議を行った。そこでは，欧州各国との航空協議の停止，欧州の航空各社への追徴課

76　第Ⅰ部　エネルギー・環境

金，シカゴ条約第84条に基づくICAO規則による紛争解決の申立などを検討し，最終的に「モスクワ宣言」を採択している。2012年8月1日にも，ワシントンに反対国17カ国が集まって対応を協議している。COPでの交渉においてはEUと協調している国でも，EUの単独行動への反発は存在していた。

　ただし，排出枠の無償割当，カーボン・クレジットの価格低迷，価格転嫁の可能性などによって，EU ETSの航空分野への適用が，EUおよびEU以外の航空会社に大きな経済的な損失を与えることはないというのがEUの主張であった。また，反対している国の多くは，航空分野に炭素制約を導入することに対して強く批判するというよりも，1) 手続きの不備や拙速さ，2) 国連気候変動枠組条約(UNFCCC)，シカゴ条約，WTOルール，ICAOなどとの関係や整合性，3) 公平性原則に対する牴触，4) 気候単独主義の前例となってしまうこと，などの点を批判していた。

3.　WTOルールとの整合性問題

　前述の2021年のEU ETSの航空分野への域外適用の際においても，また今回のCBAMにおいても，批判側の大きな論点の一つがWTOルールとの整合性である。すなわち，貿易の自由化という観点からCBAMは輸入産品課税と同じという批判である。この場合，主に問題になるのは，下記で述べるような，(1) 関税貿易一般協定(GATT)および関税とサービスに関する一般協定(GATS)における財政措置および数量規制，(2) 無差別原則，(3) 環境保全のための例外措置，などに関する規定との整合性である。

3-1　財政措置および数量規制

　EU ETSの航空分野への適用や今回のCBAMが税などの財政措置であるかどうかは判断が分かれる。前述のように，欧州司法裁判所は「税ではない」と判断をしている。しかし，財政措置でない場合，数量規制であるかどうかが問題となる。そして，EU ETSの航空分野への域外適用や今回のCBAMの場合，EU域内に入る航空機や産品に対して，実質的に何らかの規制あるいは量的な影響を与えるという意味では，数量規制を禁じるGATT第11条第1項に反す

第4章　EUによる炭素国境調整メカニズムの背景，論点，今後の展望　77

る可能性はある。また，手塚（2023）は，EU ETSにおけるEU排出枠の過剰な無償割り当てが，WTO協定附属書の補助金・相殺関税協定（SCM協定）で禁止されている輸出補助金に相当する可能性を指摘している。

3-2　無差別原則

　GATT第3条第4項は，海外からの輸入品を不利に取り扱うことを禁じる（内国民待遇原則）。EU ETSの航空の域外適用やCBAMの場合，EU域内の企業に対しては，すでにEU域外の企業と同様の規制が入っているため第三国に対して不利になっているとは言えない。さらに，公平性の観点から，GATT第7条は輸入品に対して国内と同等の税をかける権利は認めている。したがって，輸入される「製品」の炭素含有量をどのように計算するかが問題になる。

　一方，GATT第1条第1項は，特定の国に対する差別的な取り扱いを禁じる（最恵国待遇原則）。すなわち，温暖化対策政策の違いで国を差別することができない。しかし，差別しないためには，各国の温暖化対策の内容を正確に把握し，それによる炭素制約の大きさを定量的に評価する必要がある。実際に，EU ETSの航空分野への域外適用や今回のCBAMに関しては，他国が「同等の削減（equivalent measures）」を行っている場合には免除することになっている。しかし，この「同等」をどのように正確に判断するかは容易ではない。また，同じサービスであるのに，EU ETSの航空分野への域外適用の場合，EU内の空港との距離によって各航空会社の負担が異なることも不平等と認識されうる。したがって，GATT第1条第1項との整合性は問題となる可能性がある。

3-3　環境保全のための例外措置

　上記の（1）および（2）で述べたようにWTOルールとの整合性が問題になる場合でも，GATT第20条の例外条項を適用すれば許容される可能性がある。EU ETSの航空分野への適用や今回のCBAMの場合，第20条g項（有限天然資源の保存）の適用は比較的容易だと思われる。一方，第20条b項（人や動植物の生命と健康の保護）の適用は，その「定量的な貢献度」の明示が必要であるため容易ではない。また，前述のように，第三国の環境対策のレベルを何らかの

基準で定量評価することも難しい。しかし，このような課題がある程度克服されれば，GATT 第20条によって，EU ETSの航空分野への適用やCBAMは正当化される可能性がある。

4. 公平性原則との整合性問題

中国航空協会は，EU ETSの航空分野への域外適用に対する抗議文の中で「国連気候変動枠組条約に基づく共通だが差異のある責任と能力（Common but Differentiated Responsibility and Respective Capability：CBDR/RC）原則に反する」と明示的に書いている（China Air Transport Association 2012）。また，今，導入されつつあるCBAMに関しても，インドなどは公平性原則に反すると主張している（Goyal, 2023）。すなわち，途上国の政府および企業は，公平性原則との牴触という点からCBAMのような国境調整の導入に反対する。

この問題は，(1) 国連気候変動枠組条約締約国の単独の措置には条約第3条第1項にある「共通だが差異のある責任と能力（CBDR/RC）原則」が適用されることの蓋然性，(2) CBDR/RC原則の適用対象は国とサブ・セクターの両方に適用されることの蓋然性，の2つの問題に分かれる。2011年のEUの司法裁判所の判断は，EU ETSの航空分野への適用とCBDR/RCとの関係について，(1) EU ETSの航空分野への域外適用はEU市場におけるビジネス活動に適用される，(2) CBDR/RCは国に適用される，(3) したがって，EU ETSの航空分野への域外適用はCBDR/RCと整合性を持つ，というものであった。

一方，途上国の議論のポイントは，1) EU ETSの航空分野への域外適用や今回のCBAMは，負担するのが企業だとしても，結果的にUNFCCC付属書1国と非付属書1国の両方に同様な負担を課すためCBDR/RC原則に反する，2) EUメンバー国だけが炭素課金収入の使途を決める権利を持つ，などの点である。

したがって，EU ETSに頼らない解決策としては，(1) 先進国から途上国への技術・資金移転の拡充，(2) EU企業のみを対象とした税の賦課，(3) EU企業のみを対象とした効率規制の実施，などが考えられる。また，EU ETSの枠組みの中での解決策としては，(1) 途上国からのフライトや産品輸入を除外，

（2）EU域内だけのフライトや産品輸入に制限，（3）各国の努力の度合によって適用のレベルを変更，（4）オークション収入を途上国へ還元，（5）当該途上国からのカーボン・クレジット活用に対する優遇措置導入，（6）途上国からの航空便や産品輸入から徴収したオークション収入を当該途上国での気候変動対策に還元，などが考えられる。

とにかく，途上国側は，たとえ企業が払うとしても，EUに対して排出枠を購入するという形で資金が途上国から先進国に逆に流れることに強く反発する。この"no net incidence（途上国が追加的に担う資金負担発生の拒否）"は，今でも途上国側が様々な国際交渉の場で提起している問題であり，今回のCBAM批判にもつながっている。

まとめと今後の展望

CBAMのようなユニラテラルな気候変動政策は出るべくして出てきた。なぜなら，現在，パリ協定で定められた産業革命以降の気温上昇を1.5度以内に抑えるという目標を達成するために世界全体で必要な排出削減量と，現在のプレッジ（各国が誓約した排出削減量の総和）との間には圧倒的なギャップがあるからである。また，190を超える参加国（地域）の全会一致でしか前に進めない現在の国連気候変動枠組条約の下での国際枠組み交渉に大きな期待を持つことは非常に難しいことも明らかになりつつある。残念ながら，すべての国，あるいは温暖化対策に最も積極的でない国でも受け入られるような弱い仕組み（lowest common denominator）しか作れないのが現状のガバナンス体制である。

したがって，条約下での国際交渉が難航する中，温暖化対策に積極的な国々が，可能なセクターあるいはトピックから強引に前に進んでいく。そして，多少の摩擦があったとしても，他の国々を無理やり巻き込んでいく。そういうことでしか現状を変えていくための選択肢がないと考える人，あるいは国（地域）が多くなっていてもおかしくない。

さらに，EUには，「EU域内企業の国際競争力喪失を防ぐべき」という域内企業からの圧力も存在している。カーボン・リーケージの防止という名目もあ

る。その意味では，純粋な単独主義というのは国内政治的にも成立が難しく，他の国を巻き込むがことが必然的に必要となる。

CBAMに関しては，本稿で述べてきたように，様々な法的な課題に関しては，GATT第20条の環境保全例外条項などが適用されれば，多くのハードルはクリアできる可能性が高い。しかし，国や企業によってかなり状況が異なる間接排出量の計算方法など技術的な問題はまだ残っており，それがWTO整合性問題ともつながっている。

さらに，現在のCBAMにおける対象は鉄鋼やアルミなどの素材製品であり，いわゆる上流製品に限られている。しかし，本来であれば，上流製品だけではなく，それらの素材を用いた下流製品も対象にする必要がある。なぜなら，上流製品（例：鉄鋼）のみ対象とした場合，単純に炭素制約国において最終製品（例：自動車）の国際競争力が失われるからである。実際に，EUのCBAM規則では，2024年末までに対象製品の川下製品へと適用の拡大が検討されることになっており，2025年までに有機化合物（炭素を含む化合物）や高分子化合物（ポリマー）への適用についても検討されることとなっている。もし，これらが本当に実行されれば日本企業にも大きな影響が及ぶ可能性があり，その意味で今後のCBAMの制度設計からは眼が離せられない。

そして，CBAMにおいては，先進国と途上国との公平性を示すCBDR/RCへの対応は決して十分とはいえない。公平性は途上国にとっては簡単には譲れない問題であるため，長くくすぶる可能性は高い。

CBAMのような単独行動は諸刃の剣だと言える。すなわち，各国の対立を激化させ，国際協調の機運をそぐ可能性はある。そのようなリスクを，EU，小島嶼国，低開発国などの排出削減と国際交渉の両力を前に進めたい国がどう考えるかが今後のポイントである。

単独の国，あるいは一部の国のリーダーシップや連帯（coalition of ambition）によって「現実」が変革されていくことは世界の歴史に多く存在する。しかし，国家間の摩擦を生んで失敗した例にも事欠かない。今後は，ますます「単独」と「協調」を織り交ぜた難しい外交調整が各国に必要とされる。

［参考文献］

明日香壽川・金本圭一郎・盧向春（2009）「排出量取引と国際競争力-現状と対策-」2009年度環境経済・政策学会論文修正版，2009年12月2日，ver.1.5.

明日香壽川（2012）「今後の温暖化対策国際枠組みと気候単独主義」，IGES Working Paper CC-2012-02. https://www.iges.or.jp/jp/publication_documents/pub/workingpaper/jp/3140/IGES_Working_Paper_CC-2012-02.pdf

上野貴弘（2023）「EUの炭素国境調整メカニズム（CBAM）規則の解説」，SERC Discussion Paper 23002, 2023.05.22. https://criepi.denken.or.jp/jp/serc/research/publications/view?indexId=290

歌川学（2015）『スマート省エネ』東洋書店．

手塚宏之（2023）「EUが導入する国境調整措置（CBAM）は機能するか（その1-4）」，国際環境経済研究所. https://ieei.or.jp/2023/05/tezuka_20230508/

蓮見雄（2024）「EUの炭素国境調整メカニズム（CBAM）―見過ごされている3つの論点」ユーラシア研究所レポート（EU法とビジネス），2024/02/05.

Asuka Jusen, Keiichiro Kanemoto, Lu chenzhun（2009）"Emissions Trading and International Competitiveness：Case Study for Japanese Industries," IGES Working Paper 2010-004. https://www.iges.or.jp/jp/pub/emissions-trading-and-international/en

China Air Transport Association（2012）"Statement by CATA on Inclusion of International Aviation in the EU ETS." http://www.wcarn.com/list/13/13140.html.

Goyal Sh.（2023）"Govt. is taking up CBAM issue with EU and WTO：Sh. Goyal, Ministry of Commerce & Industry," *India*, Nov.7, 2023. https://pib.gov.in/PressReleaseIframePage.aspx?PRID=1975349

Grubb M., Brewer L., Sato M., Helmayr R., and Fazekas D.（2009）"Climate Policy and industrial competitiveness：Ten insights from Europe on the EU emissions trading system," Climate Strategies, Climate & Energy Paper Series, 09.

EUの政策文書，法令等については，本書巻末のリストを参照。

（明日香壽川）

第Ⅱ部

産　業

第5章

EUグリーンディール産業政策のカギを握る欧州自動車産業

はじめに

　グローバル自動車産業は,「100年に一度」と言われる技術革新＝CASE(コネクティド,自動運転,シェアリング,電動化)革命と,温暖化を含む地球規模の気候変動危機への真剣な対応を迫られている。欧州では2019年にEU(欧州連合)が新成長戦略「欧州グリーンディール」(以下,EGD)を打ち出し自動車の「電動化」や循環型経済(サーキュラー・エコノミー,以下CE)への移行を掲げるなど,自動車業界はいっそう厳しい対応が求められている。本章は,EGDならびに主要自動車企業(OEM)の「脱炭素」対応についてその基本的な特徴や展開動向を分析することをつうじて,CASE革命とEGDが同時に進展する(CASE/EGD時代の)欧州における自動車産業の対応の性格と今後の展望を探ることを目的とする。

1. EU自動車産業政策の展開

　はじめにEU自動車産業政策の展開動向を簡単に確認しておこう[1]。2019年に公表された欧州の成長戦略＝EGDは,20年以降の国際情勢(新型コロナパンデミックの発生やロシアによるウクライナへの軍事侵攻など)に翻弄されつつも,2050年の気候中立(カーボンニュートラル,以下CN)の実現をめざして様々な対策を打ち出し日々進化を遂げている。産業政策の分野では,欧州域内で次世代の「脱炭素」系産業・企業の振興を図るべく,「グリーンディール産業計画(COM/2023/62)」が表明され,以降同構想に関連した政策提案が相次い

で打ち出されている。同計画では「脱炭素」に寄与する産業を「ネットゼロ産業」と規定，その競争力強化を図るべくネットゼロ技術の域内生産の強化，ネットゼロ技術・原材料の供給元の多角化などを目的として掲げた（COM/2023/161）。

こうした流れを受けて，自動車産業関連の法/制度づくりが本格化している。2023年7月にはELV規制構想が打ち出され，8月にはEVの中核部品バッテリー（以下BT）に深くかかわる電池（バッテリー）規則が施行された。10月には「Fit for 55」関連法案がほぼ成立したという報道があり11月に大筋での政治的合意（欧州委および欧州議会両者間での合意），さらに12月には欧州域での次期自動車排ガス規制「EURO7」も政治合意に至り近日中の施行が見通されている。欧州ではグリーンディール産業計画における自動車産業および同産業政策の戦略的な重要性が鮮明になりつつある。

一例として23年8月に施行された電池規則（Regulation（EU）2023/1542）を取り挙げよう。同規則は電池「指令」（EU加盟各国の国内法化による施行）を改正し各国法制化を必要としない「規則」としたものである。車載BTに関する内容は以下の三点に整理できる[2]。

①電池（バッテリー）パスポート（電子記録）の導入とカーボンフットプリント宣言の義務化：電池の性能や材料，製造業者・工場の情報，LCA（Life Cycle Assessment，製造または組織のライフサイクル全体を見通して評価する手法）視点でのCO_2排出情報などを記録した「電子パスポート」の作成，それにもとづくCO_2総排出量の算出・数値化した「カーボンフットプリントCFP」の申告などを義務化（CFP算出方法等は別途細則で設定）

②廃電池の再資源化：電池構成材資源（レアメタル）についてそれぞれ回収率を規定・段階的な目標達成を義務化

③リサイクル材の使用：電池の新規製造に際して使用済電池から回収した資源（レアメタル）の一定量使用を義務化（目標値は段階的に引き上げ）

注目すべきは，社会の実質的な「脱炭素」の政策基準として議論が進められているLCA視点での規制がEV電池に関してはすでに先行して取り入れられている点である。欧州ではモビリティ部門の環境規制についてLCA基準化は既定路線である。

BTのEU域内での市場・産業の育成強化によるサプライチェーンの強靱化，電池のライフサイクル全体での環境・社会的影響の低減とCEの推進など数多くの戦略目標が反映された電池規則には，自動車産業を「脱炭素」実現のカギを握る「ネットゼロ産業」の中核的存在として興隆を図る意図が込められていることがわかる。グリーンディール産業計画は自動車産業を中核に関連する諸産業・諸部門を配置しそれらが相互にリンクすることによってグリーン化した「ネットゼロ産業」の創成を促すことで，「脱炭素」を担う新しいビジネスの誕生を促し欧州経済の発展と社会の繁栄に結びつける構想である。次世代産業の形成において自動車産業はEUの成長産業として期待されるばかりでなく，欧州全体の産業振興と国際的地位の向上において重要な役割を担うべく期待されている。

2. 欧州自動車企業の「脱炭素」戦略

2-1 CASE革命下の自動車ビジネス環境

グローバル自動車産業の直近動向について市場環境と技術開発環境を中心に整理しよう。

CASE革命が進展するなか世界の主要OEMは，程度の差こそあれほぼ全社共通してBEV（Battery Electric Vehicle）戦略を主柱に位置づけている（図表5-1）。気候変動対策がグローバルな課題として浮上した2010年代に，世界の自動車産業は「脱炭素」への対応として化石燃料の大量消費に依拠したビジネスモデルを改め，再エネに代表されるクリーンエネルギーを活用した車両開発競争に乗り出した。低CO_2排出の次世代BEVの現実解として注目を集めたのが電気自動車EVであった。「EVシフト」と言われる潮流が業界を席巻するなか，EVをめぐる競争で一気に頭角を現したのが中国である。世界のEV販売は2020年前後から急増，22年に中国での販売台数は前年比80％増，世界販売の6割を占めた。欧州の成長は高水準を維持し（15％増），米国は加速した（55％増）。世界のEV販売台数は2022年に1,000万台超を記録，2023年には1,400万台に迫った（図表5-2）。独フォルクスワーゲン（以下，VW）による排ガス不正問題（2015年VWディーゼルゲート）が発覚して以降，欧州では低

88　第Ⅱ部　産　業

図表 5-1　主要 OEM の BEV 戦略（2023 年 12 月時点）

メーカー・グループ	目標
フォルクスワーゲン（VW）	2026 年までに 10 の EV モデルを投入。VW の欧州での新車販売台数の 70％以上，米国と中国では 50％以上を早ければ 2030 年までに EV とする。欧州では 2033 年以降，EV のみ生産予定。 傘下のアウディは 2026 年以降に投入する新モデルは EV のみとし，2033 年以降は新車販売を 100％電動化。同じく傘下のポルシェは 2030 年までに新車販売の 80％以上を EV にする。
BMW	グループ全体の販売台数に占める EV の割合を 2030 年までに 50％にする。傘下の MINI とロールス・ロイスは 2030 年代前半に 100％電動化する。
メルセデス・ベンツ	市場条件が整えば，2030 年までに 100％電動化。
ステランティス	2030 年までに，欧州では新車販売の 100％，米国では 50％を BEV とする。また，同年までに 75 以上の BEV モデルをそろえ，全世界での年間 BEV 販売台数 500 万台達成を目指す。
ルノー	欧州では 2030 年に新車販売を 100％電動化。EV 事業を分社化〔社名「アンペア（Ampere）」〕
ボルボ	2025 年までに全世界の販売台数の 50％を EV にする（残りの 50％はハイブリッド車）。傘下のポールスターは EV のみ販売。
トヨタ	2030 年までに 30 以上の BEV モデルを投入し，全世界で約 350 万台の販売を目指す。欧州では 2025 年までに BEV モデル数を合計 10 まで増やす予定。
日産	2030 年までに欧州では新車販売を 100％電動化する。同年までに全世界で 19 モデルの EV を含む 27 モデルの電動車を投入する。
現代	2025 年までに全世界での EV 販売台数を 56 万台に伸ばす。中・長期的には，2040 年までに世界の EV 市場で 8〜10％のシェアを獲得することを目標に，2030 年以降，欧州，米国，中国で BEV モデルの投入を増やす。
フォード	欧州に投入するモデルは，2026 年半ばまでにすべてゼロエミッション車とし，2030 年には 100％電動化。

出所：JETRO 地域・分析レポート（2023.12.04）「中国製 EV との戦い方模索する EU」

CO_2・クリーンな環境車の代名詞はディーゼル車から EV に転換した。EGD の後押しもあり，欧州市場における EV 販売は急拡大，2020 年には EV・PHV 販売が前年比で倍増（140 万台），一時的に中国を上回り世界最大の EV 販売を記録するなど順調に拡大していった。

第5章　EUグリーンディール産業政策のカギを握る欧州自動車産業　　89

図表5-2　世界のEV販売動向

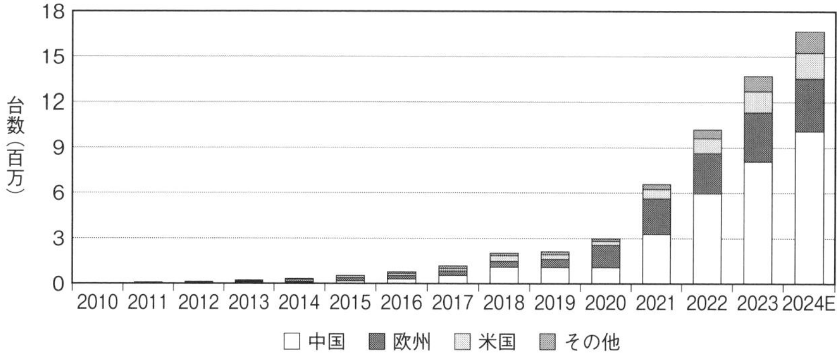

注：2024年販売（2024E）は24年第1四半期までの市場動向にもとづく推定。
出所：IEA，（2024），28.

　最近はこうしたトレンドの「変調」が語られはじめている。23年半ば過ぎから，いわゆる「EVシフト」の減速を指摘する報道が目立つようになった。23年欧州ではハイブリッド車（xHEV＝HEV＋PHEV）が人気を集め，EV車販売の2倍強の売上を記録した。また直近6年間の増伸率を比較してみると，xHEV車比率は30.7ポイント増加したのに対してEVのそれは13.1に留まった[3]。こうした情勢を受けてEV戦略を軌道修正する動きが現れている。24年に入り欧米ステランティス（2021年に仏PSAと米伊FCA（フィアット・クライスラー）の合併）は，これまでのEV専業方針を撤回し内燃機関車ICEの開発・生産の継続を表明，3月には「アップル・カー」としてEV参入が取り沙汰されてきた米アップルがEV開発を断念するとの報道が飛び込んだ。EV販売の低迷が鮮明になるなか，業界では「キャズムに陥るEV」[4]が語られはじめた。
　CASE革命が進展する2020年代以降に技術開発環境をめぐる変化を象徴するキーワードがSDV（Software Defined Vehicle，ソフトウェア定義車）である。メーカーの提供する付加価値が，「走る・曲がる・止まる」という基本的な役割に加えて，自動運転や移動に関する高度なサービス（Mobility Service）さらには地図検索等の利便性や快適な車内空間の実現（エンタメや振動軽減（乗り心地））など多様な機能・サービスの提供に変わりつつあることを踏まえ，

自動車メーカーは単なるハードウェア（以下HW）の販売者ではなく，「モビリティ・サービス・プロバイダーMSP」という役割を担うようになったと言われる。CASE時代のクルマ事業では，機械的な「ものづくり」の（HW生成の）効率性とともに，多種多様なサービス・機能の実現にはソフトウェア（以下SW）の役割が決定的に重要となる。自動車業界は次世代技術としてEVや自動運転に焦点を当ててきたが，近年その関心は急速にSDVやChatGPTに代表されるLLM（大規模言語モデル）などのAIへと移行している。SDV化は，車両の機能や性能がSWによって決定される概念であり，HWによって製品の機能・付加価値が決まる（いわゆるHardware Defined Vehicle）これまでの車両概念の根本的な転換を想起する。

SDVの追求はクルマづくりに様々な変化をもたらしている。代表的なものはE/Eアーキテクチャ（E/Eは電気/電子）と呼ばれる，車載部品（センサー，ECU，アクチュエーター）の構造・設計思想の進化である。いま世界の主要OEMでは，車載OSをはじめとするSW開発と軌を一にして，個別ECUが機能ごとに配置されている現在の構造（分散型E/Eアーキテクチャ）をSW開発の進展に合わせてECUを（ドメイン型からゾーン型を経て将来的に中央集権型へ）統合・集約する取組みが進行している。SDVの前提は中央集権型のE/Eアーキテクチャにあると言われるほど両者は密接な関係にある。身近なものとして近年その導入が喧伝されているのは，OTA（Over The Air）[5]と呼ばれるSWアップデートによる新機能の追加や性能の向上であろう。米テスラはすでにこの仕組みを活用した事業を展開していることは良く知られている。SDV化はまた，既SWの改良やデジタルツイン（仮想空間を活用した精度の高い機能検証）の実現などSW開発の期間短縮・効率化を促進する。

こうした変化は，自動車が単なる移動手段から，移動するコンピューターへと進化していることを意味する。SDVは自動車を「車輪のついたコンピューター」に変える大きな動きと捉える議論もある。いうまでもなくCASE革命の主柱とされる自動運転の実現においてSWが最重要な役割を果たす。SDV化で進展するSW重視は自動運転とBEVの進化を加速する。さらにSDV化や自動運転の追求そしてEV化の進展でSWの重要性が増す（中西，2023）。

SDV指向の高まりを受け，業界では従来のビジネス慣行にも劇的な変化が

第5章 EUグリーンディール産業政策のカギを握る欧州自動車産業　91

生じている。そのひとつが「HWとSWの分離」である。HWとSWを分離することで，HWに依存せずにクルマに関する様々な機能・サービスを実現する可能性が高まるだけでなく，一度開発したSWのアップデートにもとづくSW・部品の再利用の可能性拡大，仕様変更やカスタマイズそして部品（とくにECU）の統合による開発効率の向上さらには車両全体の制御統合までもが追求しやすくなる。業界では分離による効果の大きさが浸透するにしたがって，OEMとサプライヤーとの間ではSW開発の主導権をめぐる熾烈な競争が繰り広げられつつある（後掲2-4参照）。

2-2　VW

(a)「脱炭素」目標とソフトウェア主導のモビリティ企業への変貌

　VWは，ディーゼル排ガス規制検査不正問題（2015年）を機にEV開発へと戦略を転換，20年代前後よりソフトウェア技術とEV専用プラットフォーム（以下，P/F）の開発に傾斜，「脱炭素」戦略を本格化した[6]。

　2021年4月VWは同社脱炭素化計画のロードマップに相当する「Way to Zero」と呼ばれる経営方針を公表した。計画は，グループで遅くとも2050年までに全社CNを達成する意向を示し，新たな中間マイルストーンとして2030年までに欧州における車両1台あたりのCO_2排出量を40％削減すると宣言した。古いEVから出る計画的な高電圧BTのリサイクル計画も含まれ，サプライチェーンを含むEV生産と運用とを併せたCNにより「e-モビリティ」への移行を加速する方針が打ち出された[7]。

　続く21年7月には「NEW AUTO戦略」を公表，今後VWは電動化とデジタル化の推進を軸にソフトウェア主導の「Digital Mobility Provider」に生まれ変わることを宣言した。同戦略には20年代VWの「脱炭素」戦略の基本骨子が示されている。電動化戦略では，グループ・ブランド全体に適用予定となるEV向けの統合プラットフォーム（P/F）の導入を掲げた。グループとしてのスケールメリットによる相乗効果の追求をめざす取組みである。新たな統合P/Fは，SSP（Scalable System Platform）と呼ばれるEV専用のP/Fである。SSPの追求はSDV戦略と密接に関わる。新P/F開発の最大のねらいはアーキテクチャの完全デジタル化であり，将来的にはグループ全体で4,000万台以上の車両生

産の実現とその適用を想定していると報じられている。また，次世代車競争力のカギを握る車載SWの開発については，専属子会社CARIADとの連携を強化し25年までに車載OSを含む新しいソフトウェア・プラットフォーム（E3 2.0）を開発するとした。E3 2.0は現在のE3 1.1（ID4などMEB（BEV専用P/F）製車両で使用），同進化版E3 1.2を継承・統合したもので，次世代車載用OSのコア・スタックと予想されている。「E3 1.2」が登場すればMEBなど製品のアップグレードとOTAが可能になるという。NEW AUTO戦略では，E3 1.2の導入予定時期は23年，E3 2.0への統合で「自動運転レベル4への対応が可能になる」との見通しが示された。

(b) 待ち受ける試練

だがEV転換を決意したVWの戦略は順風満帆に推移しているわけではない。同社は22年以降様々な課題に直面しその対応に追われているからである。

22年12月の臨時株主総会でオリバー・ブリューメ会長（同年9月就任）は「直面する10の課題」を示し戦略の軌道修正を宣言した[8]。うち社長直轄の課題となったのは2つ，EVとSW開発の遅れである。ここにVWの抱える大きな悩みが表れている。SW開発についてはCARIADを軸にグループ内部で推進する意向を示してきたが，その方針を転換しIT系大手企業との協業を探る可能性を示唆した。VWはCARIADのもとにグループ傘下の技術者を結集させ開発の効率を追求しようと試みたが，技術者らの元ブランドへの帰属意識の高さから組織体制として円滑に機能せず（同社の開発体制に対する内部技術員らの不満），現場に混乱が生じたという。ブリューメはCARIADの設立自体は正しい選択だったとしつつ，その立て直しを図るべく他社との提携による経営の合理化を検討するとした。これまでの自前主義からの脱却に言及したのは大きな方針転換である。当然ながらEVを支えるE/Eアーキテクチャ開発の遅れ，そしてSDV化の停滞に連動する。EV開発については，専用P/F＝SSP開発が遅延していることを明らかにしたうえで，統合P/F「E3 2.0」の当初26年導入計画を「20年代末まで」先送りするとした。同SWは当初23年導入予定と報じられたが，24年現在開発は途上である。25年までに統合を予定していた最終版「E3 2.0」の発表も遅れる見通しである。

第5章　EUグリーンディール産業政策のカギを握る欧州自動車産業　93

遅れに拍車をかけたのが電池内製化の停滞と中国での苦境である。VWは23年11月に東欧諸国で検討していた電池セル生産工場の候補地選定作業の延期を宣言した。先に指摘したEV需要の停滞に加え提携先のBTメーカー・ノースボルトで電池の量産化が思うように進んでいないことなどが理由として挙げられた。EV販売については足元の欧州市場での低迷だけでなく稼ぎ頭・中国でのシェア低下（VW中国販売シェア（台数）：19年16％→22年12％）がさらに拍車をかけた。苦境の原因がEVの高コスト体質＝低収益性にあるとみるVWは事態の打開に向けて電池の内製化努力をいっそう追求すると同時に，EV（電池）製造コストの削減に向けて中国系2社（車載電池大手・国軒高科（株式取得），小鵬汽車（出資，車台使用））を活用し26年に中国市場向けに新型EVを発売することを表明した（『日本経済新聞』2023年11月14日）。

　23年6月には収益性の改善を掲げ「ACCELERATE FORWARD|Road to 6.5」プログラムを打ち出した[9]。2026年目標として約100億ユーロの持続可能な収益増を掲げる同計画は，VWブランドの高収益化をめざす。同計画最大の目標はEVの低コスト化による効率化と利益向上を実現することにあるが，それを達成するための具体的な手立ては乏しく課題は依然として残ると言わざるを得ない。計画名称に込められている「売上高利益率6.5％の実現」の表明は，EV推進による収益性の確保がいかに困難であるかを物語る。

　VWはこれまで推進してきた「脱炭素」戦略の見直しを急いでいる。CARIADの混乱を収束しSDV戦略をどう立て直すのか，ブリューメ会長の手腕が問われている。

2-3　ルノー

(a) EV事業の分社化・アンペアの創設

　仏ルノーは，22年11月にEV事業の分社化など事業を5つに再編する新戦略を発表した。ルカ・デメオCEOは，EVとソフトウェアの新会社「アンペア（Ampere）」を設立しSDVのEV開発に着手，31年には同EVを約100万台生産することを表明した。事業計画によると2027〜28年には現在のガソリン車と変わらない価格の新型CセグメントEVを実現するという。2031年までに低価格帯を含む7車種のEVを投入し欧州で市場シェア10％の獲得をめざす[10]。

94　第Ⅱ部　産　　業

　アンペアにはグループ企業だけでなくIT系企業が参画し，緊密な連携のもと新規事業の展開にも力を入れる。クアルコム・テクノロジーズが出資してSDV向け高性能コンピューティングP/Fを共同開発するほか，グーグルはSDV用のアンドロイドP/Fなどで協力する。またICEとHEVを開発・生産する新会社を中国の浙江吉利控股集団および吉利汽車と共同で設立しルノーの各ブランド向けにエンジン等を供給する計画である。金融サービス会社を活用し新しいモビリティやエネルギー，データサービス市場にも参入するとした。日産自動車と三菱自動車もまたルノーのEV新会社＝アンペアへの出資に向けて協議を行っていると報じられている。

　ルノーの成長戦略もEV推進をその中核に据える点でVWと同じだが，その目標はEVのガソリン車並みの低コスト実現をはじめ，車両計画，生産能力においても野心的である。それを実現する上で最大のカギを握るのが「ソフトウェア戦略」にあることは言うまでもない。そこでは大手プラットフォーマー・グーグルとの協業で26年にルノー初のSDVの投入をうたっていることが注目される。

(b) 循環型経済モデルの移行・推進

　EGDの公表直後に示された「新循環型経済行動計画」は，資源の再利用・有効活用をつうじた循環型経済(CE)への移行を提起している。CEを担う次世代ビジネスの一翼として期待されるのが「静脈産業」の創生であり，自動車産業に関連する「静脈ビジネス」を本格始動しているのが仏ルノーである。2022年10月に公表されたCE事業の基本戦略「The Future Is Neutral」計画では，リサイクルに関する同社の経験と技術の継承・発展にもとづくソリューションビジネスを提供することで，CEへの移行を加速すると宣言した[11]。

　仏ルノーが展開する「iCARRE95」[12]と称する車両・バッテリー等の再生プロジェクトでは，50社超の廃車/リサイクル関連企業と連携し静脈バリューチェーン全体での生産性向上をめざしている。ルノーのCE戦略の本格的始動は「Re-Factory」と称する循環型経済モデルの実践工場(以下，CE工場)の稼働にみることができる。2021年に仏フラン工場敷地内に設けられたCE工場では年間45,000台の中古車の再生事業(リマニュファクチャリング)が行われて

いる。Re-Factory は 4 つのクラスター（Re-Trofit（中古車リマニ），Re-Energy（エネルギー貯蔵システムや水素燃料の開発），Re-Cycle（電子部品リサイクル，原料回収），Re-Start（大学・研究機関・政府などとの連携による人材育成））で構成され，CE に必要な事業インフラの循環性とコスト効率化を図っている。同様の取組みは第二の Re-Factory プロジェクトとしてスペインSeville 工場においても実施されている[13,14]。

2-4 大手サプライヤー

SDV 化の進展にともない SW 事業の役割が高まり IT 系企業などが新たなサプライヤーとして加わった自動車ビジネスの世界では，競争環境が一変する可能性が指摘されている。部品製造・SW 開発ともに社内で手掛けることで全体最適をめざす米テスラや中国 BYD など BEV 専業の新興自動車メーカー（New Automotive Companies）とは異なり，部品サプライヤーを階層的な取引構造に組み込んできた日米欧の大手 OEM は，サプライヤーに IT 企業・SW ベンダーを加えた新たな取引関係の構築に迫られ対策に動きはじめている。ヴァレオや Bosch など有力な大手サプライヤーを抱える欧州では，サプライヤー側からも関係再構築に向けた働きかけを強めている。

ヴァレオは「anSWer」と呼ばれる SW 提供サービスの開始を表明するなど，SW を独自の製品・サービスとして販売する戦略を鮮明にしつつある。ボッシュは車内組織として「Cross Domain Computing Solution 事業部」を立ち上げるなど HW に依存しない SW 開発を推し進め，コンチネンタルは SW を構成要素としてブロック化して提供する戦略を打ち出している。これら 3 社はアプリケーション SW やミドルウェアも手掛けるため，OEM の車載 OS 開発を支援する方向で OEM との関係を再構築しようとしているのである。その一方で，部品の提供でなくクルマ製造の一部を引き受ける形での取引強化をめざしているのが ZF である。ZF は「cubiX」と呼ばれる様々なシャシー部品を統合制御する SW を開発するなど，OEM の製造領域に立ち入ったソリューション事業の提供を試みているという。

欧州では，大手サプライヤーによる SW 販売体制の強化において「0.5Tier」化が進展しているとされる。SDV 化がすすむなか，Tier1 の部品サプライヤー

96　第Ⅱ部　産　業

(HW 会社) は OEM の基幹部品・製品の設計・製造に深く関与する体制を強めている。単なる部品提供という枠を超え，Tier0 (OEM) と Tier1 (一次サプライヤー) との間に食い込む形で SW の設計・製造を担いつつ新たにシステム提供の役割を担うような取引関係の進化を「Tier0.5」化と呼んでいる。報道によると，ドイツの大手サプライヤー (Valeo，ボッシュ，コンチネンタル) は，車載 OS・ミドルウェア事業への食い込みをねらい車両製造大手 OEM 向けに SW を売りやすくするための取組みを強化しているという[15]。大手サプライヤーによるアプリケーション SW 開発事業の強化は，自動車の SDV 化と深く結びついている。「0.5Tier」化は CASE/EGD 時代の自動車業界構造の変化を象徴するものとして注目に値する。

　欧州の自動車企業は，EV 事業の推進を軸に，ハードを中心としたビジネスモデルからソフトウェア開発をコア事業とする SDV 先導ビジネスモデルへの転換，リサイクル事業の推進をはじめとする循環型ビジネスの興隆[16]などをつうじて「脱炭素」に対応しようとしている。

3.　EGD 産業政策に対する産業界の対応

　進展著しい EGD 産業政策を欧州の自動車業界はどう受け止めているのだろうか。代表的な反応の分析をつうじて政策をめぐる当時者の向き合い方の特徴を明らかにしよう。

3－1　欧州自動車工業会の政策提言

　主要 OEM が加盟する業界団体・欧州自動車工業会 ACEA は 2023 年 11 月に「未来志向マニフェスト：競争力ある欧州自動車産業，モビリティ革命を推進」と題する文書を公表，自動車産業を強化するために何をなすべきかについて業界の立場を説明し現行政策への提言を行った[17]。ACEA 会長ルカ・デメオは，欧州の自動車業界は大きな転機にあり業界の課題に対する効果的な産業政策の必要性と総合的なアプローチを緊急に呼びかけるとともに，国や地方団体を含むすべての政策立案者および利害関係者との建設的な対話の重要性を強調した。ACEA マニフェストで注目したいのは，欧州自動車産業が国際競争力を

保持し続けるには「持続可能で社会的責任のある自動車バリューチェーン」をつうじて「欧州モビリティ・エコシステム」を構築することが必要と強調する点である。第1に，EVバリューチェーン全体に対する包括的なアプローチをとる中国と膨大な資金提供インセンティブを表明した米国の取組みを指摘したうえで，特定のバリューチェーンを規制するEUの断片的なアプローチは欧州にとってこの戦略的セクターの競争力に根本的なリスクをもたらすと警告，現下の自動車産業政策は個別・断片的で一貫性がないと批判する。欧州が国際競争力を保持するには自動車産業の課題に対して全体的なアプローチが欠かせないとして包括的・統一的な規制・支援の枠組みの重要性を強調，「未来志向のモビリティ・エコシステム」の創出に向けてBEV購入インセンティブの拡充，充電施設等の社会インフラ整備などを要請した。第2に，気候変動対策を「チームスポーツ」にたとえ政策立案者と産業界，大学・自治体等との協調行動の必要性を強調，共通目標の達成にはバリューチェーン全体を網羅する視点に立ちすべての利害関係者と協力・一致団結して取り組むことが重要であると主張した[18]。

3-2　Catena-X

　グリーンディール産業計画に対する欧州自動車業界の協力・協調姿勢は，EGDが重視するもうひとつの移行経路「デジタル化」の推進においても確認することができる。業界で始動した「Catena-X」と呼ばれる取組みがそれである。Catena-Xとは，欧州自動車産業において形成された業界横断型のデータ連携基盤の構築をめざす取組みである。「欧州データ戦略」（COM/2020/66）の一環として取り組まれている産業データの活用・推進を目的とした欧州統合データ基盤プロジェクトGaia-Xの自動車産業版という位置づけで，自動車サプライチェーン全体でデータや情報を安全に交換するための統一基準を作成することを目的に，産業データ活用に関する技術仕様や運用ルール，接続に必要なSW開発などに取り組んでいる。

　産業データ基盤の構築・連携には，企業間取引の増大やサプライチェーンの効率的変革など全般的な産業活性化だけでなく，EGD最大の目標であるCNの効率的な達成を促す効果が期待されている。産業データ仕様の共通化は，事業

活動で記録されるCO_2排出量データのトレーサビリティの確保や調達先の選定効率化等を実現可能にするからである。自動車の「脱炭素」にはLCA基準の導入は避けて通れず，その策定において産業・社会のデータ連携は不可避である。Catena-Xが順調に活動を展開するならば，グリーンディール産業計画の主要課題として取組みが急ピッチで進展する「電池（バッテリー）パスポート」制度の策定において貴重なデータ資源となる。現状はシステム基盤・データ転送コンセプトの構築に取り組んでいる初期の段階ではあるが，自動車バリューチェーン全体でのデータ連携に向けた官民協調活動に対する業界の期待は大きい。共同パートナーシップをつうじた自動車産業分野における電子データ基盤の構築をめざす欧州独自の取組みとして注目を集めるCatena-XはEGDのデータ戦略の今後を占う試金石である[19]。

むすびにかえて

　本章では，EGD下で「脱炭素」要請を本格化する産業政策に自動車産業界がどう対応しようとしているのかについて検討した。

　グリーンディール産業計画を契機に欧州の産業政策は新たな局面に入った。「ネットゼロ産業」の創成によるCN実現が産業政策における中核的目標に据え付けられ，ネットゼロ産業群のエコシステムの中核的部門として自動車産業の果たす役割が重要であるとの認識が共有されつつある。既存の内燃機関ビジネスと新規SDV開発事業との調整・両立という厳しい試練に直面する欧州自動車産業は，EGD産業政策の後押しと連携した循環型経済ビジネス展開を突破口にEV事業の収益性と競争力を備えた強固な「欧州エレクトロモビリティ・エコシステム」の構築をめざしている。ネットゼロ産業の振興が欧州産業のエコシステム形成に結びつくとの認識に立つACEAマニフェストにみるように，欧州自動車産業は国際競争力確保の観点から総じてグリーンディール産業計画の関連施策を好意的に受け止め，連携・協力に前向きである。自動車産業は欧州の雇用や流通，地域交通，モビリティ提供などEU経済の多方面で重要な役割を果たす存在である。自動車に関連する部門（製造，使用，輸送および道路建設）で働く1,290万人はEU域全雇用人口の6.8％，自動車製造業雇用240万

人（直接・間接）はEU全製造業雇用の8.3％を占める。貿易収支は1,019億ユーロの黒字，売上高はEU全体GDPの7％超，R&D投資は年間591億ユーロに達する。自動車部門はEU全R&Dの31％を占める欧州最大の民間イノベーション貢献セクターである（2022年）（ACEA, 2023b）。今後も欧州の「脱炭素」社会の構築，とりわけ産業部門における「脱炭素」の推進において自動車産業は中核的位置に置かれる可能性はきわめて高い。エコシステムの要としての自動車産業への期待は大きい。欧州の「脱炭素」推進においてカギを握るグリーンディール産業計画と自動車産業の関係に注目し今後の展開を見守りたい。

付記：本章は，細矢（2025）の一部を圧縮し，加筆・修正したものである。内容および参考文献の詳細についてはこちらを参照されたい。

[注]
[1] 欧州グリーンディール（EGD）と自動車産業政策のより詳細な展開については，細矢（2025）を参照。
[2] JETRO ビジネス短信（2023.08.21）「電池のライフサイクル全体を規定するバッテリー規則施行」；日経XTECH（2023.09.28）等を参照。
[3] 「欧州3台に1台がハイブリッド車　EVシフトは見直し必至」『日本経済新聞』2024年2月8日。記事では欧州のEVシフト政策は「破綻しつつある」との見方を示している。
[4] たとえば中西孝樹「EVはキャズムに落ちる　日本勢には千載一遇」NIKKEI Mobility（2024.01.04），https://www.nikkei.com/prime/mobility/article/DGXZQOUC171DR0X11C23A2000000。
[5] 「Over-The-Air」技術とは，情報の伝達において，有線通信や記憶媒体を用いる方式・状況に対して無線や電波を用いて行う仕組みのことである。たとえば車両の操作・制御機能をつかさどるECUに搭載されたアプリ・電子データ情報などの更新に際して無線通信を経由して行われることを「OTAアップデート」と称する。
[6] VWの「脱炭素」対応は，EV（電動化）戦略をはじめバッテリー製造，サプライチェーンのCO_2削減など多岐にわたるが，紙幅の都合により一部のみ取り上げる。VW戦略については細矢（2022）参照。
[7] https://www.volkswagen-newsroom.com/en/press-releases/way-to-zero-volkswagen-presents-roadmap-for-climate-neutral-mobility-7081.
[8] 日経XTECH（2022.12.20），https://xtech.nikkei.com/atcl/nxt/news/18/14352/。
[9] Volkswagen Newsroom（2023.06.14），https://www.volkswagen-newsroom.com/en/images/detail/performance-programm-accelerate-forward-road-to-6-5-77310/.
[10] 日経電子版（2023.11.17），https://smart-mobility.jp/_ct/17667735/。
[11] Renault Group, The Future Is NEUTRAL：The Circular economy is stepping into a new era!, https://media.renaultgroup.com/the-future-is-neutral-the-circular-economy-is-stepping-into-a-new-era/.
[12] プロジェクト名称にある95はリカバリー率目標を示す。なお現行のELV指令（廃自動車指令，2000年10月発効）では使用済車両の85％以上のリサイクル率，95％以上のリカバリー率を義務づけている。
[13] Renault Group, "Re-Factory：The Flins site enters the circle of the circular economy", (https://www.renaultgroup.com/en/news-on-air/news/re-factory-the-flins-site-enters-the-circle-of-the-

circular-economy/）等を参照。フラン工場は2025年までにCEに特化する予定と報じられている。

[14] 循環型経済モデルの推進においては，部材・部品の主要サプライヤーの取組みも注目される。スウェーデン・ボルボの商用車部門では，メーカー保証を付けたリマニュファクチャリング（リマニ）部品を安価で提供する事業が始動，独ボッシュはリマニ事業を子会社として独立するなどしている。デロイトトーマツコンサルティング（2020），96-97頁。

[15] 日経Automotive「自動車産業，激変の兆し」2024年3月号。

[16] 自動車分野における「脱炭素」対応として近年進捗著しいのは循環型ビジネスモデルの構築である。経験豊富なドイツ系企業の取組みについてはJETROビジネス短信（2023.12.07）「自動車の循環型ビジネスモデル構築が進展（ドイツ）」，https://www.jetro.go.jp/biz/areareports/special/2023/1101/7b594545f07ba1ca.html# を参照されたい。

[17] https://www.futuredriven.eu/manifesto-for-a-futuredriven-mobility-ecosystem/road map/.

[18] https://www.acea.auto/news/de-meo-a-turning-point-for-the-european-auto-industry/. デ メ オ会見では，欧州市場の主力車種＝小型車の収益性改善には日本の「軽自動車」が成し遂げた社会モデルを参考にすべきこと，次世代EV開発についてはかつての「エアバス」構想を自動車の世界でも設立すべきことが述べられ世間の注目を集めた。

[19] 車両バリューチェーン川下では，Gaia-Xの一環として欧州共通モビリティデータ空間MDS（Mobility Data Space）による車両台数や走行距離など使用段階でのデータに関する様式・基準などを共通化する取組みが進められている。今後，Catena-X（製造段階）とMDS（使用段階さらに回収段階も視野）との間でどのように基準・範囲を調整・共通化していくのかが問われる。細井裕介（2022）「欧州におけるLCA制度化の動向と新しいデータ活用時代の到来」，https://response.jp/article/2022/06/30/359207.html。

［参考文献］

EnviX（2023）「欧州で進む自動車の脱炭素化」エンビックス。

FOURIN（2022）『日米欧韓自動車メーカーのカーボンニュートラル化戦略』フォーイン。

デロイトトーマツコンサルティング（2020）『続モビリティ革命2030』日経PB社。

福本勲（2023）『製造業DX　EU／ドイツに学ぶ最新デジタル戦略』近代科学社。

蓮見雄（2021）「EU新産業戦略─産業・エネルギー環境・通商のリンケージ」『海外投融資』第30巻第5号，15-19。

中西孝樹（2023）『トヨタのEV戦争』講談社。

細矢浩志（2022）「CASE時代の欧州自動車産業の「脱炭素」戦略」『産業学会研究年報』第37号，41-59。

―――（2023）「欧州グリーン・ディールと産業政策の展開」『産業学会研究年報』第38号，33-56。

―――（2025）「EUグリーン・ディール産業政策と欧州自動車産業の『脱炭素』対応」『産業学会研究年報』第40号（近刊）。

ACEA（2023a）Manifesto for a Competitive European Auto Industry, Driving the Mobility Revolution.

ACEA（2023b）Pocket Guide 2023/2024.

ACEA（2023c）Position Paper_End-of-life vehicle（ELV）management and circularity requirements for vehicle design.

IEA（2024）Global EV Outlook 2024.

EUの政策文書，法令等については，本書巻末のリストを参照。

（細矢浩志）

第6章

ポーランド車載電池大国における「競争と協業」の新たな事業展開

はじめに

　ポーランドは，1990年代後半以来，外資系（製造）企業を積極的に誘致する中で，自動車工業および関連の（電気・電子）機械工業と（鉄鋼・非鉄）金属工業を製造業の基幹部門と位置付けた上で，完成車の組立および同部品・部材の開発・製造・加工，リサイクルなどの諸工程を展開してEU域内分業体制の一翼を担ってきた。その後，温室効果ガス排出量を2050年までに実質ゼロ（net-zero）とするカーボンニュートラルに向けてのEU全体の動きに呼応して，2010年代中頃以降は，「欧州バッテリー同盟EBA」（2017年10月11日創設。以下，EBAと略記）と「欧州原材料同盟ERMA」（2020年9月30日設立。以下，ERMAと略記）に参画し，EVの死命を制すると言われる車載電池[1]（リチウムイオン電池Li-Bが主流）関連の事業に積極的に取り組むこととなった。その結果，車載電池関連の生産能力（国別・容量ベース）は，中国に次ぐ世界2位（欧州最大）の規模にまで拡大した。また，こうした成長戦略は，既存の完成車メーカーや部品・部材メーカーとの「協業・連携」の下に，EU各国政府が主導する財政・金融支援を活用しながら，さらに工程ごとの域内の企業，諸機関との「協業・連携」を活かしつつ車載電池ビジネスを推進するという内容であったため，基幹部門としての自動車工業および関連の諸工業が「脱炭素」に向けての動きを明確に示すことによって製造業全体を「脱炭素」に向けて牽引する原動力となることを保障する成長戦略ともなっていた。

　ところが，2022〜2023年にかけて予想外のタイミングで次々と様々な出来事や困難に直面した結果，ポーランドの車載電池部門（分野）は，その全体が

102　第Ⅱ部　産　業

甚大で深刻な影響を被り，「次なる成長」への前提条件が次々と消滅・崩壊する状況に直面した。このため，急ぎこうした状況から抜け出し，「次なる成長」にいかに結び付けるのかについて何らかの新たな指針を示す必要に迫られた。しかし，実際には，余りにも唐突な形で深刻な影響を受けたため，（製造業全体での「脱炭素」へ向けた動きを引き続き牽引するためにも）車載電池部門がこの時点で実行可能な成長戦略としては，2010年代中頃以降続けてきた車載電池ビジネスの一層の発展を図るというものしか残されていなかった。この結果，これへの一つの「回答」として，① ポーランドの車載電池部門が一定程度の比較優位を有する分野や工程（再製造，転用，リサイクル/リユースなど）に的を絞った形で拡充を図りながら，② 世界において先進的な地位を占める韓国系の車載電池企業をその基点とする「協業と連携」関係に新たな可能性を見出そうとする成長戦略が策定された。本章では，こうしたポーランドの車載電池部門における新たな事業展開について，その現実を整理し，その問題点と課題を検討する。

1.　ポーランドにおける車載電池ビジネスの「現在地」

　EU および欧州委員会は，「欧州グリーンディール」と「欧州気候法」という両輪の下，カーボンニュートラルの実現という「環境」と「経済」の両立を目指す成長戦略を打ち出した上で，その一環として，車載電池に関しても，EBA とERMA を事業基盤とする「汎欧州研究開発・イノベーションプロジェクト」（2020～2031年）の実施を通して，車載電池の原材料から部品・部材，完成品，応用品，リサイクル/リユースといった様々な分野（工程）を包括しうる域内サプライチェーンの構築を進め，域内製の車載電池製品の競争力を強化しようとしている。

　ポーランドでは，こうした動きに呼応して，政府主導の下に車載電池に係わる諸工程を担い得る国内外の企業を誘致し財政・金融支援を供与することによって，2020年代初めには域内最大の生産能力を有する車載電池大国の地位を築いている。その生産能力は，2022年末時点で約73GWh（世界シェア14.1％）となり，韓国（約43GWh，同8.3％），米国（約40GWh，同7.7％），日

本（約25GWh，同4.8%）を抜いて，中国（約124GWh，同24.0%）に次ぐ世界2位（欧州最大）の規模となっている[2]。また，ポーランドの車載電池部門は，生産能力を大幅に拡大する中で，一つの工程，あるいは工程間において国家間，企業間の壁を越えた「協業・連携」を推し進め，今や域内サプライチェーンを支える重要な構成部分となっている。これゆえ，生産能力の急速な拡大を可能とした理由を明らかにすることができれば，ポーランドの車載電池部門が，2022〜2023年に様々な出来事や困難に直面した中，「次なる成長」への方策をいかにして見出すことができたのかを理解することができるのではないかと考えられる。

　ところで，ポーランドの車載電池企業は，自社の生産能力の強化を目指して完成車メーカーとの「協業・連携」（例えば，合弁事業による新規工場の設立，あるいは，共同利用の研究開発機関等の設立など）を進め，自社の投下資本を可能な限り少額に抑えつつ域内サプライチェーンに積極的に参画し，自社の技術力の向上を目指した。換言すれば，ポーランドの企業は，2010年代中頃〜2020年代初めにかけて，EV市場の近い将来での急速な拡大を前提として，既存の完成車メーカーが培ってきた資本，技術，人材，資材・部品調達，リサイクル等のネットワークといった利点を最大限活用することを通じて車載電池ビジネスを積極的に進めようとしていた。この意味では，ポーランドの企業は，1990年代末以来進めてきた自動車の完成車組立と部品・部材の開発・製造およびリサイクルといった事業から，EV完成車の組立とこれに向けた部品・部材の開発・加工・製造，リサイクル/リユースといった事業への転換の渦中にあったまさにそのタイミング（2010年代中頃〜2020年代初め）において，EVにとって最重要部材である車載電池の事業を完成車メーカーとの「協業・連携」を梃子として進めようとしていたと言うことができる。

　ところが，2022〜2023年にかけて，ポーランドの車載電池部門は，予想を越えた事態や困難に直面し，とくに費用や人材の確保という点で事業展開の前提が大きく変化（悪化）する結果となった。それは，第1に，「ウクライナ戦争」（以下，「戦争」と略記）勃発前後に表面化したエネルギー・原材料価格の上昇による車載電池関連の諸費用の上昇→車載電池製品価格の上昇→対外競争力の低下→同販売額の減少（伸び悩み）である。第2に，費用増によるEV完成車価

104　第Ⅱ部　産　業

格の上昇→同販売額の減少(伸び悩み)→車載電池販売額の減少(伸び悩み)である。第3に，中国を本拠とするEV完成車メーカーによる(EU域内および世界市場での)より廉価な価格での販売攻勢→車載電池価格の引下げ圧力の増大→同価格の引下げ→同販売額の減少(伸び悩み)，といった事態であった。

　また，原材料や部品・部材，加工品等での特定国依存からの脱却を目指した情報・規程環境の大幅な変更(EU「2023電池規則」(Regulation(EU)2023/1542)，米国「インフレ削減法」[3]，EU「重要原材料規則案」(COM/2023/160)などによる負の影響が上述した影響に重なることによって，従前とは異なる事業展開を求められる状況にも追い込まれた。しかも，「戦争」が長期化する中で，外交・軍事・安全保障，貿易・投資，情報管理などの面で，中国と，欧州，韓国，米国，日本等との間で軋轢や摩擦が増大している点が主因となって，開発，製造，技術，資本，人材等での「協業・連携」が負の影響を受けるという事態が顕在化したため，ポーランドの企業と業界団体は，現下の地位と役割を維持するためには，何らかの新たな変革を進める必要に迫られた。

　以下では，ポーランドの企業と業界団体が，「次なる事業展開」としてどのような歩みを進めようとしているのかについて具体例を示しながら明らかにする。

2.　ポーランドでの車載電池ビジネスの新たな歩み
―事業環境の変化のインパクト

2-1　「戦争」勃発に始まる社会経済環境の激変[4]

　「戦争」勃発直後から，ポーランド社会は，一方では，ウクライナ避難民の大量流入によって，公的・私的組織(機関)の別なく，緊急性が高く，しかも，それぞれに迅速さと緻密さが求められる一連の措置を遺漏なく実施せねばならないという極めて厳しい状況に直面した。他方で，これまた公的・私的組織(機関)の別なく，就労，留学等の理由でポーランドに滞在・居住していたウクライナ人(大半は成人男性)が急きょ大量帰国したことによって企業，事業所等での従業者数の急減という事態に直面した[5]。

短期・長期のウクライナ人就労者数に関しては，「戦争」勃発前～2023年9月末の変化を見ると，「勃発」前の2021年12月末時点での就労者総数約137万人（男女計，2022年3月23日公表）から，2022年12月末時点では約36万人（2023年3月24日公表），2023年6月末時点では約51万人（2023年9月22日公表），さらには，2023年9月末時点では約58万人（2023年11月28日速報）というように，ウクライナ人就労者総数は大きく増減を繰り返している。しかし，製造業部門での就労者数は，2023年6月時点では，ウクライナ人就労者総数約51万人のうち約18万人に過ぎなかった。製造業部門での就労者数が未公表であるため明言はできないが，車載電池ビジネスに係わる企業等においても，「戦争」勃発後，ウクライナ人就労者数が大幅に減少していることが推測される。

また，「POUプログラム」（2022年10月22日公表）によれば，「戦争」勃発前では，ポーランドでのウクライナ人就労者総数約137万人のうち，高等教育機関の修了者は約27％，中等教育機関の修了者は44％という構成比を示していたが，同プログラム（2023年11月7日公表）によれば，その構成比は，総数約58万人のうち，それぞれ約9％，約14％へと大幅に低下し，しかも，これらのいずれにおいても，その80％以上を女性が占めるようになっている。一例を挙げれば，ベルギーを本拠とする金属大手ユミコアUmicoreが，南西部ニサNysaに開設（2022年7月4日に操業開始）した「EV用正極活物質ギガファクトリー」（社名：合弁会社Umicore Poland Sp. z o. o.）では，開設当初300名の従業員を雇用する計画——そのうちの10％前後をウクライナ人（男女）から雇用する計画——であったが，実際には，2022年10月末時点では，わずか17名のウクライナ人（男性2名，女性15名）を雇用しているに過ぎず，2023年9月末時点でも，従業員総数364名中，ウクライナ人は28名に過ぎないとのことである。

このように，ポーランドでのウクライナ人就労状況を見ると，就労者総数の大幅な減少ばかりか，「戦争」勃発前と比べて男女比が逆転し就労者に占める女性の比率が非常に高くなっていること，さらに学歴別比率に関しても，高等教育機関修了者，中等教育機関修了者のいずれにおいても就労者数の大幅減少だけでなく，男女比においても女性の比率が圧倒的に高くなるという同様の状況が生じていることがわかる。「戦争」勃発前には，ウクライナ人就労者（中で

106　第Ⅱ部　産　業

も，高学歴・男性就労者)を多数雇用して進めてきた事業展開について言えば，彼らに代わりうる人材を急きょ大量に確保し，急ぎ技能・熟練訓練を進めて次なる事業展開に対処しなければならない，という新たな事態に直面していることが考えられる。つまり，「戦争」勃発以降も生産能力の拡充を進めるポーランドの企業は，有意な人材の継続的な雇用という点で大きな困難に直面した結果，比較的廉価な賃金で，技能習得能力が比較的高いと言われる労働力の継続的な雇用という利点に支えられてきた従前のビジネスモデルが，「戦争」勃発を機にその有効性，有益性を完全に失いつつあるという現実に直面することとなった。こうした状況は，ビジネスモデルの転換が功を奏さなければ，もはやポーランドは車載電池大国としての地位を維持しえなくなる，ということを意味している。そして，こうした認識が一定程度の妥当性を有しているとすれば，新たなビジネスモデルの策定へつながる要素が以上のような現実の中にこそ隠されているように考えられる。実際にポーランドでは，例えば，欧州系企業と韓国系企業による合弁事業として新規工場が建設され，ポーランドの企業との「協業・連携」を深めながら，欧州系企業と韓国系企業が比較優位を有するリサイクル/リユースのための人材を招致し，これらの工程を本格的に進めるようになっている[6]。こうしたやり方は，リサイクル/リユース関連の技術者を含めた有意な人材を車載電池部門の先進地域から多数招致することによって，域内サプライチェーンの来るべき確立にとって不可欠な再処理，再加工，再資源化の技術や技能を積極的に導入する，という新たな方策であると言える。

2-2　新たな情報・規制環境の変化

　上述のように，車載電池ビジネスに積極的に取り組む欧州の国々では，2022〜2023年というわずか2年間にそれまでとは全く異なるビジネス環境に直面することとなった。これに加えて，2022〜2023年には，車載電池に係わる情報・規程環境だけに限っても，EU「2023電池規則」，米「インフレ削減法」という2つの法律，さらにはEU「グリーンディール産業計画案」(COM/2023/62)，「重要原材料規則案(COM/2023/160)」という2つの新たな規制環境の下での事業展開を求められるようになった。さらに，米中間，欧中間での軋轢と摩擦の

増大に伴う「供給網断絶に反対の意思を示す対抗策」(中国・李強首相) として, 中国において, 政府主導の形で車載電池の原材料, 部品・部材, そして, 原材料 (リチウムとニッケル) の加工技術, さらには, 重要鉱物 (グラヴァイト) の輸出規制といった措置が次々と講じられる現下の事態を受けて, こうした事態を前提とする域内サプライチェーンの再編が喫緊の課題として注目されている。こうした状況について言えば, EVや車載電池の販売額・販売シェアという点でも, また, 重要鉱物の採掘, 精錬・加工という点でも他地域を圧倒している中国は, 情報・規程環境が大きく変化する中で, 欧州・北米地域でのサプライチェーンから中国製の加工材料, 部品・部材, 完成品を外そうとする昨今の動きに対して, 「加工工程の地政学的なリスクの証左」として日米欧の完成車メーカーが強く意識している車載電池関連の「サプライチェーンの脆弱さをはっきりと実感させることによって, 中国製の電池をグローバルなサプライチェーンから外そうとすることは不可能である」ことを意図的に示そうとしている[7]。中国は, 政府も, 車載電池企業も, いずれも中国製の車載電池をグローバルなサプライチェーンから外そうとするやり方は, 欧州や北米の完成車メーカーの経営者が採るべき方策としては, 不可能であるばかりか, 現実的なものでもない, という点を誇示しようとしている。

EU「2023電池規則」のインパクトとそれへの対応策

EUでは, 「脱炭素」に向けて, 蓄電池の重要性が今後さらに増大し, 蓄電池への需要が急増するとともに, 蓄電池に係わる技術も, その使用方法も今後急速に進歩していくことが想定されているため, 蓄電池の重要性の増大, 技術の進歩, 使用方法や需給市場の変化といった点を織り込んだ「2023電池規則」が2023年8月17日施行された。この規則は, 原案としての「2020年電池規則案」と比較すると, ① 規則の対象となる蓄電池のカテゴリーに軽輸送手段LMT (light means of transport) 向けの蓄電池が追加されたこと, ②蓄電池のデューディリジェンス (due diligence) に関する経済事業者の義務が大幅に増加されたこと, ③ 廃電池の管理に関する要求事項が大幅に増加されたこと, という3つの点で拡充を図ることによって, 環境や人の健康への影響について (そのすべてではないにしても) 可能な限り広範に影響を防止し, 軽減しようとしてい

108 　第Ⅱ部　産　業

ることがわかる。また，第1章第2条（目的，objectives）では，蓄電池の環境
への負荷を防止し，軽減することによってEU域内市場の効率的な機能に寄与
すること，さらには廃蓄電池の発生と管理によって生じる環境と人の健康への
負荷を防止し，軽減することによって環境と人の健康を守ること，といった点
が定められている。こうした規程のあり方には，蓄電池の環境と人の健康への
負荷を防ぎ軽減し，蓄電池のライフサイクル全体を管理・監督するためには，
蓄電池に係わるすべての個人，法人，事業者（operator）に向けて明確で統
一した規程を定める必要があるという欧州委員会の基本視座が示されてい
る。

　加えて，その内容を見ると，（蓄電池に係わる用語を詳細に，明確に定義し
た上で）規則の対象，EV用車載電池のカーボンフットプリント規制を通じた
蓄電池の持続可能性と安全性，責任ある材料調達を保障する蓄電池のサプライ
チェーンのデューディリジェンス義務，廃蓄電池に係わる管理，拡大生産者責
任，（リサイクル材の積極活用規制を含む）リサイクル/リユース，そして蓄電
池の取り外しと交換，といった蓄電池のライフサイクル全体を包摂した規程内
容を可能な限り「見える化」することによって環境と人の健康を守る，という
基本認識が示されていることもわかる。

　ところが，ポーランドの企業や業界団体は，原案公表前のかなり早い段階か
ら，そもそもポーランドで事業展開している企業単独で，あるいは工程間連携
の下にある複数の企業だけで新たな規則の内容を満たし，それが求める成果を
実現することはほぼ不可能との認識を示し，一貫して車載電池ビジネスの先進
地域を本拠とする（欧州系の）企業と研究機関等との「協業・連携」関係を一層
深めることによって，さらには先進地域の政府（独，仏では，中央政府に加え
て，州，県などの地方政府）による財政支援への依存度をより一層高めること
によって競争力を向上させ販路を拡大する，という経営指針を策定していた。
しかし，こうした指針に基づいて新たな歩みを始めたまさにそのタイミング
で，上述のような混乱に巻き込まれた結果，その歩みを指針通りに続けること
は不可能な状況に陥ってしまった。

米「インフレ削減法」のインパクトとそれへの対応策

　米「インフレ削減法」は，成立・施行後1年半が経過した時点においても，その内容に一部未確定の部分が残されているものの，EVと車載電池に係わる部分に限って言えば，EVに関する要件を「クリーン自動車（clean vehicle, CV）」として一定の要件を満たす新車に限定した上で，CVの購入者に対して最大7,500ドルの税額控除（tax credit）を付与すると定められている。また，こうした税額控除を受けるための要件として，① 自動車の最終組立，② 車載電池に使われる重要鉱物の採掘，加工，リサイクル，③ 車載電池の部品製造・組立，という工程が実施される「場所」について，北米を中心とする（米国とのFTA締結国も含めた形での）地理的制約を課す，という要件を設定している。さらに，車載電池および同部品・部材などの製造事業者に対して，1GWh当たり3,500ドルを減税することも想定されている。加えて，2024年1月1日に発効した最新の細則を見ると[8]，最大7,500ドルが税額控除されるための適格基準が，従来公表されていた基準から引き上げられた結果，対象車は従来の20種から13種に減少している。これは，中国系企業の部品・部材を使用している車両はすべて税額控除の対象から外されたからである。この結果，これらの要件を満たすためには，米国で税額控除を受けてEVを販売しようとする完成車メーカーにとっては，北米を中心とする（米国とのFTA締結国も含めた形での）サプライチェーンへ組み替えることを検討しなければならず，これを実現できなければ，（EU，日本，中国等を本拠とする）サプライヤーらは競争上大きな不利益を被ることとなる[9]。

　ところで，ポーランドの業界団体は，米「インフレ削減法」については，当初，これは中国系の完成車メーカーと車載電池企業にこそ何らかの対応策が講じられるべきものであり，ポーランドの企業による車載電池関連ビジネスには，それほど大きな影響はないという（甘い）判断に基づいて，施行時まで対応策の検討にほとんど着手していなかった。しかし，ポーランドの車載電池部門が上述のような深刻で甚大な影響を受ける事態に直面して，（その場凌ぎの対応策という誹りを免れないものではあったが）ポーランド政府は，急遽，2022年9月12日，2カ月前に操業を開始していた韓国系LGES社のヴロツワフ工場に対して（既定の支援策や優遇措置に加えて）新たに数種類の支援策と優

110 第Ⅱ部 産 業

遇措置を実施することを決定し，LG本社ともより踏み込んだ「協業・連帯」関係を結んでいく意思を明確に表明した上で，米フォード社向けの車載電池完成品の納入を目的とした工場内に設けられた製造ラインの規模を拡大することを強く要請した。その後，これに応えて，同月23日には同工場の幹部から当初の計画規模を2倍に拡大することが発表され，さらに，材料加工，電池モジュール組立，リサイクル/リユースといった幾つかの重要な工程についても，早期にそれぞれの規模を可能な範囲で拡大することが発表された。

ところが，実に皮肉なことではあるが，米「インフレ削減法」の影響や波紋が広範囲に及ぶという状況が明らかになるにつれて，ポーランドでのこうした決定が，北米を中心とするサプライチェーンへ組み替えるという米「インフレ削減法」が想定する動きへの方策としても，またグローバルなサプライチェーンの再編を主導しようとしている中国の動きへの方策としても，実に効果的な「対抗策，あるいは対応策」となっているとの声が広がり，ポーランドでの事例が大いに注目されるようになった。さらには，ポーランドでの事例は，中国系企業の後塵を拝してきた韓国系企業にとっても，① どの地域において，② どのような指針に基づいて，そして，③ どの程度の規模の投資が車載電池ビジネスでの対中競争力の向上に結び付くのかを改めて検討する糸口を与えるものとなった。実際に，韓国系の企業と業界団体は，尹政権による大規模な財政支援を受けて，① ポーランド国内に開発・製造に係わる工場を拡充する，あるいは次なる新規工場を増設する，② 独，仏，ベルギー，スウェーデンの企業や研究機関との「協業・連携」によるリサイクル/リユース工程に係わる新規工場をポーランド国内に建設，あるいは増設する，といった計画を次々と公表している。

このように，ポーランドの車載電池部門について言えば，米「インフレ削減法」施行への対応状況と，EU「2023電池規則」施行へのそれとを比較すると，ポーランドの車載電池部門がまさに正反対の動きを示す結果となっていることがわかる。

2-3　ポーランドの車載電池部門の「新たな方向」

前述のように，ポーランドの車載電池部門は，幾つかの試行錯誤を重ねる中

で，幸運にも，その一部が車載電池ビジネスの「新たな方向性」を示すものとして経営戦略を大きく変革するものとなった。その戦略を具体的に表現すればのようになる。①韓国系企業による生産能力の拡大，原材料加工工程やリサイクル/リユース工程の拡充とこれらの工程で使用される技術のさらなる進歩をポーランドを舞台として進展させながら，②原材料の加工/処理技術，部品・部材の製造・加工/処理技術，リサイクル/リユース関連の(回収と処理効率の向上をもたらす)加工/処理技術といった車載電池ビジネスの持続可能性や資源循環性にとって極めて重要な「三大加工/処理技術」について，韓国系企業を基軸としてEU先進地域の企業とこれと「協業・連携」関係にあるポーランドの企業の三者から構成される新たな「トライアングル型の協業・連携」を構築することを通じて，③域内サプライチェーンの確立にとって極めて重要なリサイクル/リユースに係わる分野と工程を(EU先進地域に加えて)ポーランドにおいても打ち立て展開する，というものである。④しかも，韓国系企業を三角形の頂点とする「トライアングル型の協業・連携」関係をポーランド国内に打ち立てながら，(ポーランドに立地する当該韓国系企業は，北米に立地する同じLGグループの企業であるため，また韓国は米国とFTAを締結する国であるため)これと並行する形で，米「インフレ削減法」の規程に適合しうる北米中心のサプライチェーンの構築にも参画する，という全く新しい歩みが動き始めている。

　そして，こうした動きが継続的に進められるためには，欧州委員会などEU諸機関と関係各国政府等による直接的で大規模な財政支援が極めて重要な要因となる。換言すれば，EUおよび欧州委員会が進めてきた車載電池ビジネス全体の管理・指導・監督といったプロセスが，域内サプライチェーンの確立という当初からの目標を真に実現するものとなるのかが今試されている。

　社会経済の激変や情報・規程環境の変化から，完成車メーカーとの「協業・連携」という方向での事業展開がほぼ不可能であることが明らかとなった結果，ポーランドの企業と業界団体に残された選択肢としては，欧州系企業が進める韓国系企業との「協業・連携」関係にその一員として参画し，(EV完成車価格が低下しつつあるという近時の動きにも対応しうるように)車載電池関連製品の競争力の向上と販路の拡大を目指すというものだけであった。しかし，こう

112　第Ⅱ部　産　業

した選択肢は，東アジア系（韓国系）企業との「協業・連携」関係の深化を基軸とするため，かえって同じく東アジア系の中国系企業への中国（中央・地方）政府による手厚い支援策のあり様とその影響について，EUを含む世界が抱いている疑義について，これをEU自らが調査し，その疑義を解消しなければならない，という「宿題」を背負う結果となっている。この点については，欧州委員会は，一方で，現在進行中の調査の結果公表（2024年秋に予定）を待って，中国系企業との「協業・連携」のあり方を再検討するか否かの選択を迫られるとともに，他方では，独，英などでのEV購入時の補助金給付の打ち切り（あるいは，減額）という動きを受けて，また欧州地域でのEV市場成長率の逓減傾向を前にして，韓国系企業を中核とする新規工場の開設，既存工場の増設といったポーランドへの投資の増大が今後どのような伸びを示すのか，さらには，中国系企業が2023年になって投資を集中させている韓国系企業が，EU域内，例えばポーランド，ハンガリーなどに進出しえたとしても，そこで製造される車載電池の完成品，加工品，部品・部材について，これらを米「インフレ削減法」の税額控除の対象と見なすことができるのか，あるいは欧州地域全体においてEVよりもむしろPHEVこそ当面選択肢として残しておくべきではないのかといった「PHEV見直し」論議が今後どこまで拡大していくのかといった点について，欧州委員会は改めて検討を迫られることとなる。

おわりに─ポーランドにおける車載電池ビジネスの今後の可能性

　本章では，2022〜2023年に生じた厳しい状況に直面して，ポーランドの車載電池部門が新たな車載電池ビジネスとしてどのような内容のものを進めようとしているのかについて説明し，その中で車載電池ビジネスの持続可能性と資源循環性を左右すると言われる「三大加工/処理技術」に関して，韓国系企業を基軸として，EU先進地域の企業と，これと「協業・連携」関係にあるポーランドの企業の三者から構成される新たな「トライアングル型の協業・連携」関係が構築され，これが本格的に動き出している現状を具体的に明らかにしてきた。さらに，こうした関係が継続的に可能となれば，それはEUおよび欧州委員会が進めてきた車載電池関連ビジネス全体の管理・指導・監督といったプロ

セスが当初からの目標を実現する可能性を一層高めることになる，という点についても説明してきた。この意味では，ポーランドの車載電池部門は，今後ますます需要が拡大すると思われるリサイクル材（素材）の開発，加工・処理，転用，再活用といった諸工程をより一層拡充するためにも，加工/処理技術の開発とさらなる進歩により多くの資金と人材を投入する必要がある。そのためにこそ，域内で実施される重要プロジェクトへの関係国政府による直接補助金制度の大幅な見直しとその財政基盤の拡充が早急に検討されるべきである。

付記：本章は，家本（2023）を大幅に圧縮し，加筆・修正したものである。参考文献については，同論文を参照されたい。

[注]
[1] 車載電池出荷額（2023年1月～9月）で見ると，中国系企業が世界全体の3分の2に迫る圧倒的な地位を占めている。
[2] 韓国系LGES社ヴロツワフ工場（生産能力70GWh）が2022年5月に操業開始した。なお，この工場も含めて，韓国系企業は，車載電池のリサイクル率では，2013年以来約90％を記録し続けており，中国系企業と並んで世界最高のリサイクル率を記録している。
[3] 「インフレ削減法」（IRA，the Inflation Reduction Act of 2022）と呼ばれる財政調整法（H.R.5376）。以下，米「インフレ削減法」と略記。
[4] ポーランド家族・労働・社会政策省所管のウクライナ人支援プログラム「ウクライナ市民への支援」（Pomoc obybatelom Ukrainy。以下，「POUプログラム」と略記）を参照。
[5] 2015年4月制定の「外国人の労働許可取得に係る家庭・労働・社会政策省規則」を参照。以下，「社会政策省規則」と略記。
[6] ベルギー系Umicore社，韓国系LGES社との合弁事業では，リサイクル/リユース工程を核とする工場を建設した。
[7] 上傍点の部分は米フォード社CEOジム・ファーリーの発言（2023年5月22日）。
[8] 日系のEV完成車メーカーでは，日産自動車「リーフ」が対象から外されている。
[9] 2023年になって注目されている事実とは，中国系企業が，韓国国内に立地する工場への投資を急増させている，という点である。こうした投資は，韓国系企業3社（LGES，サムソンSDI，SKオン）に集中しているとのことである。

[参考文献]
家本博一（2023）「欧州の車載電池大国ポーランドにおける，「協業・連携」という新たな方向性の下での車載電池関連ビジネスの実態―2022年～2023年にかけての事業環境の激変を受けて―」『ロシア・ユーラシアの社会』No. 1070，ユーラシア研究所。

EUの政策文書，法令等については，本書巻末のリストを参照。

（家本博一）

第7章

EUプラスチック政策および関連国際動向
―循環型経済の視点から―

はじめに

　EUにおけるプラスチック政策は，第9章で議論する循環型経済(サーキュラー・エコノミー)政策の中核となる分野といえる。EUの2015年第1次循環型経済行動計画を端緒としたプラスチック政策の加速的開発とG7/G20および国連環境総会などの国際社会での議論[1]，海洋へのプラスチック排出を推計した論文の発表(例えば，Geyer et al.2017)，環境中で細かくなったマイクロプラスチックを含む海洋に排出されたプラスチックを原因とする環境や生態系および健康への悪影響に対する市民社会からの訴えなどが相互作用的に発展した大きな気運(モメンタム)となった。現在，EUのみならず日本を含む先進国や新興国・途上国においても，各国政策や民間の取組み等が日々拡大・深化を見せている。さらには2022年の国連環境総会決議「プラスチック汚染を終わらせる：法的拘束力のある国際約束に向けて」を受けてプラスチック管理のための国際的に共通の枠組み構築のための国際交渉委員会(INC)が開始されるに至っており，この国際枠組み構築にあたってもEU政策が影響を与えたといえる。

　以降，EUプラスチック政策の開発や関連動向について全体像を整理しつつ，その動向と国際社会とのかかわりも含めて議論する。

1. EU循環型経済政策におけるプラスチックの位置付け

　欧州のプラスチック生産者による産業協会であるPlastic Europeによれば，欧州は世界のプラスチック生産約400百万トンの14%[2]，58.7百万トン(EU27＋3, 2022年)を占め，欧州内での雇用者数も150万人超という重要産業との位

置付けにある（Plastic Europe, 2023）。

　その一方で，海洋プラスチック汚染問題の顕在化に加え，プラスチックの循環については課題があるとの認識からプラスチック管理に向けた関心の高まりがみられていた。実際，プラスチック使用量55.6百万トン（EU27＋3, 2021年）のうち消費後（post-consumer）リサイクルによって作られた材料（再生プラスチック）は9.9％となっている。また，回収された廃棄プラスチック29.5百万トンのうち，35％がリサイクルされ，42％がエネルギー回収，残り23％が埋立処理されているという（EU27＋3, 2020年）（Plastic Europe, 2022）。これらのデータからは，例えば，再生プラスチックの使用が10％未満である点や少なくない埋立割合から，欧州のプラスチック管理や循環が十分でないことがわかる。

1-1　EU循環型経済行動計画とプラスチック戦略

　こういった背景や現況を踏まえ，2015年EU循環型経済行動計画（COM/2015/614）において，プラスチックが優先分野となり政策開発が活発化した。同計画に基づき，2018年EUプラスチック戦略（循環型経済におけるプラスチックに関する欧州戦略）（COM/2018/28），2019年に特定プラスチック製品が環境に与える影響の低減に関する指令（いわゆる使い捨てプラスチック指令）（Directive（EU）2019/904）が施行された。さらには，2020年の第2次EU循環型経済行動計画をうけ，容器包装，自動車，テキスタイルなどのプラスチック関連製品に対する具体的な施策が進んでいる（COM/2020/98）。

EUプラスチック戦略と使い捨てプラスチック指令

　2018年の循環型経済におけるプラスチックに関する欧州戦略（以下，プラスチック戦略）（COM/2018/028）では，「2030年に全プラスチック容器包装材が再使用可能ないしは費用対効果が高いリサイクルの実現」，「欧州発生廃プラスチックの半分以上リサイクル」，「2015年比，分別・リサイクル規模4倍，20万雇用創出」，「リサイクル材需要4倍，リサイクル産業安定化」等野心的な戦略目標が掲げられた。産業政策的な色合いが強い目標いえる。

　この中では，持続可能な製品デザインのための拡大生産者責任（EPR）制度

や，廃棄後処理の負荷に応じた生産者負担調整（Eco-modulation），分別廃プラスチック・再生プラスチックの基準検討，自主誓約キャンペーン（2-2参照），リサイクル段階の含有化学物質，生分解性・堆肥化可能プラスチックの定義や表示などが具体的施策としてあげられ，この方針が以後の政策開発に反映されている。これに加えて2019年使い捨てプラスチック指令により，特定の対象製品の使用禁止，飲料ボトルの回収および再生プラスチック指標目標設定，消費者への情報提供ラベルなどの提示が規定された（Directive（EU）2019/904）。これにより，特にプラスチック回避の動きが世界的に拡大した。

2020年第2次循環型経済行動計画と各製品別アプローチ

2020年には（新）循環型経済行動計画が策定され，引き続きプラスチックが優先分野の一つとなった。その他，電気製品，バッテリー・車両，容器包装，テキスタイル，建設と建物，食品・水・栄養素，高影響中間材（鉄鋼・セメント・化学物質）なども優先分野とされ，プラスチックを活用する製品も対象となっている。同計画の中では，使い捨てプラスチック指令の実施に加えて，再生プラスチック含有量と廃棄物削減施策に関する要件の提案（包装，建設資材，車両等の主要製品），環境中マイクロプラスチック対策，意図的使用マイクロプラスチックの制限・ペレット対策，非意図的放出のマイクロプラスチックに対するラベル・標準化・認証・規制措置の検討や測定手法の調和と開発，マイクロプラスチックのリスクと発生に関する科学的知見ギャップ解消などが主要な取組み事項としてあげられた。

2024年6月に発効したエコデザイン規則（Regulation（EU）2024/1781）では，2020年循環型経済行動計画で示された持続可能な製品政策の考え方が適用され，EU市場に上市される製品に対して，エネルギー効率に加え，耐久性，信頼性，再利用性，更新可能性，修理可能性，リサイクル可能性，懸念すべき物質の有無，リサイクル材の含有量，カーボン・環境フットプリントなどの循環型経済観点からの持続可能性要件を設定した[3]。このほか，年間廃棄製品量，廃棄理由，再利用・再製造・リサイクル・エネルギー回収された廃棄製品量に関する情報開示義務，また，テキスタイルについては，売れ残り廃棄禁止などの規定がある[4]。現状では，鉄，鉄鋼，アルミニウム，テキスタイル（特に衣類

と履物），家具，タイヤ，洗剤，塗料，潤滑剤，化学品が優先されることとなっているが，今後，プラスチックを用いた製品についてもエコデザイン規則の適用を受けることが予想される。

これに加えて，現在，車両設計循環性要件・使用済み車両管理規則（ELV規則）案，容器包装・容器包装廃棄物規則案が提示され，いずれも，欧州議会で議論が継続中である。

ELV規則案中のプラスチックにかかわる施策では，新車製造向けプラスチックの25％に（post-consumer）再生プラスチック（うち廃車由来1/4）を使用，再生プラスチック含むリサイクル材含有率の公表，車両に使用されたプラスチックの30％リサイクルなどが事業者に求められている。また，EPR制度の下，設計の持続可能性の程度に応じて生産者負担金を調整することなどがあげられる（COM/2023/451）。

容器包装・容器包装廃棄物規則案[5]では，加盟国に対し人口1人当たりの包装廃棄物の排出量削減[6]，原材料別のリサイクル促進，軽量プラスチック袋の消費量抑制措置[7]。このほか，再利用の促進に向けて，包装廃棄物の返却・分別回収制度，デポジット制度，包装材の再利用や再充填（リフィル）の制度整備を求めている。また，全包装材を2030年1月までにリサイクル可能な設計とすること，EPR制度の下，製品のリサイクル可能性に基づくグレード[8]に応じた生産者負担を課す方向となる。プラスチック製包装材に関しては，2030年以降，種類に応じて10％から35％までの再生プラスチックの最低使用要件が設定される[9]。また，製品情報（原材料や再利用の可能性など）に関するQRコード等を包装材（運送用を除く）に付けることも求めている（COM/2022/677）。

さらに，これら製品関連政策に加え，加盟国に対し，2021年1月1日より，リサイクルされないプラスチック包装材廃棄物の重量に対して，1キログラム当たり0.80ユーロを適用する加盟国拠出金の制度も導入されている（Decision（EU, Euratom）2020/2053）[10]。

このように，EUでは，2015年第1次循環型経済行動計画以降，加速度的にプラスチック循環型経済にかかわる政策開発が進められてきた。流通規制，消費削減措置，分別回収システムの構築と設計（製品持続可能性）要件，表示義務，設計内容に応じて負担金を調整するEco-modulation含む拡大生産者責任

（EPR）の適用，消費者選択・意識向上にかかわる施策が主なものとなっており，ライフサイクル全体を通じて多角的な対応がとられる仕組みとなっている。

EU 持続可能なカーボンサイクル戦略とプラスチック

なお，プラスチック政策は，炭素リサイクルという課題とも関連していることを指摘しておきたい。2021年に公表された持続可能なカーボンサイクルに関するコミュニケーション（COM/2021/800, SWD/2021/450）では，EU 経済は，2050年以降も，例えばプラスチック，ゴム，化学製品の製造のために炭素を必要とするとしている。そのため，化石資源からではなく，廃棄物，持続可能なバイオマス資源，あるいは大気から直接，炭素をリサイクルするべきとしている。すなわち循環型経済と持続可能なバイオ経済を通じて，炭素の回収と利用（CCU）と持続可能な非化石炭素製品の生産のための技術的解決策を促進することを強調している。

脱炭素と資源循環を両立するうえで有用な考え方であるが，CCU については，現状，技術実証・コスト面での課題は大きく，社会実装までには一定の時間を要するであろう。

1-2 官民連携と欧州規格の活用

EU プラスチック戦略では，2025年までに EU 市場で少なくとも1,000万トンの再生プラスチックを新製品に使用する目標が掲げられた。この目標達成のため，同戦略では，EU 全体の産業・公的機関を対象とする自主的誓約キャンペーンが開始され（COM/2018/28），続いて，その動きを補強するための主要なプラスチック業界関係者による官民連携のイニチアチブ Circular Plastic Alliance（CPA）が2019年に発足した（EC,n.d.）。

このアライアンスでは，欧州におけるプラスチックのリサイクルと再生プラスチックの利用拡大に向け，関係者の自発的・協調的な行動や投資の促進，目標達成の障壁についての分析，進捗状況のモニタリングのほか，廃プラスチックの分別回収，回収・リサイクル率や量に関する報告方法の統一化，分別・リサイクル施設への投資，プラスチック製品の「リサイクルのための設計」に関

する自主基準などの検討を行っている（EC,n.d.）。

　具体的な成果として，Circular Plastics Alliance – Roadmap to 10 Mt recycled content by 2025がとりまとめられ再生プラスチックに関する新しい欧州規格を含め，目標達成のための高品質な再生プラスチックの十分かつ安定的な供給にむけた解決策を提案している（CPA, 2021a）。CPAモニタリングシステムのための方法とルール（CPA, 2021b），DESIGN FOR RECYCLING WORK PLANが作成されている（CPA, 2021c）。加えて，各国当局に対し，単一市場において必要な制度改革や公的機関の支援等も求めている（EC,n.d.）。

　こういった動きも受けて，欧州委員会が正式に2022年8月に欧州標準化委員会および欧州電気標準化委員会（CEN/CENLEC）に対し，規格開発要請を行っている。例えば，プラスチック容器包装のリサイクル可能性評価のための基準，プラスチックを使用する製品（容器包装，建設，電気電子製品）のリサイクルのためのデザインガイドライン，選別した廃プラスチックのグレードなどに関する新しい規格の作成，その他既存のリサイクル材特性に関する規格の改訂などを求めている。

　つまり，官民連携による議論を進めかつ欧州規格を活用し，プラスチックの資源循環に向け，欧州全体で統一的な取組を進めるための社会基盤を整備する展開となっているといえよう。

1-3　欧州プラスチック関連業界の動向

　先の各種政策および官民連携（CPA）の動きに加え，民間主体の連携も活発化している。

　例えば，プラスチックリサイクル事業者の団体である，Plastic Recyclers Europe（PRE）では，リサイクル材の透明性・トレーサビリティ向上に関する取組やリサイクル特性評価要件（Recyclates characterisation guiding requirement）を設定，リサイクル可能なプラスチックの定義に関する要件を設定する取組みを行っている（PRE, n.d.）。他，非営利の業界横断的イニシアチブであるRecyClassは，リサイクルのための設計ガイドライン，プラスチック廃棄物の出所追跡システムやプラスチック製品のリサイクル率を計算・検証できるシステムの開発やリサイクル可能性をシミュレーションするツール開発

120 第Ⅱ部 産　業

などを行っている (RecyClass, n.d.)。PETボトル関連事業者の業界組織である European PET Bottle Platform や Petcore Europe も類似のガイドラインや要件を作成している (EPBP, n.d. ; Petcore Europe, n.d.)。

　興味深い動向として，Plastic Recyclers Europe (PRE) および RecyClass と北米拠点のリサイクル事業者の組織であるプラスチックリサイクラー協会 (APR) がリサイクル可能なプラスチックの定義や設計ガイドラインについて連携している点があげられ (PRE, n.d. ; Recyclass, 2023 ; APR,n.d.)，欧州のみならず北米も関与する形で，プラスチック資源循環に関するグローバルレベルでのビジネス上の共通理解の醸成が進んでいるということと考えられる[11]。

2. プラスチック汚染に関する国際交渉委員会の議論

　EU第2次循環型経済行動計画では，プラスチックに関する国際合意の形成を進める方針が示されている (COM/2020/98)。その方針は，2022年3月の第5回国連環境総会再開セッション (UNEA5.2) で採択された国連環境総会の決議「プラスチック汚染を終わらせる：法的拘束力のある国際約束に向けて」(UNEP, 2022) として具現化され，現在，プラスチック汚染に関する法的拘束力のある国際文書の策定に向けた政府間交渉委員会 (INC) が開催されている。執筆時までに4回の会合が開催された。現在第5回会合 (INC-5) に向け，各国の意見を盛り込んだ国際文書 (いわゆるプラスチック条約) の文案が提示されている。

　同文案は，今後も変わりうるが，現状大きく6部＋附属書といった構成となっている。目的と定義・原則・範囲に基づき (第1部)，各国が世界共通のルールないしは各国の裁量において実施する取組み (第2部)，その実施の確保に向けて，途上国を支援するための資金および能力開発の枠組み (第3部)，各国が実施状況を報告し，それを評価する仕組み (第4部) などが規定されるものとなっている (UNEP, 2024)。

第1部：前文，目的，定義，原則，スコープ
第2部：主要な義務

第3部：資金調達，能力開発・技術支援/移転
第4部：国家計画，実施，報告，評価，国際協力など
第5部：運営組織，補助組織，
第6部：最終規定
附属書：

　第2部は，主要な義務とされ，プラスチックの資源効率性と循環型経済等に関する各種取組みが示されている（UNEP, 2024）。例えば，一次プラスチックの生産制限，プラスチック中の懸念物質，懸念プラスチック，問題のあるプラスチック製品や回避可能なプラスチック等の制限，削減・再使用や詰め替え・リサイクルを想定した製品設計，プラスチック代替，EPR制度を用いた政策の実施，プラスチックの排出と放出，廃棄物管理（リサイクル率の設定などを含む）等である。条約案の取組み項目を概観するとEUプラスチック政策との類似性（たとえば，製品設計や再生プラスチックの使用等）が見て取れる。

　加えて，このINCにおける議論の中で，2040年までにプラスチック汚染を終わらせる目標を掲げ，包括的かつ循環的なアプローチに基づく国際的に法的拘束力のある制度の開発に取り組む国家のグループであるHigh Ambition Coalition to end plastic pollution（HAC）が存在する。EUもHACのメンバーとなっている。HACの戦略目標は，プラスチックの消費と生産を持続可能なレベルに抑制，環境と人々の健康を守るプラスチックの循環型経済の実現，プラスチック廃棄物の環境的に健全な管理とリサイクルの実現となっており，EUのプラスチック政策との親和性も高い。

おわりに

　EUにおけるプラスチック管理は，現状では，循環型経済実現の観点からして理想的な状況にあるとはいえない。他方，プラスチックはEUにとって重要な産業であり，持続可能性とともに国際競争力の確保を念頭に，EU循環型経済行動計画を基盤として2015年以降積極的な政策開発が展開されてきた。その主な特徴としては，使い捨てプラスチックを中心とした一部特定製品の使用

禁止・制限，リサイクルの推進とそのための収集回収システムの整備，再生プラスチックの使用，再使用等の推進，生産者の役割を規定する拡大生産者責任（EPR）制度の活用である。

　これらのEUプラスチック政策は，現在のINCにおける国際文書の策定の動きに代表される世界的なプラスチックの政策枠組みと相互に影響を与えながら発展してきているようにも見える。このような政策的な動きを受け，前項のような民間での世界レベルの共通ビジネス基盤も醸成されつつあり，多国籍企業のレベルでは様々な取組みが展開されつつある。

　プラスチックのサプライチェーンやプラスチックの使用後の経路は，途上国も含めた世界中をまたがる問題であり，EUや一部の化学産業が活発な先進国にとどまる問題ではない。それゆえに，グローバルな課題として現在INCで取り上げられている。プラスチック産業という生産観点からは，産油国や日本を含む化学産業が盛んな国（主に先進国）がかかわる経済課題であり，消費・廃棄の観点からみると，使用と回収処理・資源循環管理がかかわる社会的課題である。そして，各種環境課題が特に廃棄物処理体制が脆弱な国（主に途上国）において発生することが多い。

　我々の生活に不可欠な材料であるプラスチックへの需要は今後ますます増加することが想定され（OECD, 2022），プラスチックに絡むEU政策や国際議論は，プラスチック管理を通じた環境課題の解決のみならず，現状の我々の生活維持に欠かすことのできないプラスチックやその製品や産業がもたらす便益をどのように世界に分配するかという議論にもつながるであろう。

　この社会経済課題と環境影響課題の緩和と資源の分配の文脈において，EUは域内での循環型経済の原則のト，プラスナック資源循環を進め，国際競争力の強化をはかっているとみえる。さらには，世界的なプラスチック管理の枠組みを構築することをEU循環型経済行動計画に掲げ，その議論を主導することを目指している。しかし，プラスチック管理課題は，各国の開発課題や産業の利害関係と複雑にかかわっており，気候変動と同様，各国の主張が入り乱れる状況といえる。実際，INCで議論される条文案（執筆時時点，UNEP（2024））では，条項の削除〜世界一律のルール〜各国の裁量によるものなど様々な取組みオプションが提示されており，EUが掲げたプラスチック政策枠組みが，世

第7章　EUプラスチック政策および関連国際動向─循環型経済の視点から─　　123

界的に受け入れられるかについては，依然不透明な状況にある。

[注]

1　例えば，国連環境総会では，海洋プラスチックごみおよびマイクロプラスチックに関する決議（2016-2019年），使い捨てプラスチック決議（2019年），G7/G20では，海洋ごみ問題に対処するためのG7行動計画（2015），G20海洋プラスチックごみ対策実施枠組（2019）などの合意文書がある。生物多様性条約昆明・モントリオール2030年目標（2022年）では，プラスチック汚染の廃絶，過剰消費と廃棄物発生の削減に関する目標なども設定されている。

2　中国は32％，日本は5％。

3　詳細は委任法により決定。

4　エコデザイン規則では，製品デジタルパスポート（DPP）による消費者向け・ビジネス間での製品環境パフォーマンス情報提供・共有を行う仕組み，EUエネルギーラベルでの修理可能性スコア等の循環性側面追加，ビジネス慣習の見直しに関する規定もある。本書第9章を参照。

5　2024年3月にEU理事会（閣僚理事会）と欧州議会が暫定的な政治合意に達し，2024年4月には，欧州議会で正式に採択された。

6　2030年までに2018年比で5％削減，2035年に10％減，2040年に15％減。

7　2025年末までに1人当たり年間40枚以下。

8　グレードAリサイクル可能性95％以上からグレードE 70％未満までに分類，70％以上のグレードDをリサイクルが可能な設計の最低要件とする。

9　2040年以降さらに強化される。

10　英国では，再生原料30％以上含有を満たさないプラスチック容器包装に対する課税。イタリア（執筆時施行延期中），スペイン，デンマークでは，使い捨てプラスチック製品に対する課税が導入されている。（各国HP参照）

11　米国では，エネルギー省が米国プラスチックイノベーション戦略（2023）を策定し，プラスチックの資源循環に関して積極的な姿勢を示している。

付記：本稿は，著者がこれまでに執筆したEUのプラスチック政策に関する執筆物（例えば，粟生木・森田（2018），堀田・加藤・粟生木（2022），粟生木（2023），粟生木（2024））に基づき，大幅な修正とともに最新の動向を追記し，分析を試みたものである。

[参考文献]

粟生木千佳・森田宜典（2018）「EUプラスチック戦略と関連の循環経済国際動向」『廃棄物資源循環学会誌』29巻4号

堀田康彦・加藤瑞紀・粟生木千佳（2022）「プラスチック資源循環の施策──プラスチックに関する国際政策動向」『月刊　法律のひろば　特集：プラスチック資源循環の実現に向けて』2022年8月号

粟生木千佳（2023）「欧州の法制度」『廃プラスチックの現在と未来─持続可能な社会におけるプラスチック資源循環─』コロナ社

粟生木千佳（2024）「PETボトルリサイクルに関する国際動向（欧米プラスチック資源循環政策との関連を中心に）」『PETボトルリサイクル技術の基礎と動向─メカニカル・ケミカル・バイオ─（仮題）』シーエムシー・リサーチ（予定）

Association of Plastic Recyclers（APR）（n.d.）APR Design® Guide for Plastic Recyclability.

Circular Plastic Alliance（CPA）（2021a）CPA Roadmap to 10Mt – Untapped Potential Report.

124 第Ⅱ部 産 業

CPA（2021b）Methodology and Rules for the CPA Monitoring System.

CPA（2021c）CPA Updated Design-for-Recycling Work Plan.

EC（n.d.）Commitments and deliverables of the Circular Plastics Alliance.

European PET Bottle Platform（EPBP）(n.d.) How to keep a sustainable PET recycling industry in Europe.

Geyer J. Jambeck J.R. and Law K.L.（2017）Production, use, and fate of all plastics ever made. Science Advances, Vol. 3/7

OECD（2022）Global Plastics Outlook Economic Drivers, Environmental Impacts and Policy Options

PlasticsEurope（2022）Plastics_the_facts_2022.

PlasticsEurope（2023）Plastics_the_facts_2023.

Plastic Recyclers Europe（PRE）(n.d.) What we do

Plastic Recyclers Europe（PRE）(n.d.) Design for recycling

Petcore Europe（n.d.）Activities

RecyClass（n.d.）About RecyClass

RecyClass（2023）APR and RecyClass Work to Align Design for Recycling Guidance

UNEP（2022）End plastic pollution：Towards an international legally binding instrument（UNEP/EA.5/Res.14）

UNEP（2024）Revised draft text of the international legally binding instrument on plastic pollution, including in the marine environment（UNEP/PP/INC.4/3）

EUの政策文書，法令等については，本書巻末のリストを参照。

（粟生木千佳）

第8章

欧州グリーンディール「自然の柱」と農業
―戦略的対話へ向けて―

はじめに

　欧州グリーンディールには，本書で多く扱われている資源とエネルギーの分野以外に，生態系に関わるフードシステムや生物多様性の分野（自然の柱）がある。本章の役割はその紹介である。特に筆者の主な研究領域である農業政策との関連に重点を置きつつ，この分野の特徴を示したい。

　自然の柱のうち，以下で取り上げる2つの分野別戦略は農業との関係が深く，農業に対する数値目標などの要請を提示した。共通農業政策（CAP）の現行制度は，独自の理由による環境・気候対策に加えて，これらの戦略への対応を盛り込んだ。

　やがて上記戦略の施策を具体化する立法案や構想が提出された。それらは画期的かつ野心的な内容を多く含み，農業の規制強化につながるものであった。農業部門は強く反発し，それに欧州議会の右派会派が呼応して各種法制化は大幅な後退を余儀なくされている。主要な3つの立法案を中心に，そのような事態に至った経緯と政策形成上の課題，そして対話の契機と，今後につながる材料を整理したい。

　他方，本書の主要な関心事項であるEUの気候中立化を実現する上でも，農林業は将来的に重要な役割を期待されている。そのための枠組みについても簡潔に触れたい。

　なお，本章の内容は主に筆者の既出の論文に基づく[1]が，主に後半の3節以降では新たな情報を適宜追加している。

126　第Ⅱ部　産　業

1. 欧州グリーディールと農業

1-1　欧州グリーディールの自然の柱

　欧州グリーンディール（COM/2019/640）の政策分野は明示的な区分がされていないが，便宜的に3区分できる。第1に欧州グリーンディールの大きな部分を占めるGHG削減関連分野（エネルギー，資源，循環型経済，輸送など）であり，第2に生態系・環境保全分野（食料システム，生物多様性，汚染ゼロ），そして第3に持続可能な経済社会へ向けた移行を横断的に支える仕組み（金融，研究開発，国際協力，ステークホルダー）である。

　そのうち，本章で取り上げるのは第2の分野である。これは，欧州グリーンディールの「自然の柱」（後述）と概ね一致していると思われる[2]。欧州グリーンディールの上記COM文書におけるこの分野の記述は具体的な施策が少なく，後発の分野別戦略に多くの展開が委ねられた。とりわけ2020年5月20日に一緒に公表された「ファームトゥフォーク戦略（F2F）」と「2030年へ向けた生物多様性戦略（BDS）」は欧州グリーディールの中核をなすとされ[3]，かついずれも農業に深い関わりがある。国際的な影響力の強化を意図している点も共通している。両者の提出時期はパンデミックの影響で2ヵ月遅れ，日程の制約が厳しくなる第一歩となった。

　農業は欧州グリーディールに重要な課題と政策手段を与えている。農業はEU陸地面積の48％（林業36％を合わせると84％）を占め，環境汚染と，生物多様性の喪失，気候変動，自然資源の浪費に寄与しており，改善が必要とされる。一方，EUには加盟国における農業政策の大枠を定めたCAPがあり，農業の環境・気候対策を支援する施策と，EU支出予算の3分の1という最大規模の財源を有している。持続可能欧州投資計画における2021-2030年の欧州グリーディール向け予算のうち，CAPは4分の1，調達の確実なEU予算と加盟国共同拠出に限れば4割強を占めている。自然の柱における割合はこれより大幅に高いであろう。欧州グリーディールによれば農業は持続可能な食料システムへの移行のカギであり，CAPは主要な支援手段である。

1-2　F2F，BDSと農業

F2F（COM/2020/381）は名称のとおり「農場から食卓まで」にわたる食料システム全体について，公正・健康・環境に対する配慮を拡大することを目的とし，27件の行動計画（構想，計画，法制化，既存法の見直しなど）を有している。その政策課題は，① 食品生産の持続可能性，② 食料安全保障，③ 加工・流通・食品サービスの持続可能性，④ 持続可能な消費と食生活，⑤ 食品廃棄の削減，⑥ 食品偽装との闘いの6分野に分けられている。そのうち ① はF2F全体の記述の過半を占め，おもに農業を対象としている。② は緊急時の食料安全保障対応計画の策定が主な内容であり，COVID-19による混乱を受けてF2Fに加えられた。③ から ⑥ は農業からみた川下部門について，業界慣行の見直しや行動規範，情報提供や表示による消費者への働きかけ，そして公共調達による貢献が取り上げられている。

BDS（COM/2020/380）は，2030年までに欧州の生物多様性を回復へと方向転換させることを目的とし，38項目の行動計画（指針，構想，計画，既存法の見直し，法制化，評価等）を有している。主な施策は，包括的な「自然再生計画」と，自然保護ネットワークの拡大（現状陸地の26％，海域11％からいずれも30％に）である。自然再生計画はBDSの記述の過半を占めており，① EUの法的枠組みの強化，② 農地，③ 土地と土壌，④ 森林の拡大と改善，⑤ バイオエネルギー，⑥ 海洋生態系，⑦ 淡水生態系，⑧ 都市・近郊の緑化，⑨ 汚染の削減，⑩ 侵略外来種対策からなる。とくに ① から ③ は農業に直接の影響がある。

F2FとBDSは連携して農業に対する各種の数値目標を設定した（図表8-1）。すなわち化学農薬・養分損失（肥料の流出など）・抗微生物剤を半減し，農地に占める有機農業（目標値25％）と生物多様性景観（同10％）の割合を拡大し，花粉媒介者（蜂など）の減少を反転させる。そのほとんどは環境・気候政策等に具体的な施策があり，CAPには主にその誘導・促進が期待されている。ただし，発表時点でこれらの目標に法的拘束力は無く，そのことが農業部門にとっては安心材料であった。

128　第Ⅱ部　産　業

図表 8-1　農業に対する F2F と BDS の数値目標（2030 年）と方策

達成目標	戦略	方策	
		CAP	環境・気候・食品安全性政策
化学合成農薬の使用・リスクおよび高有害性農薬の使用を50％削減	F2F，BDS	・CAPによる農法の移行促進，普及サービス	・農薬持続可能使用指令の改正，総合防除（IPM）の規定強化 ・生物学的活性物質を含む農薬を促進，農薬環境リスク評価，統計拡充
窒素・リン等養分損失を50％以上，肥料使用を20％以上削減	F2F，BDS	・CAPによる促進：精密施肥，持続可能な農法，有機質廃棄物の肥料化	・関連する環境・気候法制の全面的施行・実施 ・統合養分管理行動計画を策定
抗微生物剤の畜産・水産養殖向け販売を50％削減	F2F		・動物用医薬品規則（2019/6）
有機農業を農地の25％以上に拡大（2018年実績8％）	F2F，BDS	・CAPによる促進：エコスキーム，投資助成，普及サービス ・有機農業行動計画	
生物多様性の高い景観特性の農地を10％以上に拡大（2015/18年実績4.6％）	BDS	・CAP戦略計画	・EU花粉媒介者イニシアチブ
花粉媒介者の減少を反転させる	BDS	・CAPの施策と戦略計画	・生息地指令（92/43）

出所：平澤（2022a）掲載表。元資料はF2F，BDS等。

1-3　2021年のCAP改革による対応

　欧州グリーディールが推進するCAPの主な環境・気候対策は，欧州グリーディール以前に立案された。それは10年以上前に始まったCAPの新たな展開による。当時，経済金融対策や難民，エネルギー，環境・気候などEUの優先課題と政策分野が拡大し，農産物の国際価格が高値基調となったこともあって，農業予算の大部分を占める農業所得補填の補助金（直接支払い）への削減圧力が高まっていた。そこで2013年CAP改革（2014-2020年の中期農政プログ

ラム。その後2022年まで延長）は、予算規模を正当化するために環境対策など農業による公共財供給の強化を図り、直接支払いの3割を「グリーニング支払い」に転換して追加的な環境要件を課した。現行制度を定めた2021年CAP改革（実施期間2023-2027年）は、これをさらに高度な環境・気候対策を対象とする「エコスキーム」に置き換え、旧グリーニング要件は直接支払い全体の受給要件（コンディショナリティ）に組み込んだ。

　さらに、2021-2027年におけるCAP予算の4割は欧州理事会の方針で気候変動対策向けとされている。しかも、具体的な施策の効果は複合的である（例えば農地への炭素貯留は生物多様性にも貢献するものが多い）ため、実際にはこの財源を様々な環境対策に用いることができる。

　欧州グリーディールとF2F、BDSは、いずれも既に2018年から審議中であった2021年CAP改革の主要な要素である上記のエコスキームとコンディショナリティ、そして「CAP戦略計画」の活用をCAPに要請した。成立したCAP戦略計画規則（Regulation (EC) 2021/2115）はそれに応えて、加盟各国の策定するCAP戦略計画が環境戦略に沿うよう、関連する文言（生物多様性、パリ協定、炭素隔離、化学物質への依存削減、抗微生物質耐性など）を計画が準拠するCAP目標に取り込み、また各種環境・気候法制の目標への貢献を義務付け、さらに前文では各国計画の立案・承認・評価に際し配慮を求めると述べている。とはいえ計画を策定する加盟国には大きな裁量が与えられているため、環境・気候対策の水準が国によってまちまちとなることは避けられない。

2. 脱炭素と農林業

2-1　農林業のGHG排出規制

　農業のGHG排出量はEU全体の1割強を占めている。主に家畜の腸内発酵で生じるメタン（CH_4、おもに牛など反芻動物の「げっぷ」に含まれる）と、農地に施した窒素肥料から生じる亜酸化窒素（N_2O）であり、それに次いで糞尿管理（CH_4とN_2O）や農地（主にCO_2）から生じる。

　農業GHG排出量規制は、2つに分かれて管理されている。すなわち、上記のうちおもな非CO_2排出は努力分担部門に、農地（耕地・草地）の排出は農林地

130 第Ⅱ部 産 業

などの土地利用部門[4]にそれぞれ含まれる。

農業に対する排出規制は食料生産の減少につながる可能性があるため，京都議定書とパリ協定はGHG削減に際して食料安全保障への配慮を求めており，EUの規制は農業単独の削減目標を設定していない。しかし，気候中立を目指して他の部門が排出を削減すれば将来は農業が最大の排出源になるため，相応の排出削減が必要になると見込まれている。その一方，土地利用部門は人類が影響を及ぼせる最大のCO_2吸収源であり，これは森林と木製品の純吸収によっているが，森林の高齢化等によって2010年代後半から純吸収量が縮小して問題視されている。

Fit for 55により，農林業の排出削減措置は強化された。努力分担部門は規則2018/842の改正により，2030年の削減義務が30％から40％に引き上げられた。土地利用部門は規則2018/841の改正により，これまで純吸収のみが要求されていたのに対して，新たに純吸収量の拡大義務（15％相当，2030年）が課された。

さらに，当初の立法案（COM/2021/554）では土地利用部門と農業の合計（AFOLU）で2035年に純排出ゼロの達成を義務付け，その後は吸収源となるよう期待されていた。この2035年目標は農業による非CO_2排出の約2割削減に相当する。しかしこの規定は審議の過程で削除された。

2-2 カーボンファーミングと認証制度

「カーボンファーミング」とは，農業で通常を上回るGHGの排出削減および除去の取組みに報酬を与える仕組みであり，脱炭素に貢献する農業の「新たなビジネスモデル」としてF2Fが提唱したものである。

炭素除去は，削減しきれないGHG排出を相殺して気候中立化に貢献すると期待されている。しかし未だに取組みが少なく，仕組みがまちまちで信頼性も低いと見なされている。そこで，循環型経済行動計画（COM/2020/98）は現状と課題を整理するとともに，カーボンファーミングを容易にするため，2028年までに全ての土地管理者が検証済みの土地排出・除去データにアクセスできるようにすべきであるとした。

そして，文書「持続可能な炭素循環」（COM/2021/800）による検討と予告を経

て，いまや「(欧州)連合の炭素除去認証枠組みを定める規則案」(COM/2022/672)が，自主的な認証の枠組みを定めようとしている。炭素除去の手法はカーボンファーミングのほか，製品への炭素貯蔵と，恒久的な炭素除去がある。なお，制度名称は炭素除去であるが，カーボンファーミングには排出削減の取組みも含まれる。

　認証の枠組みは3つの柱，すなわち品質基準，検証(審査)・認証手続き，「認証スキーム」の機能からなる。所定の品質基準を満たし，かつ独立した所定の検証を受けた炭素除去が認証の対象となる。品質基準は定量化，追加性，長期貯蔵，持続可能性の4種類からなる。

　炭素除去活動を行う事業者は，当該活動の認証を「認証スキーム」に申請し，認証スキームが指名する認証機関の審査を受け，合格すれば認証書が発行される。審査結果と認証書は公開される。認証スキームは加盟国ないし民間が運営し，欧州委員会の認可を受ける。また，認証機関は国が認定・監督する。認証の手法は欧州委員会が専門家会議を主宰して検討する。炭素除去の認証書は，土地利用部門などにおけるGHGインベントリの作成，企業の気候・環境対策の裏付け，カーボンオフセットの自主的市場などでの使用が想定されている。

　しかし，未だにカーボンファーミングが新しいビジネスモデルになる筋道は明らかにされていない。収益源として補助金を想定するなら，財源の手当てをどうするか。一方，民間市場での売却を想定する場合，企業のGHG排出を相殺する炭素クレジットは，排出削減を遅らせるとして環境団体から批判されている。

　しかも，農業のGHG排出については，上記の「持続可能な炭素循環」で，2023年中を目途に汚染者負担原則を適用する可能性を検討することとされた。そして2023年11月に公表された欧州委員会気候総局の委託調査報告書(Trionics et al. 2023)は，農業をEU排出量取引制度(EU ETS)に組込む方法を複数比較検討する内容であった。EU ETSからの収入あるいは排出量の買い手によって炭素除去(林業を含む可能性もある)に報酬を与えることが想定されている。こうした制度だけであれば，カーボンファーミングをビジネスモデルとして利用できるのは炭素除去に積極的に取り組む一部の農林業者のみとなり，それ以外の農業者はGHG削減遵守のため経済的負担が増す可能性が高い

132　第Ⅱ部　産　業

のではないか。

3.　自然の柱の展開と後退

3-1　3つの立法案

　2021年秋以降，F2FとBDSに基づく各種立法案や戦略が提出された。以下にみる主要な3つの立法案は，全体としてBDSの自然再生計画に対応しており幅広い分野を対象としている。その一方，これらは農業に対する規制の強化を含み，かつF2F/BDSが掲げた農業数値目標の大部分を何らかの形で義務付けようとした（図表8-2）。

　「自然再生法案（NRL）」（COM/2022/304）[5]は，BDSの示す政策分野（自然再生計画と自然保護ネットワーク）を概ね網羅しており，自然の柱の「主要な法案」（2023年7月11日，シンケヴィチウス環境担当欧州委員の欧州議会発言）である。2022年6月にSUR（下記）とともに公表された。これまで，種や生息地の保全施策は，鳥類指令（2009/147）と生息地指令（92/43）に基づく保護区を対象としていた。それに対してこの法案は，保護の対象を生態系一般に拡大する。農業生態系など各種の生態系についてそれぞれ達成目標と計画を設定し，

図表8-2　F2F/BDS農業数値目標（2030年）を含む立法案

達成目標（注1）	立法案	内容	現状（注2）
花粉媒介者増加（B）	自然再生法案	各国に義務付け	欧州議会は農業生態系の再生条項を削除。その後環境相理事会と妥協（政治合意），本会議で承認が必要
生物多様性景観農地10%（B）		水準を定めず各国拡大義務	
養分損失半減，肥料2割削減（F, B）	土壌健全法案（未提出）	義務付けを検討	規制色のない土壌モニタリング法案に変更，次期欧州議会へ先送りの可能性
化学農薬半減（F, B）	植物防護製品持続可能使用規則案	EU合計50%削減，国別削減率の設定	欧州議会本会議で否決，「政治的には死んだ」
有機農業25%（F, B）		水準を定めず国別拡大計画を義務付け	

注：1. 表中「達成目標」の「F」はF2F，「B」はBDS。　2.「現状」は2023年12月時点。
出所：平澤（2024）掲載表に加筆。

2050年までに再生を必要とするすべての生態系を再生措置の対象にする。世界初とみられる画期的な内容である。

「土壌健全法案（SHL）」も世界初の試みであり，水・海洋環境・大気の保全制度に倣って，土壌の保全について一貫性のある包括的な法制を確立する。土壌保全の分野ではまだEU法が存在しない。この法案は，2021年11月に提出された「2030年に向けたEU土壌戦略」（COM/2021/699）で予告された。同戦略はBDSから派生して単独の戦略に発展した。2050年までにすべての土壌生態系を健全な状態にすることを目指しており，土壌健全法案の構想を提示し，その施策の選択肢として，養分損失・肥料削減の義務付けや，持続可能（および不可能）な土壌管理慣行の特定と法的要件の設定，新規の土地開発抑制と補償，建物などによる土壌密閉の抑制，掘削土の再利用促進，土壌汚染管理の強化などを挙げた。

「植物防護製品持続可能使用規則案（SUR）」（COM/2022/305）は，現行の農薬持続可能使用指令（2009/128）に代わる農薬使用の規制案である。F2F/BDSの数値目標の一つである化学農薬の使用・リスク半減（2030年まで）を制度の目的として掲げた。加盟国が実施すべき事項を具体的に定めるとともに，農業者が総合防除（IPM。各種手段を組み合わせ，化学農薬の使用は最後の手段とする病虫害対処法）の実施状況や農薬の使用を逐一当局のデータベースに入力するよう義務付ける。また，影響を受けやすい場所での農薬使用を禁じ，代替農薬の使用を推進し，関連データを整備する。さらに，この制度を遵守するための投資にはCAPの補助金を利用可能であり，コンディショナリティ（前述）の例外を認める。

これら3立法案の内容は，過去の失敗の経験を反映している。NRLは，一代前の2020年生物多様性戦略（2010年策定）で生物多様性の減少を食い止める目標が実現できなかったことを踏まえて，全く新しい大掛かりな制度を構想している。SHLは，かつて不成立に終わった土壌保全枠組指令案（COM/2006/232）を大幅に拡大するものである。そしてSURは，現行制度の下ではIPMの義務付けが加盟国段階で徹底されなかったことを踏まえて，加盟国による法制化の不要な規則の形式をとっている。また，NRLとSHLは実効性を確保するため，単に義務的目標を課すだけでなく，各国で独自の目標と計画を定めて進捗管理

134　第Ⅱ部　産　業

する仕組みであった。

　ただし，過去の経緯から読み取れるとおり，いずれの分野もこれまでEU内で合意が形成されていなかった。自然の柱全般について言えることであるが，気候の柱とは異なり，事前に大枠の合意が無く，加盟国の足並みが一致しないうえに農業部門からの反発が大きい。それが次にみる政治情勢と重なって欧州議会で大きな混乱を引き起こすことになった。

3−2　農業部門と欧州議会右派の反発

　そもそも農業部門の主流は2021年CAP改革や欧州グリーディールに関して，環境・気候対策は費用がかかるのでCAP予算を増額して農業者に対価を支払う必要があると主張してきた。それにもかかわらず同予算が削減されたため，環境規制の拡大に対する拒否感が強い。農業団体や農相理事会，欧州議会農業委員会だけでなく，ヴォイチェホフスキ農業担当欧州委員も一連の動きを公然と批判している。他方で農業予算は前述のとおり環境対策を強調することによって維持されている面があり，そのことが環境部門からの期待水準を高めたと考えられる。

　欧州グリーディールに対して農業部門は全体の影響評価を求めた。欧州委員会はそれを拒み正式な影響評価は個々の立法化の際に行うとしたものの，配下の研究機関（JRC）でF2Fの数値目標を一部達成した場合の影響について計量経済モデル分析を行った。その結果は農業生産の縮小と，環境規制の緩い海外からの輸入増加，そして食料価格の上昇と農業所得の減少であったため，農業部門の反発を招いた。なお，持続可能な消費が拡大し，輸入品にEU並みの規制を適用すれば影響は緩和されるはずであるが，この分析では考慮されていない。

　自然の柱の土壌戦略や3立法案はこれまでにない野心的な内容を含んでいるが，そうした要素の多くはF2FやBDSになかったものであり，数値目標の法定化とともに，農業部門は予想外の厳しい提案，欧州グリーディールに対する不安の現実化として受け止めたように思われる。

　欧州議会ではこの状況が選挙へ向けた争点となった。2020年のパンデミックと2022年のウクライナ紛争によって，景気の停滞と食料・肥料・エネル

ギー価格の大幅な上昇，供給不安が生じ，環境対策を先送りすべきとの議論が強まったこともあり，最大の政治会派である欧州人民党（EPP，中道右派）は，2024年6月の選挙へ向けて，2022年から農業寄りの姿勢を強めた。F2F/BDSの各種立法案は農業者の経営と食料生産，ひいては食料安全保障を脅かす懸念があるとして厳しい姿勢をとり，他の右派会派もそれに同調した。一連の法案を推進する左派と緑の党は守勢に回り苦戦した。

　その結果，3法案は審議が遅延し，大きな打撃を被った。2023年12月末時点における状況は以下のとおりである。NRLについては，欧州議会は農業生態系の回復規定を丸ごと削除して修正提案とした。その後2023年11月に環境相理事会との間でより穏健な妥協（政治合意）に達したものの，EPPが反対しているため欧州議会本会議（2024年2月）での採択は不確実である。SHLは欧州委員会が立法案の提出自体を取りやめ，代わりに内容を縮小した規制色の薄い「土壌モニタリング法案」（COM/2023/416）を提出した。理事会議長国は欧州議会選挙後に加盟国間の合意を得る方針を示唆しており，その場合法案は次期欧州議会に持ち越されることになる。SURは欧州議会で否決され，実質的に死に体とみなされている。

　この余波で，2023年の後半に予定されていたF2Fの重要立法案提出は大幅に縮小された。動物福祉規制の改正パッケージは大部分が見送られ，輸送中の動物の保護に関する立法案のみが12月になってから提出されたが，今の会期での成立は難しいと見込まれている。新たな持続可能食料システム枠組規則案と，各種の食品ラベル立法案は提出が見送られた。食品価格の高騰や，イタリアが食品包装前面表示の多数派案に強く反対したことも悪材料となった。

　なお，欧州委員会はEPPの攻勢に抗弁するために，気候と並ぶ自然の「柱」の概念を用いるようになった。欧州グリーディールを統括する欧州委員会のティメルマンス上級副委員長は，欧州議会環境委員会（2023年5月22日）において，NRLを生物多様性分野の気候法，グリーンディールの柱と呼び，グリーンディールの「自然の柱」（nature pillar）を比較的順調であった「気候の柱」（GHG・エネルギー・資源関連分野）と対置し，二本の柱が相互に依存していることを指摘して自然の柱の重要性を訴えた。自然の柱という用語はおそらくこれが初出である。そして，自然の柱は，具体的には本節で取り上げた3立法

案を含む一連の提案を指していることが，土壌モニタリング法案を含む立法案パッケージの報道発表（2023年7月5日）において示された。これによって，性格や位置付けが曖昧であった種々の政策が，一つの範疇に束ねられた。

3-3　今後へ向けて

　EUの政治情勢は，次期の欧州議会と欧州委員会において，欧州グリーディール，特に自然の柱にとって向かい風となりそうである。EU各地の農業者は，環境規制の強化や，生産費の高まり，ウクライナ（EUは支援の一環として関税を停止中）からの農産物流入などに対して不満を募らせており，2024年1月だけでも少なくともドイツ，フランス，ベルギー，ルーマニア，ブルガリア，ポーランド，イタリア，ギリシャで道路封鎖などの抗議活動を行っている。また，2023年には複数の加盟国の国内選挙で，極右や右派の政党が議席を伸ばした。その後の世論調査でも傾向は変わらず，2024年6月の欧州議会選挙ではEUに批判的な会派や右派の議席が拡大すると見込まれている。

　オランダでは2023年にこれら両方の傾向が顕著となった。農業者に対する急激な環境規制への反発から結成された農民市民運動党が3月の地方選挙を経て連邦上院で第一党となり，同年11月の下院選挙では極右政党が初めて第一党となった。この下院選挙ではティメルマンスが同年8月に欧州委員の職を辞して母国オランダで政権獲得を目指し，労働政党と環境政党の連合を率いたが第二党にとどまった。ティメルマンスが去った後の欧州委員会は欧州グリーディールの推進力が低下したとみられる。

　パンデミックとウクライナ紛争によって食料安全保障への関心が高まり，環境・気候対策との調整が課題となっている。しかしこれまでのところ，EUの環境部門と農業部門の議論はかみ合っていない。

　環境・気候戦略は食料安全保障と農業経営の維持に関する踏み込んだ視点が欠けている。最初の欧州グリーディール文書には食料安全保障への言及が無かった。ティメルマンスは，食料安全保障の最大の脅威は気候変動と生物多様性の喪失であるとの姿勢であった（2023年5月22日）。それに対してCAPは，食料安全保障を確保するため，直接支払いによって農業所得を支え，EU全域の農業生産を維持しようとしている。農業部門も環境・気候対策が長期的な生

産の維持と安定に必要であることは理解している。問題は短期・中期の農業経営と食料生産に影響を及ぼす経済的負担である。

とはいえ農業部門はCAP予算を確保するために環境への貢献を高める必要があり，環境・気候への関心を高める消費者の変化にも応えねばならない。他方の環境部門は財政面でCAPの貢献に期待している。調整は容易でないとしても，両者はそうした実際的な理由からお互いを必要としているはずである。

こうした情勢を受けて欧州委員会のフォン・デア・ライエン委員長は2023年9月の一般教書演説で，自然と調和した食料安全保障は不可欠な課題であると述べ，EUの農業の将来に関する戦略的対話を開始するとした。最初の会合は2024年1月25日に開催された。フードサプライチェーン全体からステークホルダーを集め，夏までに共通のビジョン策定を目指す。その結果は今後の政策に影響を及ぼすことが想定されている（同日付報道発表）。おそらく今後のF2Fの展開に反映されるものと考えらえる。

一方，ヴォイチェホフスキ欧州委員は，少なくとも2023年12月の時点では，2028年から実施される次期CAP改革の構想を2024年に提出する意向であった。欧州グリーディールと食料安全保障，緊急時の市場施策はいずれも重要な考慮事項となるであろう。戦略的対話の結果と相まって今後のCAPが形作られるのではないか。

おわりに

自然の柱は生物と生態系を直接の対象としており，その生息地としてEUの領土全体が政策の対象になり得る。その少なくない部分は農地であり，その農業生態系は多数の農業者が管理し，各種の環境問題を引き起こしている。しかも，農業分野で欧州グリーディールを推進するうえでは農業者を支援する主要な手段としてCAPが想定されている。そのため自然の柱を広範に展開しようとすれば，農業経営と農業政策，ひいては食料生産，食料安全保障への影響が大きな論点となる。

それに加えてこの分野では全体の目標や進め方について，EU段階における事前の合意がなく，従来から環境保護と農業の間で対立が続いていた。欧州グ

138　第Ⅱ部　産　業

リーディールの気候の柱が，気候中立化と実現策の策定に関する合意を前提として，それを具体化するために立案されたことと比べれば全く対照的である。しかも，自然の柱の各種立法案は，F2FやBDSよりもさらに踏み込んだ野心的なものであった。その点からすれば自然の柱が難航していることは意外ではない。

　しかし，環境部門が戦略と立法案を策定したことにより，農業に対する具体的な要請が整理されたことの意義は大きい。今回多くの立法案が後退したとはいえ，その影響は長期にわたり残るであろう。一方，自らも環境・気候対応の契機を有する農業部門は，これにどう応えるのか。戦略的対話の行方と，次期CAP改革の構想が注目される。

　他方，農業のGHG対策も少なくとも潜在的には論争含みである。カーボンファーミングの認証制度を準備しつつあるものの，提起された新たなビジネスモデルはどのようにして実現するのか。奨励と規制のバランスをどうとるのか。農業のETSへの組込みの可否や方法とともに調整の難しい課題となりそうである。

（2024年2月1日　脱稿）

［追記］

　その後2024年2月に欧州委員会はSUR法案を取り下げた。土壌モニタリング法案は4月に欧州議会，6月に理事会がそれぞれ修正案を採択し，3機関協議は次の欧州議会に持ち込まれた。6月にはNRLが自然再生規則2024/1991として成立した。また，炭素除去認証枠組規則も成立が近いとみられている。

　NRLの成立は異例の経過を辿った。まず2月に欧州議会本会議で採択された後，3機関交渉の政治合意後であるにも関わらず環境相理事会で採択に必要な票数を確保できず投票が延期された。そして最終的にはオーストリアの環境相（緑の党所属）が自国政府の方針に逆らって賛成票を投じ，規則案を可決させた。

　6月の欧州議会選挙の結果，EGDを推進してきた緑の党とリベラル（欧州革新），中道左派は議席を減らし，自然の柱を攻撃してきた極右と中道右派は議席を増やした。フォン・デア・ライエン欧州委員長は次期の続投が決まり，戦略的対話の結果に基づく農業政策を約束した。2025-2029年へ向けた欧州委員会の政策指針（political guidance）と欧州（首脳）理事会の戦略アジェンダはいずれも食料安全保障を強調している。ウクライナ加盟交渉とのすり合わせも農業政策にとって大きな検討課題となる可能性がある。

　全体として今後数年間は自然の柱にとって厳しい政治情勢になることが見込まれる。

（2024年8月9日）

第8章　欧州グリーンディール「自然の柱」と農業—戦略的対話へ向けて—　139

[注]

[1] 主に第1節は平澤（2021, 2022a），第2節は平澤（2023a, b），第3節は平澤（2022b, 2023a, c, 2024），第4節は平澤（2024）を参照。

[2] 「自然の柱」は明確に定義されておらず，「自然資源の柱」，「自然と生物多様性の柱」とも呼ばれた。汚染ゼロが含まれているのかどうかは不明確である。しかし欧州委員会が「気候の柱」と対比して用いた語であるため，ここでいう第二の分野と類似の範疇と考えられる。

[3] COM/2020/381（p.2）および両戦略合同の報道発表資料（2020年5月20日付）を参照。

[4] 欧州委員会による略称。正式名称は土地利用・土地利用変化・林業（LULUCF）部門。

[5] 本節で取り上げる自然再生法案，土壌健全法案，土壌モニタリング法案はいずれも通称であり，正式には法律案ではなく，前二者が規則案，後者は指令案である。欧州グリーディールの下では主要な法制に「法律（law）」という通称を使っており，他の例としては欧州気候法がある。いずれも新しい領域を切り開く画期的な法制である点が共通している。

[参考文献]

平澤明彦（2021）「欧州グリーンディールは共通農業政策（CAP）を変えるか」『農業経済研究』93巻第2号，172-184頁，農業経済学会大会シンポジウム報告論文，9月.

―――（2022a）「EUの2021年CAP改革にみるファームトゥフォーク戦略への対応」『農林金融』75巻第2号，2-23頁，2月.

―――（2022b）「EUの土壌戦略」『農中総研 調査と情報』第89号，12-13頁，3月.

―――（2023a）「EU環境・気候戦略の進展と農業」『農林金融』76（4），19-47頁，4月.

―――（2023b）「EUと米国が導入する農業の炭素除去等認証制度」『畜産技術』821，35-38頁，10月.

―――（2023c）「揺らぐEU環境戦略「自然の柱」―農業との摩擦の行方―」『農中総研 調査と情報』99，11月.

―――（2024）「EU農政における食料安全保障と環境・気候対策―基本法への示唆―」『日本農業年報69』，137-161頁.

Trionics et al.（2023）Pricing agricultural emissions and rewarding climate action in the agri-food value chain.

EUの政策文書，法令等については，本書巻末のリストを参照。

（平澤明彦）

第9章

EUサーキュラー・エコノミー戦略の要点と現状

はじめに　サーキュラー・エコノミーへの関心の高まりと EUの取組み

　近年，世界中で環境問題や脱炭素社会への認識が高まっており，その中でも循環型経済(サーキュラー・エコノミー)への転換が注目されている。その理由は，従来のリニア経済モデルがプラネタリー・バウンダリーの限界を超えて地球環境を脅かし，持続可能性の社会実装や経済の成長モデルの転換の必要性が迫ってきていることが広く認識されるようになったからである。

　EUでは，サーキュラー・エコノミーを実現するための制度づくりに早期から取り組んでおり，経済活動のサプライチェーン全体を持続可能にして経済・社会システムの変革を目指している。しかし，EUの現状を見ると，循環率やリサイクル規模は低く，また資源効率性を考える上で重要な金属鉱物資源も輸入に大きく頼っている。本章では，EUの取組みを追って，サーキュラー・エコノミー戦略の要点と課題を述べる。

1. サーキュラー・エコノミーとは

　サーキュラー・エコノミーとは，製品や資源の再利用を通じて，経済の静脈部分を拡大し，環境への影響を最小化して持続可能な経済成長を目指すモデルである。これは，従来の経済モデルであるリニアモデルからの脱却を主な目標にしている。

1-1 リニアモデルや3Rとの根本的な違い

これまでの経済は，リニアエコノミー（線形経済）と呼ばれるモデルが中心になっている。リニアモデルは，生産から廃棄まで一直線の形をしており，現在の大量生産・大量消費の経済を表している。近年，このモデルが廃棄物による環境汚染や資源の枯渇を引き起こし，環境と社会の面から考えて持続可能な経済モデルでなくなってきている。このリニアモデルの問題点を解決するためにサーキュラー・エコノミーが重要となってきている。

サーキュラーモデルは，円形の形をしており，製品・資源が廃棄されることなく循環する図を描いている。EUが目指すサーキュラー・エコノミーは，経済の静脈部分を拡大し，サプライチェーン全体を持続可能なものにして資源効率性の高い経済・社会を目指す戦略である。EUのサーキュラー・エコノミーに関する政策は，サーキュラー・エコノミーの基本モデルを前提に考慮しており，例えば，EUは2015年に打ち出したサーキュラー・エコノミー行動計画のタイトルで "Closing the loop" と表している。図表9-1は，サーキュラーモデルおよびそれの実現に向けたEUの取組みを図示したものであり，本章では順を追って説明する。

図表の「回収・リサイクル」部分は点線表記になっているが，これはリサイクル市場がまだ十分に発展していないことを示している。ここで「動脈」と「静脈」という表現についてだが，これらは血液の流れに例えたもので，動脈は，一般的なモノの場合，工業製品であれば工場，農作物であれば農場といった一つの製造場所から，様々な地域に住む消費者の元に届けられる。これに対して，静脈の部分にあたる廃棄物の回収は，様々な場所に散財するものを一つの場所に集める作業になる（笹尾，2023，64-65）。

リニアモデルとサーキュラーモデルの本質的な違いは，二次資源の段階を考慮している点にある。リニアモデルでは単にリサイクルが行われているのに対し，サーキュラーモデルでは廃棄物をリサイクルした後，二次資源・二次原材料として再び経済に戻し，二次資源市場が成立している。

また，サーキュラー・エコノミーは一般に認知されている3R（Reduce, Reuse, Recycle）とは異なる。3Rは「ごみ問題をどうするか？」という問いに

142　第Ⅱ部　産　業

図表9-1　EUにおけるサーキュラーモデル

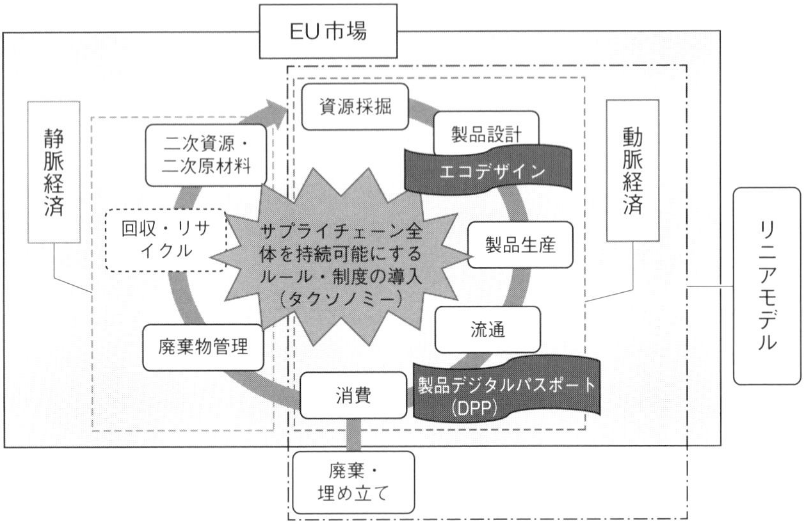

EU市場

静脈経済

二次資源・二次原材料

回収・リサイクル

廃棄物管理

資源採掘

製品設計
エコデザイン

製品生産

流通

製品デジタルパスポート（DPP）

消費

廃棄・埋め立て

サプライチェーン全体を持続可能にするルール・制度の導入（タクソノミー）

動脈経済

リニアモデル

出所：筆者作成。

対する解決策として提示されたもので，サーキュラー・エコノミーは「そもそも設計段階から廃棄物（ごみ）を出さないように製品やサービスをデザイン」し，また「経済価値を生み出す活動での資源投入量を抑えることを目的とした経済モデル」である（朝日新聞デジタル，2022）。

1-2　エレン・マッカーサー財団のバタフライ・ダイアグラム

　サーキュラー・エコノミーを考えるにあたって，エレン・マッカーサー財団が公表したバタフライ・ダイアグラムを抑えておかなければならない。エレン・マッカーサー財団とは，サーキュラー・エコノミーの普及を目的に2010年に設立された財団である。同財団は，サーキュラー・エコノミーに関するレポートの公表や研究プラットフォームの創設などを行っており，サーキュラー・エコノミーの全体像を示した「バタフライ・ダイアグラム」と呼ばれる概念図を公表した（図表9-2）。

　このダイアグラムによると，経済システムに投入される資源は，再生可能資

第9章　EUサーキュラー・エコノミー戦略の要点と現状　143

図表9-2　バタフライ・ダイアグラム

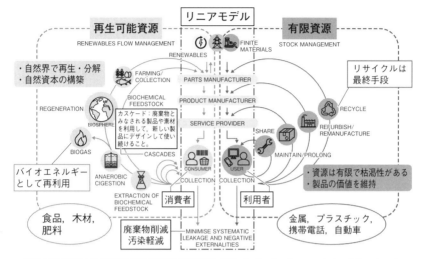

出所：ELLEN MACARTHUR FOUNDATION, "The butterfly diagram：visualising the circular economy"の図表に筆者が加筆。

源と有限資源に分かれている。再生可能資源とは，自然界において再生・分解することが可能な資源で，生分解ののち自然環境に戻る食品や木材などを指し，一方の有限資源は，有限で枯渇するものであり，金属やプラスチックといった「消費」というよりもむしろ「使用」される製品を指している。

　図表の左側の生物サイクルは，農業や漁業，森林などの生物資源の供給源の管理を通じて，生物多様性やバイオエネルギーを増加させるような自然資本を構築することを重視している。対して右側の技術サイクルでは，製品の価値を維持できるような設計を行うことを重視しており，そのためには，継続的な使用に耐えられるような耐久性を高めたり，簡単に修理できるような設計を行う必要がある。

　したがって，バタフライ・ダイアグラムは，製品をこの蝶の羽のような形をした循環のサイクルにとどめたまま，価値を保持しながら使い続け，廃棄物や汚染を最小化することを示している。これはまさにサーキュラー・エコノミーが目指す経済・社会のあり方であり，図表9-1で示した構造と同様に，単に

144　第Ⅱ部　産　業

リサイクルを推進するモデルではないことの根拠の一つとなっている。このダイアグラムはサーキュラー・エコノミーを論じた文献でよく引用され，EUも政策を検討する際に引用している。しかし，蓮見(2023)が指摘しているように，EUは現状では再エネ，バッテリー，自動車，プラスチックなどの有限資源分野を優先して着手しており，再生可能資源における取り組みは様々な困難に直面している(本書第8章を参照)。

2. EUサーキュラー・エコノミー戦略の発展段階と現状

　EUにおけるサーキュラー・エコノミーを論じるには，その根本となる欧州グリーンディールの目標や関連する政策を抑えておかなければならない。EUのサーキュラー・エコノミーへの転換目標は，EUの新たな成長戦略である「欧州グリーンディール」の中核に位置付けられている。

2-1　欧州グリーンディールの中核としてのサーキュラー・エコノミー

　欧州グリーンディールは，EUが2019年12月に公表した政策で，同文書によれば，「2050年の温室効果ガスの排出量を実質ゼロにし，経済成長と資源利用が切り離された，現代的で資源効率性の高い競争力のある経済によって，EUを公正で豊かな社会へと変革することを目指す新たな成長戦略」である(COM/2019/640)。経済成長と資源利用を切り離し，資源効率性の高い経済を目指すことが，まさにサーキュラー・エコノミーへの転換を表している。

　EUは，サーキュラー・エコノミー行動計画を公表しており，その中でグリーンディールのあらゆる分野に言及している。例えば，「環境分野」では廃棄物の発生を抑制して生態系や森林を保護すること，「エネルギー」分野では再生可能エネルギーの発電設備に必要な金属鉱物資源を確保すること，「金融」分野では持続可能な経済活動の基準を明確にすることなどを規定している。EUサーキュラー・エコノミーの目指すところは，サプライチェーン全体を持続可能にすることであり，経済成長と資源利用を切り離した資源効率性の高い経済を目指すためには，EU経済のあらゆる分野を変革しなければならない。以上の点を踏まえると，欧州グリーンディールの中核としてサーキュラー・エ

第9章　EUサーキュラー・エコノミー戦略の要点と現状　145

コノミーの実現が位置付けられていることがわかる。

2-2　資源効率性課題からサーキュラー・エコノミー行動計画への展開

　EUは長年にわたって資源効率性を課題としてきており，その一環とされているサーキュラー・エコノミー行動計画は，欧州グリーンディールが打ち出される前から公表されている。

　EUサーキュラー・エコノミーは，2010年に打ち出された「欧州2020」戦略（COM/2010/2020）において強調された「資源効率性（resource efficiency）」が端緒とされている。同戦略では，EUが2020年までに目指すべき姿として，「スマートな成長」「持続可能な成長」「包摂的成長」の3つを実現することを目標にしている。特に「持続可能な成長」は，より資源効率が高く，環境にやさしく，競争力のある経済を目指している。

　翌2011年に，「資源効率的な欧州に向けたロードマップ（COM/2011/571）」が公表され，欧州2020戦略で定めた「持続可能な成長」を達成するための，資源効率性の高い成長へのマイルストーンを設定した。同文書では，自然資本について，特に「金属や鉱物のような天然資源の効率改善は，資源効率の本質的な側面」としており，サーキュラー・エコノミーに移行するためには，自然資本や天然資源を考慮した高い資源効率性を達成しなければならないことを示している。

　そして，2014年に「サーキュラー・エコノミーを目指して：欧州の廃棄物ゼロ計画（COM/2014/398）」が公表された。同計画では，「よりサーキュラーな経済への移行には，製品設計から新しいビジネスモデルや市場モデル，廃棄物を資源に変える新しい方法から消費者の新しい行動様式に至るまでの，バリューチェーン全体の変革」を目指すことを重視している。これは技術面にとどまらず，社会面や資金調達方法などを包摂した全面的なシステム変革を意味する。

2-3　サーキュラー・エコノミー行動計画（2015年と2020年）

　以上の2014年までの資源効率性を重視する政策を踏まえて，2015年には「ループを閉じる─サーキュラー・エコノミー行動計画（COM/2015/614）」が

欧州委員会によって打ち出され，サーキュラー・エコノミーが成長戦略として位置付けられた。同計画は，主に資源採掘から二次資源市場までの製品のライフサイクル全体を通してサーキュラー・エコノミーを発展させることを目指している。製品の設計については，耐久性や修理可能性などを向上させ，生産プロセスにおいては，持続可能な原材料を含ませる。廃棄物管理では，廃棄物の収集・管理を適切に行えるように見直し，また高度なリサイクルを推進する。二次原材料段階では，その市場を拡大するために十分な需要を生み出す。これらの各段階で考慮する製品群については，プラスチック，食品廃棄物，建設などを優先して扱う。

　欧州グリーンディールが打ち出されてから間もない2020年3月に，欧州委員会は，「新サーキュラー・エコノミー行動計画（COM/2020/98）」を打ち出した。同計画の主な目的は，2015年計画の成果を踏まえ，エコデザイン指令の枠組みを強化して，資源効率性の高い製品を生み出し，サーキュラー・エコノミーへの移行を目指すことである。また，廃棄物を減らすために，リサイクルを前提にした製品設計を促進し，二次資源市場を拡大させる。優先して取り組む製品については，新たに電子機器やバッテリー，自動車，包装などを考慮する。これらの製品は，EVの増産を目指している背景があるため，その材料としてサーキュラーなものにデザインしなければならない。サーキュラーな製品を利用・消費するにあたって，デジタル技術の活用も重要であり，例えば製品デジタルパスポート（DPP）を導入して，製品の情報を公開・アクセスできるようにする。また，タクソノミーの導入の影響もあり，タクソノミーによって持続可能性についての基準が明確になり，エコデザインやDPPの前提として成立した。

　2015年から2020年の行動計画に発展した際のポイントは，(1)エコデザイン指令の強化，(2)DPPの導入，(3)タクソノミーの導入である。

　後述するように，エコデザインについては，2020年の行動計画で，より広範なEU製品を持続可能なものに設計するように規定している。例えば，対象製品に自動車，バッテリー，包装，ICTなどが新たに設定された。またEUは，これらの製品に含まれている情報を周知させるための取組みとして，DPPの導入を提案している。

タクソノミーについては，2020年7月に，「EUタクソノミー規則（本書第11章を参照）」が発効され，同規則は，「持続可能性」の定義や持続可能な経済活動に関する基準を定め，金融を含む経済活動全体に持続可能な要件を埋め込むことを目標にしている。特にその基準の中には，「サーキュラー・エコノミーへの移行」が含まれており，環境目標として位置付けている。

これらの背景がある一方で，喜多川（2023, 139）が指摘するように，2020年行動計画では，サーキュラー・エコノミーを実現するためのアクションが具体的に記述されておらず，概念規定と言説が先行している。同計画は，2015年行動計画の内容をほぼ踏襲したものになっており，各製品に適用される具体的な手法や，経済活動と資源使用の「デカップリング」についての定義が述べられていない。したがってEUは，単にサーキュラー・エコノミーを目指すだけでなく，それを実現するための政策や手法も明確に示す必要がある。

2-4　主要なサーキュラー・エコノミー政策パッケージ

2020年の行動計画を受けて，EUでは，サーキュラー・エコノミーに関連するパッケージが打ち出されている。

2022年3月に，欧州委員会は，「持続可能な製品の標準化（COM/2022/140）」を公表した。これは，後述する「エコデザイン規則案」の前提となっており，主に持続可能な製品を通してサーキュラーなビジネスモデルを構築することを目指している。

2022年11月に，欧州委員会は，「包装材に関する規則案（COM/2022/677）」を公表した。同パッケージは，年々増加する廃棄物に対処するため，包装に関するEU全体の新しい規則を提案している。

2023年3月に欧州委員会は，「商品の修理を促進する指令案（COM/2023/155）」を公表した。同パッケージは，主に消費者に対して，新たに「修理する権利」を導入して，修理サービスへのアクセスをしやすくさせ，消費者が販売時点で十分な情報を得た上で購買決定を下せるようにすることを目指している。同指令は2024年7月10日に公布され（Directive（EU）2024/1799），20日後の7月30日に発効した。

以上のサーキュラー・エコノミー行動計画や関連するパッケージを通して，

EUはサプライチェーン全体を持続可能なものにして,グリーンディールの目標実現に向けて着手している。しかし,EUの現状を見ると,現在は試行錯誤の段階が始まったばかりであり,サーキュラー・エコノミーが実現しているわけではない。次にEUのサーキュラー・エコノミーの現状を確認しよう。

2-5 EUサーキュラー・エコノミーの現状

　サーキュラー・エコノミー移行の進捗状況を示す指標の一つに循環率(circularity rate)がある。これは,EUで使用される原材料の全体のうち,再び経済・社会に戻されて使用される二次原材料の割合である。次の図表9-3は,欧州会計監査院が公表したレポートを参考に筆者が作成した,2004年から2021年にかけてのEU27加盟国の平均循環率の推移を示したグラフである。

　2020年における循環率は,2015年に行動計画が打ち出されたにもかかわらず,わずか0.4ポイントしか上昇しなかった。2020年の行動計画では,2030年までに2020年の循環率を2倍にすることを目標にしているが,実際は2019年

図表9-3　EU27加盟国の平均循環率の推移

出所：European Court of Auditors, "Special report 17/2023：Circular economy-Slow transition by member states despite EU action"(2023)をもとに筆者作成。

以降低下しており，目標達成は非常に困難な状況となっている。また，同レポートによると，循環率は加盟国間で大きなばらつきがあり，例えば2021年では，オランダ（33.8%）が最も高く，ベルギー（20.5%），フランス（19.8%）が続いた。最も低いのはルーマニア（1.4%）で，アイルランドとフィンランド（ともに2%）が続いた。

EUにおけるリサイクル規模は，EUの統計機関であるEurostatが公表したマテリアルフローでその大きさを確認できる。同機関が公表した2021年のマテリアルフローによると，資源採掘が約50億トン，原材料加工が約80億トン，廃棄物管理が約1.7億トンの規模で，リサイクルは約8億トンであった（Eurostat, 2023）。

以上でEUの現状を見たが，二次資源使用やリサイクルの規模は十分に発展しておらず，また加盟国ごとに循環率のばらつきもある。したがって，サーキュラー・エコノミーの実現にはまだ遠い状況となっている。

3. 製品レベルからサーキュラー・エコノミーを実現するエコデザイン

EUでは，サーキュラー・エコノミーを実現するために行動計画や関連するパッケージが打ち出されている。その中心として，エコデザインが最も重要になっている。エコデザインとは，製品の環境持続性を高める設計（デザイン）を行うことを意味し，製品レベルから持続可能なサプライチェーンの構築を目指す取組みである。EUにおけるエコデザインは，2005年から指令が発効されているが，段階を経て内容の改正・強化が行われている。

3-1 エコデザイン指令の改正・強化

欧州委員会は，2005年に「エネルギー使用製品のエコデザイン要件設定のための枠組み指令（Directive（EC）/2005/32）」を発効した。同指令は，化石燃料や再生可能エネルギーなどに依存するエネルギー使用製品（EuP：Energy-used Products）の環境への悪影響を減らすことを目標にしている。また，各加盟国に共通したエコデザイン要件（ecodesign requirements）を導入し，製品のエネルギー効率を改善させ，地球温暖化とエネルギー問題に貢献することを目

150   第Ⅱ部 産 業

指している。エコデザイン要件とは，製品のライフサイクルを延長させること
や，原材料にリサイクル材料を使用させることなどを定めた要件である。

　本指令は，2009年9月に，「エネルギー関連製品のエコデザイン要件設定の
ための枠組み指令（Directive（EC）2009/125）」に改正された。改正指令では，
域内で販売されるエネルギー関連製品（ErP：Energy-related Products）に対
するエコデザイン要件を適用させ，域内市場の機能の確保を目標にしている。
エコデザインに関する欧州委員会の説明によれば，本指令の採択後は，ErPの
エネルギー効率と一部の循環的側面を促進することに概ね成功しており，また
2021年だけでもEU消費者のエネルギー支出は約1,200億ユーロ節約され，対
象製品の年間エネルギー消費量は10%減少した。

3-2 エコデザイン法令パッケージへの拡大

　以上の2009年指令を大幅に拡張したのが，2022年3月に欧州委員会によっ
て公表された「持続可能な製品のためのエコデザイン規則案（ESPR）（COM/
2022/142）」である。同規則案の目的は，持続可能な製品をEU市場の標準
（norm）とし，環境および気候への悪影響を最小化することである。対象製品
については，EU市場のすべての製品に拡大する。消費者に対しては，持続可
能な製品へのアクセスを確保させ，企業に対しては，サーキュラーなビジネス
を展開させ，持続可能な製品設計の促進や関連データへのアクセスを強化させ
る。この製品情報を企業や消費者に伝えるためには，後述する製品デジタルパ
スポート（DPP）の導入が鍵となる。本規則は2024年7月18日に発効し
（Regulation（EU）2024/1781），今後は2025年3月に採択予定の「第1次ESPR
作業計画書」を経て，製品別の具体的なエコデザイン要求事項が規定される予
定である。

3-3 サーキュラー・エコノミーにおけるエコデザインの重要性

　以上でエコデザイン指令と規則案の要点を述べたが，エコデザインは，サー
キュラー・エコノミーの目指す「持続可能なサプライチェーンの構築」を実現
するための中心となる取組みであり，製品の設計を持続可能でサーキュラーな
ものにすることを通して，静脈経済を拡大するという狙いがある。

エコデザインは，その発展段階において「指令」から「規則」になったことで，EU各加盟国に統一的に適用される法制度となった。エコデザインの対象製品は，2005年の指令では，エネルギーを使用する製品のみで，2009年の指令では，エネルギー消費に関連する製品へと拡大された。しかし，結果的に対象製品がほとんど電化製品となってしまい，繊維製品や包装などの他の製品分野にも拡大する必要性が高まった。

2015年のサーキュラー・エコノミー行動計画では，製品設計について，2009年のエコデザイン指令に基づいて製品の持続可能性を高めることを定めた。2020年の新行動計画では，エコデザインの枠組みを電子機器や繊維製品など，新たに広範な製品に適用させることを規定した。2022年では，規則案が打ち出され，EU市場のすべての製品をエコデザイン要件の対象にした。また，同規則案では，持続可能な製品を通してサーキュラーなビジネスモデルの構築やエコデザイン要件の拡張，DPPの導入などを規定した。

したがって，EUは，市場のすべての製品を持続可能なものにし，これらを通してサーキュラー・エコノミーへの移行を加速させることを目指している。製品を持続可能なものにすることによって，消費者や企業が持続可能な消費選択や事業が行えるようになるだけでなく，製品の使用後に二次資源として再び経済に戻すことで，静脈経済を拡大できることにもつながる。しかし，その実現のための課題も多く，例えば製品別の規則の設定や見直し，コスト面，加盟国間のルールの相違などがある。

4. 製品の持続可能性の情報基盤となるDPP

製品の持続可能性や循環性を向上させる取組みを行うにあたって，個々の製品に適用されるエコデザインをどのように具体化して周知するかが重要となる。これらの製品情報を市民や企業が参照するためには，製品の情報基盤を確保する必要がある。エコデザイン規則案では，対象製品について，リサイクル可能性やエネルギー効率性などの情報開示を要件としている。その手段となるのが製品デジタルパスポート（Digital Product Passport）[1]である。

152　第Ⅱ部　産　業

図表 9 - 4　製品デジタルパスポートのイメージ図

バッテリーパスポート

バッテリーID：0xe5
バッテリー重量：200kg

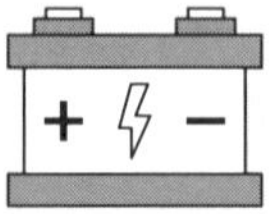

●必要な情報

種類	耐久性
機種	性能

●追加の情報

製品名	GHG排出量
製造場所	適合宣言書
リサイクル性	有害物質
製品寿命	認証
バッテリーの状態	サプライチェーン・デューデリジェンス政策

●履歴
・バッテリーの残量：2022/07/09
・顧客に車を販売：2021/10/06
・バッテリーを車載：2021/09/20
・バッテリーを自動車メーカーに販売：2021/09/08

出所：CIRCULARISE, https://jp.circularise.com/dpp,「サーキュライズのデジタル製品パスポート」(2023) をもとに筆者作成。

4 - 1　DPPとは

　DPPとは，製品の情報を提供・共有するためのツールであり，QRコードやブロックチェーン(分散型台帳)などの技術を活用して，個々の製品に関する情報をデジタル化し，誰もがアクセスできるクラウド上で公開するものである(オープンアクセス)。図表9 - 4は，DPPのイメージを，バッテリーを例に図示したものである。図表で示してある情報を製品に含ませることで，企業や消費者，リサイクル業者などが製品のライフサイクル情報を確認することが可能になる。製品の情報基盤としてのDPPが整備されれば，製品の環境に与える影響をクラウド上で追跡することが可能になり，例えば企業は二次資源市場を考慮した製品設計を行うことができる。

4-2　DPPの先行事例

　DPPの中でもバッテリーが先行事例になっており，EUでは，2023年8月に「バッテリー・廃バッテリーに関する規則（Regulation（EU）2023/1542）」が発効され，バッテリーパスポートの実装が義務づけられた。バッテリーパスポートとは，図表9-4で表したように，バッテリーごとに識別番号を付け，バッテリーのライフサイクルにかかわる情報を記録したものである。EUは現在，再生可能エネルギーの拡大や電気自動車（EV）の増産を目指しており，今後はこれらの電源であるバッテリーの需要が拡大する。

　また，自動車に関して，EUは，2023年7月に「車両設計循環性要件・使用済み車両管理規則（ELV規則）」を公表し，自動車の設計段階から廃車段階に至るまでの過程の循環性を向上させることを目標に，サーキュラリティー車両パスポート（circularity vehicle passport）の導入などを提案した。自動車関連産業は，様々な産業との連関をもっており，自動車の部品についてもサーキュラー・エコノミーを実現するための基盤づくりが重要になる（本書第5章を参照）。しかし，これらのDPPの整備構築は始まったばかりであり，課題が多く残されている。特に指摘しておかねばならないのは，DPPがEU経済のDX（デジタルトランスフォーメーション）を前提としており，EUのデジタル化戦略の進捗状況の影響を受けることである。

5.　EUサーキュラー・エコノミーの課題

　EUサーキュラー・エコノミーの実現には，多くの課題がある。第1に，図表9-1で示したように，廃棄物管理や二次資源市場を中心とした静脈経済の商流が十分に形成されていないことである。また，本章の第2節で述べたように，EUでは，循環率やリサイクル率が低い現状となっている。

　第2に，DPPの導入に関して，DPPは，サプライチェーンの全段階における持続可能性の情報を包摂することを目指しているが，その具体化の作業は始まったばかりである。バッテリーパスポートはEUで最初のDPPの実施例であり，サーキュラリティー車両パスポートはELV規則案の審議が行われている

154 第Ⅱ部 産　業

途上にある。また，産業の特性を考慮した具体的なルール設定が必要である。

　第3に，EUは，再生可能エネルギーやEVの増産を進めているが，これらの動力源となるバッテリーや発電機械設備には，いずれも金属鉱物資源が必要である。サーキュラー・エコノミーの実現にあたっては，バッテリーや車両に関するパスポートだけでなく，これらの製品の材料となる金属鉱物資源の調達や確保も重要になる。

　以上の3つの課題を考慮するにあたって，金属鉱物資源が重要になる。第1節で述べたように，EUの政策では有限資源を優先しており，エコデザインや二次資源市場の整備，DPPの導入には鉱物資源が必要となる。

6.　重要原材料 (CRM) の確保と資源効率性

　EUサーキュラー・エコノミーは，2010年の「欧州2020」戦略を端緒に資源効率性を課題にしており，持続可能なサプライチェーンを構築するためには，自然資本や天然資源の効率的な利用を考慮しなければならない。リチウムやコバルトといった金属鉱物資源は，強力な産業基盤を形成し，日常生活を支える製品から最新技術を使用した先端技術に至るまで，幅広い製品に使われている。欧州委員会は，EU経済にとって重要性が高く，供給リスクが高い原材料を「重要原材料 (CRM：Critical Raw Materials)」と指定している。

　CRMは，グリーンやデジタル技術と密接に関連している。例えば，EVに搭載されているバッテリーには，コバルトやグラファイトなどの多くのCRMが使用されており，正極材・負極財や集電装置，またバッテリーシステムの管理に使用されている。

6-1　EUにおけるCRMの現状

　まずは，EUにおけるCRM自給率やリサイクル率などの現状を確認していこう。EUのCRMは，特に海外依存が大きな問題となっており，中国などの特定の国への依存が集中している。次の図表9-5は，EUが輸入しているCRMの精錬量の国別内訳である[2]。一見して明かなように，ほとんどのCRMで中国が大部分を占めている。これらのCRMは，精錬過程において高い環境

図表9-5　EUが輸入しているCRMの精錬量の国別内訳

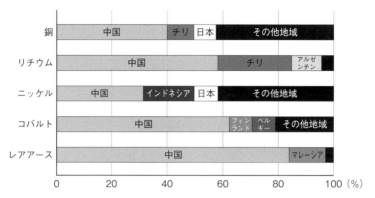

出所：European Parliament, "Securing Europe's supply of critical raw materials : The material nature of the EU's strategic goals" (2023) をもとに筆者作成。

負荷をもたらしている。中国は採掘や精錬などにおける環境コストが低いため，世界的に見ても中国の割合が多い。また，これらのCRMのEU域内での自給率は低い現状にある。EUにおけるCRM供給の確保に関して，CRMのリサイクル拡大が手段の一つにあるが，リサイクルの現状はどのようになっているのか。図表9-6は，2020年におけるEUのCRMのリサイクル率を示したものである。銅とタングステンは40％を上回っているものの，その他のCRMに関しては非常に低いリサイクル率であることがわかる。

6-2　重要原材料(CRM)法案

EUは，CRMの供給リスクの課題に対処するために，2023年3月に「CRMの安全で持続可能な供給を確保するための枠組み」規則案(COM/2023/160)を公表した。これは，重要原材料(CRM)法案と呼ばれるものである。同法案は，EUにおけるCRMのサプライチェーンの多様化を行い，供給リスクの緩和とともに，CRMの循環性と持続可能性を高めることを目指している。そのためには，将来的に潜在的な供給リスクの対象となる戦略的原材料(SRM：Strategic Raw Materials)を特定する必要がある。SRMとは，CRMのうち，生産の拡大が比較的困難な鉱物を指す。同法案は，SRMの域内調達比率を高

図表9-6 EUにおけるCRMのリサイクル率

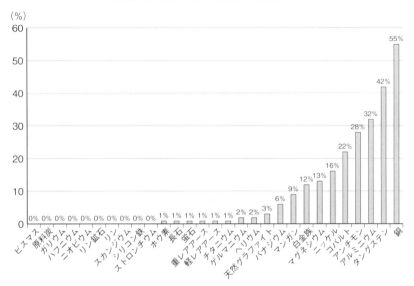

出所：European Union, "Study on the Critical Raw Materials for the EU 2023 Final Report"（2023）をもとに筆者作成。

め（精錬40％，リサイクル15％，採取10％），SRMの65％以上を特定の国に依存しないとのベンチマーク（努力目標）を設定し，企業のモニタリング，備蓄，共同調達などを提案している。本法案は，2023年12月末に，欧州議会とEU理事会で合意が成立し，2024年5月3日に公布され（Regulation（EU）2024/1252），一部の条項を除いて20日後の5月23日に発効した。

6-3 サーキュラー・エコノミーにおけるCRMの重要性

以上で，CRMの現状と法案の要点を確認したが，EUのサーキュラー・エコノミー移行におけるCRMの重要性は，主に2つ挙げられる。

第1に，本稿2節で確認したように，EUにおける原材料の循環率は11〜12％に留まっており，大きな改善が見られていない。EUのサーキュラー・エコノミー戦略は，基本的な枠組みが始まったばかりであり，今後は，各産業の

特性を考慮してその具体化を進める段階である。したがって，徐々に二次原材料の使用が高まっていくとしても，当面は自然から採掘された原材料を確保し，投入し続けなければならない。

第2に，CRMは，再生可能エネルギー部門やデジタル部門のみならず，航空・宇宙，防衛分野を含む幅広い分野を支えている。これらの部門を発展させるためには，その材料となるCRMを確保する必要がある。だからこそ，EUは資源効率性の改善に取り組んできたのである。

おわりに

EUのサーキュラー・エコノミー戦略は，経済成長と資源利用を切り離した，資源効率性の高い経済を実現させ，持続可能な生産と消費を通して静脈経済を拡大させ，サプライチェーン全体を持続可能にすることを目指している。それを実現するために，EUは，個々の製品に対してエコデザインを設定し，かつその情報基盤となるDPPを整備し始めている。また資源効率性について，CRMの安定した供給を確保する必要があり，EUは，CRM法案を公表している。

したがってEUは，サーキュラー・エコノミーの転換に向けて制度構築に着手しているが，その実現には課題が多く残されている。そもそもサーキュラー・エコノミー自体に課題が多く，例えばリサイクルを行う際の分別・洗浄等のコスト面がある。また，サーキュラーな経済システムを支えるための制度や技術，商流も不可欠であり，例えば廃棄物に混入されている不純物等の選別やリサイクル品の需要拡大などがある。

EUの現状を見ると，域内のリサイクル規模や循環率が低く，CRMの高い輸入依存度などが挙げられ，サーキュラー・エコノミーの実現に遠い状況となっている。また，EUの取組みでは，有限資源を優先しており，再生可能資源での取り組みはあまり進んでいないように見える。さらに，エコデザインやDPPは制度構築が始まったばかりであり，この実現はEUのデジタル戦略の行方にも影響を受ける。EUは，今後はサーキュラー・エコノミーをどのように具体化していくかが重要であり，個別の製品群の政策や各加盟国の現状を検討

158 第Ⅱ部 産　業

していく必要がある。

[注]

1　Digital Product Passport：直訳すれば，「デジタル製品パスポート」となるが，「デジタル製品」という表現はデジタル技術を利用した一連の商品を意味する言葉として使われている。しかしDPPは，「デジタル製品」のみならず，すべての製品を対象にしている。したがって，筆者はDPPの訳語として「製品デジタルパスポート」と表記する。

2　CRMを精錬する工程においても環境負荷が高いため，CRMの単なる賦存量ではなく，精錬量を掲載した。

[参考文献]

朝日新聞デジタル（2022）「サーキュラーエコノミーとは　3原則や3Rとの違い，取り組み例を紹介」，佐藤みず紀，https://www.asahi.com/sdgs/article/14618982（2023年12月13日アクセス）。

笹尾俊明（2023）『循環経済入門』岩波新書。

喜多川和典（2023）「新しい経済構造を切り拓くサーキュラー経済の意義」『環境・福祉政策が生み出す新しい経済“惑星の限界”への処方箋』駒村康平・諸富徹編，岩波書店。

蓮見雄（2023）「〈特別寄稿〉循環型経済，新たなビジネス機会に＝欧州グリーンディール」，https://europe.nna.jp/news/print/2603752（2023年12月18日アクセス）。

CIRCULARISE（2023）「サーキュライズのデジタル製品パスポート」，https://jp.circularise.com/dpp（2023年11月12日アクセス）。

ELLEN MACARTHUR FOUNDATION, "The butterfly diagram：visualising the circular economy", https://www.ellenmacarthurfoundation.org/circular-economy-diagram（accessed 28.12.2023）.

European Court of Auditors, 2023, "Special report 17/2023：Circular economy–Slow transition by member states despite EU action".

European Parliament（2023）"Securing Europe's supply of critical raw materials：The material nature of the EU's strategic goals".

Eurostat（2023）"Circular economy-material flows".

European Union（2023）"Study on the critical raw materials for the EU 2023 Final report".

EUの政策文書，法令等については，本書巻末のリストを参照。

（太田　圭）

第10章

欧州新産業戦略の展開と財政・金融

はじめに

　EUは，欧州産業の戦略的自律性を強化しつつ，カーボンニュートラルへの移行経路を具体化するために新産業戦略を打ち出した。その後，EUは，地政学的環境の変化と米国や中国とのGXを巡る競争激化に対応すべく，それをアップデートし，さらにグリーンディール産業計画を進めつつある。経済安全保障戦略も新産業戦略を基礎としている。

　この戦略の最大の特徴は，民間の技術と投資をグリーンディールに呼び込むための規制緩和と官民連携である。再生可能エネルギー，EV，グリーン水素などに関わるネットゼロ産業のサプライチェーンをみると，EUは重要な金属鉱物資源や設備・部品の多くを域外諸国に依存しているのが実情である。新産業戦略は，この状況を改善しながらGXを達成しうるだろうか。そのカギを握るのが民間投資である。つまり，本書の第Ⅱ部産業の課題は，第Ⅲ部財政・金融と不可分なのである。

　なお，経済安全保障については，第20章で論じるので，ここではEUの新産業戦略の展開とその要点を確認する。

1．欧州グリーンディールにおける産業戦略の位置

1-1　持続可能性を埋め込んだ市場の創出と官民連携

　欧州グリーンディールは，世界経済におけるEUの相対的地位低下を背景として，「経済成長と資源利用を切り離した（デカップリング）」循環型経済（サーキュラー・エコノミー）への構造転換を進め，そこに新たな成長機会を創出し

ようとする戦略である[1]。欧州グリーンディールは，脱成長論ではなく，まさに成長戦略なのである。

欧州グリーンディールは，資本主義の基礎である企業の利潤追求を前提としている。そこでは，可能な限り資源効率性あるいは持続可能性（sustainability）の要件を競争条件に埋め込んだ（embedding）「公正な競争空間（level playing field）」として新たな市場の制度（institution）を創出し，企業がそのルールを順守する限りにおいて自由に利潤追求し競争が展開される中で技術革新が進み，その結果として欧州企業の国際競争力が改善されることが期待されている。

したがって，主要法令が出そろいつつある中で今後の課題となるのは，いかにして法令の実効性（enforcement）を確保し，いかにして企業がダブル・マテリアリティ[2]を求められる規制強化に適応しながら利潤を確保しつつ，カーボンニュートラルを実現しうる新たな制度への適応に向けた移行経路（transition pathway）を具体化しうるかである。

だからこそ，欧州グリーンディールの政策文書（COM/2019/640）には，その実現ために官民連携による「産業界の総動員」とサステナブル・ファイナンスの実現による「移行のための資金調達」が明示されているのである。言い換えれば，ここには，EU主導のカーボンニュートラルへの移行のための制度形成と経済主体の行動変容，すなわち官民連携の実現がこの成長戦略のカギを握っているとの認識が示されている。後述するが，図表10-1に示すように，新産業戦略は段階的に進化していくのだが，そのいずれの段階においても官民連携重視の方針が貫かれている。

1-2 未開拓市場の開発としてのサーキュラー・エコノミーと4つの阻害要因

サーキュラー・エコノミー[3]は，①経済活動から生み出される使用済みの物質を市場の外部に「廃棄」するのではなく，②文字通り資源として「再利用」するための二次原材料市場を創出する試みである。①を動脈経済とするならば，②は静脈経済と呼ぶことができるが，①と②が均衡することによって，市場の外部に「廃棄」される物質は最小化され，結果的に経済活動に伴う環境への影響をプラネタリー・バウンダリー（惑星の限界）内に抑制できると想定されている。

第10章　欧州新産業戦略の展開と財政・金融　　161

図表10-1　欧州新産業戦略の展開

新産業戦略（2020年3月～）

✓機動的な官民パートナーシップ（重要産業分野のalliance立ち上げ）
✓カーボンニュートラルに向けた産業支援

新産業戦略アップデート（2021年5月～）

✓原材料，バッテリー，医薬品原液，水素，半導体，クラウド関連技術の6分野の産学官連携による移行経路（transition pathways）の共創
✓水素など新分野におけるIPCEI（欧州の共通利益プロジェクト）活用

グリーンディール産業計画（2023年2月～）

✓4つの指針：予測可能なシンプルな規制環境，国家補助規制の緩和，人材育成，サプライチェーンの強靱化
✓4つの具体策：ネットゼロ産業法案，電力市場改革法案，重要原材料法案，水素銀行構想

経済安全保障戦略（2023年6月～）

✓4つのリスク：・サプライチェーン，基幹インフラの物理的セキュリティ・サイバーセキュリティー，技術・技術漏洩，経済的依存・経済的威圧
✓3つの指針：EU産業競争力強化（promoting），経済安全保障（protecting），信頼できるパートナーとの協力強化（partnering）
✓デジタル，クリーン，バイオ先端技術支援強化：欧州戦略技術プラットフォーム（STEP）

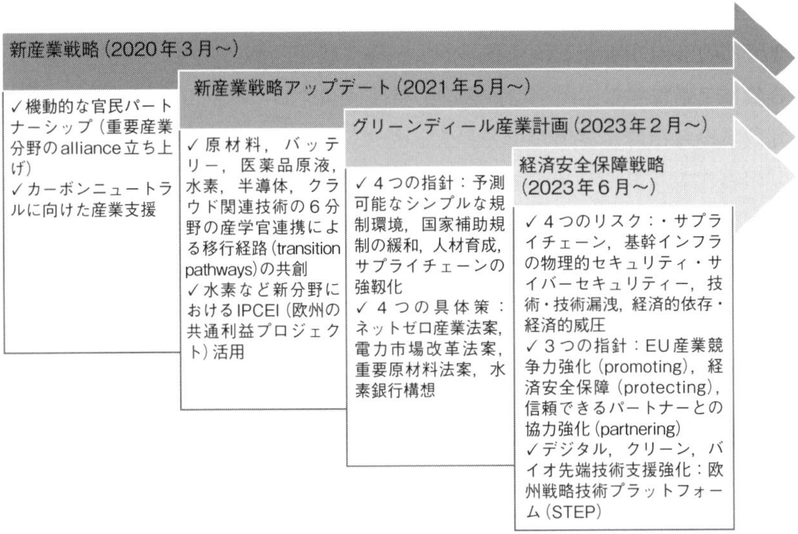

出所：筆者作成。

　このように考えた場合，全体としての経済規模は変わらないとしても，静脈経済は動脈経済に匹敵する規模の新たなビジネスの場となりうるポテンシャルを持つ。EUは，利潤に基づく資本の流れに持続可能性要件を埋め込むことによって，未開拓の静脈経済を新たな資本蓄積のフロンティアとして開発しようとしている。この点において，サーキュラー・エコノミーは，単なる3R（Recycle, Reduce, Reuse）を超えた射程を持つ（蓮見, 2023c）。
　しかし，現状では，EUにおける循環率（原材料における二次資源の使用割合）は11%前後と過去10年あまり変化しておらず，回収から再利用に至る静脈経済は，商流が未成熟でコストが高く大規模なビジネスの空間として成立してない。製品のエコデザイン規則案の影響評価文書（SWD/2022/82, 213）は，サーキュラー・エコノミーへの移行を妨げる次の4つの要因を指摘している。
① 文化：サーキュラー・エコノミーに関与する意識・意思の欠如，言い換えれば経済主体の行動変容の欠如，② 規制：サーキュラー・エコノミーへの移

162　第Ⅱ部　産　業

行支援策の欠如，③技術：サーキュラー・エコノミー実現のための実証済みの技術の欠如，④市場：サーキュラー・エコノミーのビジネスモデルの経済的現実性の欠如。

　これに対処すべく，欧州委員会は，持続可能性の基準となるタクソノミーや設計段階から分解・再利用を前提としたエコデザインに関する法整備を進め，良質の二次原材料を生産しうる市場ルールと産業支援を提案しているのである。

2.　シークエンシング問題と欧州新産業戦略の展開

2-1　脱化石燃料とシークエンシング問題

　化石燃料は，製品種ごとにパッケージ化されたエネルギーキャリアであり，生産-輸送-貯蔵-販売-利用に至る商流とそれを支える製品規格，機械・設備，インフラなどが整備され，既存の制度にロックインされており，かつ様々なステイクホルダーの利害が組み込まれている。言い換えれば，カーボンニュートラルの実現には，化石燃料よりも利便性が高くコストの低いエネルギーキャリアを利用できる条件を整備し，様々な経済主体がそこに利益を見いだしうる制度を創出しなければならない。であるならば，どのような手順で脱化石燃料を進めるかというシークエンシング（sequencing）が重要となる。①さしあたり化石燃料に依存しつつ依存度を低減させ，②再エネや水素等の新エネルギーを活用できるインフラと法制度を整備し，③産業ごとの実情にあわせた移行経路を具体化していくことが必要である。①②について欧州委員会主導で制度構築が進んでいるとしても，③が実現しなければ，カーボンニュートラルの実現は困難であり，カギを握るのは産業の変革である（蓮見，2023d, 130-133）。

2-2　官民連携を想定した欧州新産業戦略と移行経路の共創

　だからこそ，2020年に公表された欧州新産業戦略（COM/2020/102）は，次のように述べているのである。「…新産業戦略は，その精神と行動において起業家的である。欧州委員会は，産業界，社会的パートナー，その他すべてのステイクホルダーとともに解決策を共同で設計し創出する用意がある」。そし

て，産業界が目標を達成するための技術開発を「官民パートナーシップ」により支援すべきであるとして，「産業アライアンス」が強調され，バッテリーアライアンスやクリーン水素アライアンスなどが提案されている。

重要なことは，「欧州の主権（sovereignty）に関わる」との認識が示されていることである。同文書によれば，GX（グリーン・トランスフォーメーション）とDX（デジタル・トランスフォーメーション）は「地政学的プレートが動く時に生じて」おり，「欧州の産業的・戦略的自律性（industrial and strategic autonomy）」を達成することが，新産業戦略の目標である。

2021年5月，欧州委員会は，新産業戦略を更新し，「産業界，公的機関，社会的パートナー，その他ステイクホルダーの協力によってエコシステムの移行経路を共創する」方針を示した（COM/2021/350）。特に，重要原材料，バッテリー，水素，原薬，半導体，クラウド・エッジコンピューティングの6分野については，「機動的な官民パートナーシップ」と「欧州共通利益に適合するプロジェクト（IPCEI）」によって支援するとしている（蓮見，2023d, 149-151）。

2-3　公的支援によるGX×DXの主導権争いとグリーンディール産業計画

再生可能エネルギーの急成長に伴ってネットゼロ技術をめぐる国際競争が激化している。最もわかりやすい事例が電気自動車（EV）を巡る競争である[4]。2022年，世界のEV[5]の新車（乗用車）の販売台数は1,020万台を超え，全新車販売台数に占めるEVの割合は14％となった。うち中国が590万台（約58％）を占め，次いで欧州が260万台（約26％），米国99万台（約10％）と続く。日本は41万台，韓国は50万台とやや遅れをとっている（IEA, 2023）。

EVの発展を促してきた主な2つの要因がある。第1に，バッテリー価格の急速な低下である。2013年に780ドル/kWh（2023年価格）であったリチウムイオンバッテリー価格は，2023年には139ドルまで低下した（Bloomberg, 2023）。第2に，政府によるEV購入補助金である。2022年に，世界のEV購入のための支出は，前年比50％増加して4,250億ドルに達した。このうち約400億ドルは，購入補助金，付加価値税免除など政府の支援によるものである。とりわけ中国と欧州において，EVに公的支援が投入されてきた（図表10-2）。

2022年8月に米国で成立したインフレ削減法（Inflation Reduction Act：

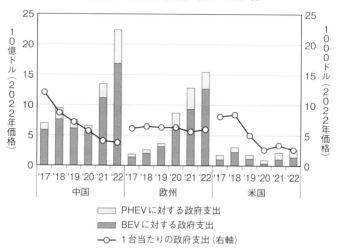

図表10-2 中国, 欧州, 米国におけるEV購入の公的支援*総額（左軸）と1台当たりの支援額（右軸）（2017-2022年）

注：*購入促進費に対する政府支出と免税額の合計。
出所：IEA,2023, 95.

IRA）は，新車のEV購入に対する最大7,500ドルの税額控除について「メイド・イン・アメリカ」条項とも呼ばれる条件（最終組立が北米で行われること，バッテリー材料となる重要鉱物資源のうち調達価格の40％が自由貿易協定締結国で採掘・精製あるいは北米でリサイクル，バッテリー用部品の50％が北米産）を追加した（ジェトロ, 2022）。これに対し，2023年3月にEUはグリーンディール産業計画を公表している。

これは単にEVだけの問題ではない。これは，① 欧州新産業戦略が「地政学的プレートの変化」と呼んでいる大西洋からアジア太平洋への経済の重心の変化と ② カーボンニュートラル・ビジネスへの転換という二重の歴史的な移行期における主導権争いの表出だと考えることができる。EVを巡る競争[6]はその焦点である。図表10-3は，筆者の認識を描いたものである。2023年5月のG7サミットでは，デカップリングではなく，デリスキングに基づく協調の方針が示されたものの，欧米のスタンスの違いは大きい（伊藤, 2023）。米国は，中国とのデカップリングの傾向が鮮明である。これに対して，EUは，2023年

図表10-3　公的支援によるGX×DXの主導権争い

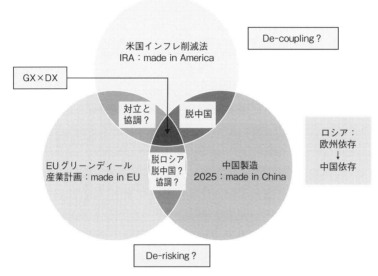

出所：筆者作成。

に中国製EVの競争法違反の調査を開始しつつ，他方で「サステナブル・ファイナンスに関する国際的な連携・協調を図るプラットフォーム（IPSF）」において，「コモングラウンドタクソノミーに関する報告書」（IPSF, 2022）を作成し中国とも規制協力に関する対話を継続している。EUは，中国との関係のリスクを軽減しつつ，米国IRAにも対抗しながら，特にネットゼロ技術における欧州の産業競争力を高め，民間投資を誘致することを目指してグリーンディール産業計画を打ち出している。

　留意すべきは，既に2008年ごろから補助金・相殺措置（Subsidies and Countervailing Measures：SCM）の発動が急速に増加し始め，対立が顕在化していたことである。1995～2022年上半期に発動されたSCMのうち，実に63%が米国，次いでカナダ12%，EU8%であった。他方で，SMCの対象となった件数の50%が中国，次いでインド16%，トルコ6%であった（Kleimann, 2023, 4-6）。これに加えて，ウクライナ戦争を契機として，にわかにグローバリゼー

ションの見直しが叫ばれ，デカップリングやデリスキングが論じられるようになったのである。

3. 脱ロシア依存の副作用と浮上したサプライチェーン・リスク

3-1　REPowerEU の副作用[7]

　EUは，脱ロシア依存を決断し，REPowerEU政策を打ち出した。これは，化石燃料調達先の変更，再エネの一層強化，および再エネの社会実装に必要とされるグリーン水素戦略の3つの要素から構成されている。ロシアからのパイプライン経由の天然ガスは，2021年にはEUのガス輸入の41％を占めていたが，2023年には8％に激減した。代わって液化天然ガス（LNG）が20％から42％へと急増したが，その大半は米国産であった。その副作用として2022年第2，第3四半期に欧州ガス価格が高騰し，調達コストは3倍に膨らんだ。その後，EUは，ガス備蓄の積み増しや共同購入制度によって安定供給を図っているものの，脱化石燃料を達成してはおらず，石油やガスの価格変動に左右されるリスクは残っている。

　このリスクに対処するためにも，太陽光や風力を中心に再エネを最終エネルギー消費の45％[8]にし，不可欠な送電網とエネルギーインフラの強化が提案され，再エネ由来の電力の産業利用の要としてグリーン水素育成を目指す方針が示された（本書第3章を参照）。

　再エネが危機下においても，EUのエネルギー需要を支えたことは事実である。2022年1〜5月の天然ガス火力発電（＋炭素）のコストは2020年同期比645％と高騰したが，再エネが発達していたため，この間にLNGタンカー530艘，一日当たり3.5艘分の天然ガスが節約された（IRENA, 2022, 18）。IEAは，「国内で発電される再エネのエネルギー安全保障上の利点が明確になった」と評している（IEA, 2022, 10）。

　しかし，環境コストが低いとされるEUの太陽光発電，風力発電，EVは，中国など新興諸国が環境コストを負担している原材料，加工材に依存している。太陽光発電のコストは10年間で10分の1にまで低下し再エネの普及を促してきたのだが，そこでは中国の役割が極めて大きい。以前から欧州委員会は

重要な金属鉱物資源を重要原材料（CRM）と指定してきたが，ウクライナ戦争を契機として経済安全保障問題として意識されデリスキングが論じられるようになったのである。

3-2　浮上したサプライチェーン・リスク[9]

　2023年，欧州委員会は，5つの戦略部門（再エネ，EV，エネルギー集約産業，デジタル，航空宇宙・防衛）に関連する15の主要技術に関するサプライチェーンのリスク分析を公表した（JRC, 2023）。図表10-4は，これらのうち再エネの主力となる太陽光発電と風力タービン，EVに不可欠なトラクションモーターとリチウムイオン電池，グリーン水素に関わる電解槽と燃料電池のサプライチェーンにおける主要供給国の割合を示したものである。

　太陽光発電では，原材料から組立に至るまで中国のシェアが圧倒的に大きく，EUは太陽光戦略を進めようとしているものの，既に確立した市場において競争力を回復するのは困難である（本書第2章を参照）。

　風力発電では，スペインのVestasやSiemens Gamesaが存在し，特に発電設備を稼働させる組立の最終技術段階（super-assemblies）では，欧州が世界市場の34％と高いシェアを維持しているが，中国企業のキャッチアップも進みつつある。

　リチウムイオン電池については，2017年から欧州バッテリー同盟（EBA）による官民連携が進められてきたものの（家本，2022），2021年時点では欧州が組立に占める割合は6％に留まっており，サプライチェーン全体において中国企業の存在が圧倒的である。VWと協力したNorthvoltへの期待が寄せられている他，欧州投資銀行（EIB）やIPCEIなどの公的支援による域内生産の育成が図られつつあるが，中東欧では中国や韓国企業の誘致が進んでいる（ポーランドでは韓国のLG，ハンガリーでは中国のCATLやEVE，韓国SUMSUNGやSK）。以上から，欧州のバッテリー産業の戦略的自律は厳しい課題である。

　トラクションモーターについて，組立段階で欧州は世界市場の36％を占め，米国も17％を保持している。しかし，原材料，加工部品，コンポーネントの過半は中国による。

　グリーン水素生産のための電解槽について，欧州はコンポーネントの45％，

168　第Ⅱ部　産　業

図表10-4　再エネ，EV，グリーン水素のサプライチェーンと主要供給国（2021年）

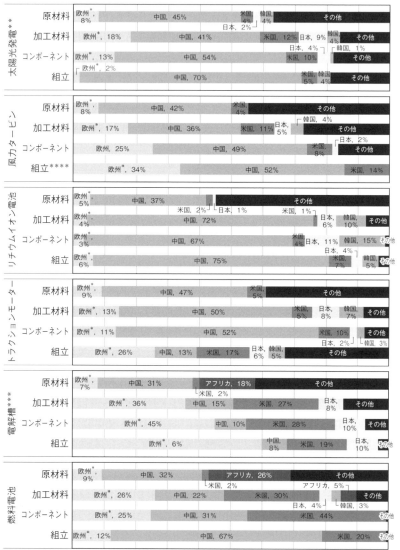

注：* EUとその他の欧州諸国。** 組立については，95％の結晶シリコン市場シェアに基づく係数を追加している。*** 電解槽には，市場導入が進んでいるAWE（アルカリ型），PEM（プロトン交換膜型）の他，実証実験が進められつつあるAEM（アニオン交換膜型），SOEC（固体酸化物型）の4種がある。同資料ではそれぞれについて検討されているが，ここでは，欧州の自給率が比較的高いAWEの数値を示している。**** 設備を稼働するための最終技術段階を含む最終組立。同報告書では，super-assembliesと定義。

出所：JRC（2023）より作成。

組立の60%を占めており，米国もそれぞれ28%，19%である。これに対して，原材料では中国が比較的高いシェアを占めるとはいえ，アフリカやラテンアメリカなどにも賦存している。燃料電池については，組立段階で中国が67%と高いシェアをもつものの，電解槽と原材料が重なるため，調達リスクは低いと見られる。

　以上をまとめると，① 太陽光やリチウムイオン電池など技術の標準化が進み価格競争が重要となる分野では中国が支配的地位を占めている。ただし，風力発電については，欧州が先行してきたことから欧州の有力企業が存在し，高い競争力を維持している。② トラクションモーターについては，原材料，加工材料，コンポーネントにおいて中国が支配的であるが，組立段階では欧州が競争力を維持しており，中国，米国，さらに日本，韓国との競争が展開されている。③ グリーン水素に関しては，欧州は，原材料を中国や南アフリカに依存しているとはいえ，加工原材料，コンポーネント，組立において大きなシェアを占めている。グリーン水素市場は未発達であるものの，再エネの産業利用の要として重要であり，EUは域内市場のみならず世界の水素市場形成の主導権をとるべく水素戦略を強化しており（本書第3章を参照），産業の戦略的自律性を目指す上で妥当な選択だと言えよう。

　なお，エネルギー効率改善は，経済安全保障に貢献する重要な政策である。ヒートポンプについては，中国が原材料の38%を占めるものの，他地域の賦存も大きいため供給リスクは低く，欧州は組立で世界シェアの40%を保持している。

4. グリーンディール産業計画の要点[10]

4-1 「ネットゼロ産業」を巡る競争激化と官民連携

　IEAによれば，こうしたGX関連技術の市場規模は，2030年までに3倍の6,000億ユーロに達する。しかし，EUは，グリーンディールを掲げているにもかかわらず，その中核となるネットゼロ産業のサプライチェーンに大きな対外依存リスクを抱え，しかも米国IRAに呼応してVESTASやVWなどが米国での投資計画を公表するなど，財政支援によるGX関連技術の誘致競争が激化し

ている。

2023年2月に欧州委員会が公表したグリーンディール産業計画は，IRAや中国の補助金だけでなく，インドの太陽光・バッテリーの支援，英国・カナダのGXや日本のGXに向けた基本方針（20兆円のGX経済移行債）にも言及した上で，「ネットゼロ産業の貿易と競争は公正でなければならない」とし，翌3月に欧州委員会は，重要原材料規則案とともに，ネットゼロ産業規則案（COM/2023/161）を公表した。

2024年5月に可決されたネットゼロ産業規則（Regulation（EU）2024/1735）によれば，これは，① ネットゼロ技術の生産・組立拠点の新設許可の簡素化・合理化，② GX・DX関連の重要技術・新技術におけるEUの優位性を維持するために，危機移行暫定枠組（Temporary Crisis and Transition Framework：TCTF）と欧州戦略技術プラットフォーム（STEP）[11]の創設によるネットゼロ技術への投資と融資の促進，③ スキル開発と熟練労働者の育成，④ 貿易とサプライチェーンの多角化の4つの柱からなる。その中心となるのは ① のネットゼロ産業に対する規制緩和と ② の財政支援であり，端的に言えば官民連携の強化である。

当初案は，① の具体策としてネットゼロ産業規則案，重要原材料規則案，電力市場デザイン規則改正案，エコデザイン規則案，代替燃料インフラ規則案を列挙した後に，様々な産業アライアンスに言及しながら，この計画は「すべての主体（当局，社会的パートナー，投資家，消費者）が同じ目標に向かって力を合わせれば競争力強化に成功する」と官民連携の必要性を指摘している。

以下，エコデザイン規則と重要原材料規則については，本書第9章で論じられているので，ここでは電力市場デザイン規則改正（Regulation（EU）2024/1747）と同指令改正（Directive（EU）2024/1711）およびネットゼロ産業規則の要点を確認する。

4–2　VREの安定供給・価格安定化を目指す電力市場改革

COP28では2030年までに再生可能エネルギーの設備容量を3倍にすることが合意されている。特に太陽光・風力発電など変動型再エネ電源（VRE）が急増する。IRENA（2024, 14）の予測によれば，再エネの設備容量におけるVRE

の割合は，2022年時点の23％から2030年には62％に達する。そのための投資を確保し，かつVREを有効に産業利用するには，供給・価格の安定が欠かせない。そこで，電力市場デザイン改革規則案は，長期契約と政府保証（Power Purchase Agreement：PPA），および政府が固定額を設定し市場価格との差額を生産者・消費者に補償する双方向差額契約（Contract for differences：CfDs）の義務化を提案したのである。2024年4月，同法改正案が可決され，上限下限価格が設定されたCfDsを再エネと原子力の新規投資に適用することが義務化された。PPAは，企業が再エネと原子力による電力を安定した価格で購入することができるため，ガス価格の変動リスクの影響を軽減できる。CfDsは新規設備導入オフテイカーのリスクを軽減し投資を促す効果が期待できる[12]。この点は，水素銀行構想とも共通している（本書第3章を参照）。

4-3　規制緩和による域内ネットゼロ産業の育成

可決された規則では，当初案のネットゼロ技術と戦略的ネットゼロの区別がなくなりネットゼロ技術として一括されている（図表10-5）。なお，原子力技術について，当初案では小型モジュール炉などに限定されていたが，改正規則

図表10-5　EU が指定するネットゼロ技術

太陽光	水力発電技術
陸上・洋上再エネ技術	その他の再エネ技術**
バッテリー・エネルギー貯蔵技術	電力システム関連エネルギー効率化技術
ヒートポンプ・地熱技術	非バイオ由来再生可能燃料***
水素技術	気候・エネルギー対策のバイオテック
持続可能なバイオガス・バイオメタン技術	革新的脱炭素化技術
CCS（炭素回収・貯留）技術	CO_2輸送・利用技術
電力グリッド技術	風力・電力推進技術
核分裂エネルギー技術*	その他の原子力技術****
持続可能な代替燃料技術	

注：*核燃料サイクルを含む。**塩分濃度差，廃熱・下水，埋立ガスなど未利用エネルギーを活用する技術，バイオマスなど。***グリーン水素など。****小型モジュール炉などの新技術。
出所：Regulation（EU）2024/1747 より作成。

では原子力技術全体が支援対象に組み込まれている。

これらの技術について，次の2つのベンチマーク（努力目標）が示されている。①2030年の域内の導入需要の少なくとも40％を域内生産する。②グローバル・バリューチェーンの戦略部分においてEUが支配的な役割を確保するために，2040年までに世界生産量のEUのシェアを15％にする。

また，単一の第三国原産国に対する依存度をネットゼロ技術またはその特定部品の域内需要の50％未満に抑える強靱性（レジリエンス）の基準が設定されており，重要原材料規則との「一貫性と補完性」が指摘されている。

これらを実現すべく新たに打ち出されたのが規制緩和である。第1に，加盟国に対して許認可申請窓口の一本化による申請手続きの簡素化と審査期間の短縮が義務化された。国や技術等によっても異なるが，これまでは許認可手続きに2～7年を要した。今後，審査期間は，年間発電設備容量1GW以上の設備の建設・拡張，およびGW単位でないネットゼロ事業について12カ月以内に，1GW未満については9カ月以内に大幅に短縮されることとなった。

第2に，加盟国はネットゼロ加速バレー（Net-Zero Acceleration Valleys）と名付けられたネットゼロ産業の集積地の形成（クラスター化）を支援することが認められ，低開発地域を指定することが推奨されている。特筆すべきは，クラスター形成が一時的に環境に負の影響を与える場合でも認可されうることである。同文書によれば，ネット産業プロジェクトは，「緩和や補償が不可能な環境に対する重大な悪影響があってはならない」としつつも，「許認可機関は，事前アセスメントに基づき，ネットゼロ加速バレーのプロジェクトがもたらす公益が自然保護や環境保護に関連する公益を上回ると結論づけることができる」とされており，水，自然生息域・野生動植物・野鳥の保護に関する指令，および自然再生規則を順守することを条件にプロジェクトの許可ができることとなった。

4-5　民間投資と公的支援の役割

このように規制緩和が打ち出されたのは，そもそもグリーンディールが民間投資の呼び込みを想定しているからである。同文書は次のように指摘している。「グリーンディールの目標達成に必要な投資の大半は，ネットゼロエコシ

ステムの成長ポテンシャルと安定した野心的な政策枠組の双方に魅力を感じる民間資本からもたらされる。したがって，グリーン転換とネットゼロ技術製造プロジェクトに必要な資金を調達し，その経路を確保するには，よく機能し深く統合された資本市場が不可欠である」。

　欧州委員会は，ネットゼロ産業プロジェクト実現に必要となる投資について，2023〜2030年に約920億ユーロ（シナリオによっては620億から1,190億ユーロ），うち公的資金を160億〜180億ユーロと試算している。だが，これは6つの技術しか考慮しておらず，実際に必要となる投資はこれを大幅に上回る可能性が高い。

　EUによる財政支援の柱となるのは，復興基金の中核である復興レジリエンス・ファシリティであるが，これまでもその融資枠は十分には活用されておらず，その効果は不透明である。2024年2月に発効したSTEPは，デジタル，クリーン・資源効率化，バイオ分野の技術に対して，既存のEU予算（結束基金，インベストEU，イノベーション基金，ホライズン・ヨーロッパ，欧州防衛基金など）の相乗効果を高める触媒としての役割が期待されているが，その効果は未知数である。

　2023年3月，EUは，暫定的に財政規律を免責する危機移行暫定枠組（TCTF）を改正し，ネットゼロ技術への国家補助も容認した。支援額の上限があるものの1人当たりGDPがEU平均の75％以下の地域などは優遇されており，域外国との同等の国家補助について欧州委員会が個別に承認することができる。

　ただし，国家補助は，「的を絞った一時的なもの」であり「市場の失敗や最適とは言い難い投資状況に対処する」べきであり「民間資本との重複や排除，域内市場の競争を歪めてはならない」とされ，インフラや技術革新に重点を置くべきとされている。つまり，公的支援はネットゼロ産業に民間投資を呼び込むための制度的補完と触媒としての役割を求められているのである。言い換えれば，EUの新産業戦略実現のカギを握るのは，サステナブル・ファイナンスを実現しうる資本市場が形成されるかどうかである。

174　第Ⅱ部　産　　業

付記：脱稿後，米国大統領にトランプ氏が選出された。関連して，IRAの廃止あるいは見直しとの報道がなされている。仮にそうなったとしても，GXを巡る競争は，今後も重要な産業政策の課題である。

[注]

1　以下，詳しくは蓮見（2023a），蓮見（2023b）を参照。

2　企業活動が環境・社会に与える影響に関する情報開示義務。詳しくは，本書第11章を参照。

3　以下，サーキュラー・エコノミー，エコデザイン，製品デジタルパスポートについて，詳しくは本書第9章を参照。

4　以下，蓮見（2023e）に加筆・修正。引用文献などはこちらで確認できる。

5　バッテリー式電気自動車（BEV）とプラグインハイブリッド自動車（PHEV）。

6　自動車産業について詳しくは本書第5章を参照。

7　以下は，蓮見（2024a）第3節「EUの脱ロシア依存の現状と課題」による。

8　再エネ指令（REDⅢ）では，42.5％に引き下げられ，45％は努力目標となった。詳しくは本書第2章を参照。

9　以下，蓮見（2024b）に加筆・修正。

10　以下，EUの一次資料に基づいているが，その際にジェトロ（2023），田中（2024）を参考とした。

11　提案されたものの見送られた「欧州主権基金」の代替として導入された。

12　ただし，少なくとも2つの課題がある。第1に，CfDs行使価格が基準価格（スポット価格）を上回った状態が継続すれば，国家財政からの発電事業者へのプレミアが増加し続け財政負担が増加し納税者の負担となる。第2に，スポット価格は各国の発電構成によって大きく異なるため，各国のエネルギーミックスを考慮した制度設計が必要である（Heussaff and Zachimann, 2024）

[参考文献]

家本博一（2022）「車載電池大国としてのポーランドの新たな位置―「欧州バッテリー同盟EBA」と2020年電池規則案」の下での位置づけ」池本修一・田中宏編著『脱炭素・脱ロシア時代のEV戦略―EU・中欧・ロシアの現場から』文眞堂，109-148。

伊藤さゆり（2023）「デリスキングの行方―EUの政策と中国の関係はどう変わりつつあるのか？―（前編）」基礎研レポート，9月1日，1-18。

田中友義（2024）「欧州グリーンディール産業計画と経済安全保障―温室効果ガス排出ゼロ（ネットゼロ）技術・産業の優位性確保と支援体制の構築―」『欧州グリーンディール戦略の現状と課題』ITI調査研究シリーズ No. 153，一般財団法人国際貿易投資研究所，94-112。

ジェトロ（2022）「国内生産実現と早期普及，双方をにらんで政策展開（米国，カナダ）」11月24日。

ジェトロ（2023）「規制緩和策で米中に対抗　徹底解説：EUグリーン・ディール産業計画（1）」「財政支援策と課題　徹底解説：EUグリーン・ディール産業計画（2）」12月15日。

蓮見雄（2023a）「グリーン・リカバリーと本書の構成」蓮見雄・高屋定美編著『欧州グリーンディールとEU経済の復興』文眞堂，i-x。

―――（2023b）「欧州グリーンディールの射程」蓮見雄・高屋定美編著『欧州グリーンディールとEU経済の復興』文眞堂，1-55。

―――（2023c）「循環型経済，新たなビジネス機会に＝欧州グリーンディール」NNA POWEWR EUROPE（ヨーロッパ経済ニュース），2023年12月18日。

―――（2023d）「産業戦略としての欧州グリーンディール」蓮見雄・高屋定美編著『欧州グリーンディー

ルとEU経済の復興』文眞堂，123-176。

―――(2023e)「ユーロ7からバッテリー・パスポートへ(1)(2)」MUFG BizBuddyユーラシア研究所レ
ポート，8月1日，8月8日。

―――(2023f)「EV化のサプライチェーン・リスクとELV規則案―サーキュラリティ車両パスポート
と拡大生産者責任―(1)(2)」MUFG BizBuddyユーラシア研究所レポート，8月30日，9月6日。

―――(2023g)「ロシア経済と多極化する世界(1)(2)」*CISTEC Journal*，207，88-110；208，18-53。

―――(2024a)「脱ロシア依存と EU 水素戦略の展開―REPowerEU による軌道修正と課題」『欧州グ
リーンディール戦略の現状と展望』ITI調査研究シリーズNo. 153，一般財団法人国際貿易投資研
究所，20-40。

―――(2024b)「浮上したEUのサプライチェーンリスクと欧州グリーンディールの矛盾」MUFG
BizBuddyユーラシア研究レポート，6月13日。

Bloomberg (2023) Lithium-Ion Battery Pack Prices Hit Record Low of $139/kWh, BloombergNEF,
November 26.

Heussaff, C. and G. Zachmann, The changing dynamics of European electricity markets and the
supply-demand mismatch risk, *Brugel Policy Brief*, Issue n. 14/24.

IEA（2022）*Renewables 2022 Analysis and forecast 2027*.

IEA（2023）*Global EV Outlook 2023*.

IRENA（2022）*Renewables Power Generation Costs in 2021*.

IRENA（2024）*TRIPLING RENEWABLE POWER BY 2030*.

IPSF（2022）*Common Ground Taxonomy - Climate Change Mitigation Instruction report*, IPSF Tax-
onomy Working Group Co-chaired by the EU and China.

JRC（2023）European Commission, Joint Research Center, *Supply chain analysis and material de-
mand forecast in strategic technologies and sectors in the EU - A foresight study*.

Kleimann, D.（2023）"Climate versus trade? Reconciling international subsidy rules with industrial
decarbonisation", *Brugel Policy Contribution*, No.03/2023.

EUの政策文書，法令等については，本書巻末のリストを参照。

（蓮見　雄）

第**III**部

金融・財政

第11章

EUタクソノミーの拡張，CSRD/ESRS，企業持続可能性デューディリジェンス指令の動向

はじめに

EUにおけるサステナブル・ファイナンスに関連する制度改革は，2018年の「サステナブル・ファイナンス行動計画」(SFAP)に沿って進められてきた。その主な進展は，環境的に持続可能な経済活動を定義するEUタクソノミー，持続可能性に関連する情報の開示義務，そして，ベンチマークなどの様々なツールの導入を進めることであった。さらに，2021年7月にはSFAPを引き継ぐ「持続可能な経済への移行をファイナンスするための戦略」が打ち出され，欧州グリーンディールに合わせて計画が刷新された。これらの詳細については，前稿(石田，2023)で紹介されている。

本章は前稿の続編であり，EUにおけるサステナブル・ファイナンスに関する制度改革のその後の進展について，いくつかの法令に対象を絞って検討する。まず第1節では，EUタクソノミーの整備と拡張について扱う。次いで第2節では，企業持続可能性報告指令(CSRD)と，その具体的な開示基準を定める欧州持続可能性報告基準(ESRS)について検討する。そして第3節では，企業持続可能性デューディリジェンス指令(CSDDD)に注目する。

なお，サステナブル・ファイナンスに関わる資本市場やその制度改革の動向については，第12章で扱う。

1. EUタクソノミーの整備と拡張

第1節では，EUタクソノミーの整備と拡張について検討する。

180　第Ⅲ部　金融・財政

1-1　EUタクソノミーの基本枠組み

まず，EUタクソノミーの基本的な枠組みについて確認しよう[1]。

EUタクソノミーの基本枠組みを示すタクソノミー規則（Regulation（EU）/2020/852）は，「環境的に持続可能な」（グリーンな）経済活動を定義するものである。その前提として，同指令は，6つの環境目標（① 気候変動の緩和，② 気候変動への適応，③ 水資源と海洋資源の持続可能な使用と保全，④ 循環型経済への移行，⑤ 汚染の防止と管理，⑥ 生物多様性と生態系の保全）を掲げている。そして，6つの環境目標に関して，1つ以上に実質的に貢献すること，かつ，他の環境目標のいずれにも重大な損害を与えないこと（DNSH），および，これら2つの要件に関する具体的な基準を定める「技術スクリーニング基準」に適合することに加え，人権や汚職などに関わる「最低限のセーフガード」を満たすこと，という4つの要件すべてを満たす経済活動が「環境的に持続可能な経済活動」とみなされる。なお，実質的な貢献という1つ目の要件を満たす活動には，「可能にする活動」と（環境目標 ① に関して）「移行活動」も含まれる[2]。

このようにEUタクソノミーはグリーンな経済活動を定義・分類するものであり，EUにおけるサステナブル・ファイナンスのみならず，欧州グリーンディール全体にとっても基礎的な枠組みとなっている。特に，グリーン経済への移行に向けたEUの公的投資では，タクソノミー規則で示された基準が適用されている。

他方，民間部門の市場参加者については，タクソノミー規則の適用は原則的に任意であるが，同規則にもとづく開示が義務付けられるケースもある。まず，タクソノミー規則第8条のもとで，企業持続可能性報告指令（CSRD，後述）の対象企業は，特定の重要業績評価指標（KPI）に占めるタクソノミー適合活動の割合を公表する必要がある[3]。また，サステナブル・ファイナンス開示規則（SFDR，後述）のもとで，金融商品に関する説明に際して，環境面に配慮する際の基準としてタクソノミー規則を利用することが求められている。

以上がEUタクソノミーの基本的な枠組みである。他方で，タクソノミー規則採択後，サステナブル・ファイナンスに関するプラットフォーム（PSF）[4]に

第11章　EUタクソノミーの拡張，CSRD/ESRS，企業持続可能性デューディリジェンス指令の動向　181

よる支援の下，EUタクソノミーを整備・拡張するような動きが展開してき
た。大別すれば，(1)技術スクリーニング基準の制定，(2)最低限のセーフガー
ドの明確化，(3)タクソノミーの拡張（環境タクソノミーの拡張と社会タクソ
ノミーの導入）という3つの動きがある[5]。以下，それぞれ詳しく検討する。

1-2　技術スクリーニング基準 (TSC) の整備

　EUタクソノミーに関する第1の進展は，技術スクリーニング基準の制定で
ある。すでに複数の委任規則が発効しているが，いずれもPSFによる提言を
下書きとして，欧州委員会によって制定がなされてきた（図表11-1）。

　まず，環境目標における気候変動に関する2つの目標（① 気候変動の緩和，
② 気候変動への適応）について，技術スクリーニング基準を定める委任規則
（Delegated Regulation (EU)/2021/2136）が先行して定められた。ただし，特
に対立の激しかった天然ガスと原子力を含むエネルギー関連の6つの経済活動
については，補完委任規則（Delegated Regulation (EU)/2022/1214）という形
で後追い的に制定された。加えて，2023年6月の委任規則（Delegated Regulation
(EU)/2023/2485）では，気候変動の部分に6つの分野に関する12の経済活動
を追加する改正がなされた。これにより，現行のタクソノミー委任規則では，
気候変動の緩和については101，気候変動への適応については106の経済活動
に関する基準が定められている。

　次に，環境目標における気候変動以外の4目標に関する技術スクリーニング
基準を定める委任規則（Delegated Regulation (EU)/2023/2486）も採択され，
2024年から発効している。同規則では，8つの経済部門における35の活動，分
野別にみれば水・海洋資源の4分野・6活動，循環型経済への移行の5分野・
21活動，汚染防止の2分野・6活動，生物多様性と生態系の保全の2分野・2活
動が定められている。

　このように，6つの目標に関する技術スクリーニング基準は一通り出そろっ
た。しかし農作物の栽培や畜産，鉱業など，意見の対立が顕著な分野を中心と
して，依然として技術スクリーニング基準の対象となっていない分野もある。
したがって，技術スクリーニング基準の策定に向けた作業は今後も続いていく
ことになると考えられる。

図表 11 - 1　技術スクリーニング基準の対象となる経済活動の数

	委任規則	気候変動の緩和			気候変動への適応			水資源等の使用と保全	循環型経済への移行	汚染防止	生物多様性・生態系の保全
		2021/2139	2022/1211	2023/2485	2021/2139	2022/1214	2023/2485	2023/2485	2023/2486	2023/2486	2023/2486
	林業	4			4						
	環境保護・修復	1			1						1
産業部門	製造業	17		4	17				2	2	
	エネルギー	25	6		25	6		1			
	水供給・下水処理並びに廃棄物管理および浄化活動	12			12		1	3	7	4	
	運輸業	17		3	17				5		
	建設業・不動産業	7			7						
	情報・通信業	2			3		1	1	1		
	専門・科学・技術サービス業	3			2		1				
	金融・保険業				2						
	教育				1						
	保健衛生および社会事業				1						
	芸術・娯楽およびレクリエーション				3		2		6		
	災害リスク管理サービス							1			
	宿泊業										1
合計		88	6	7	95	6	5	6	21	6	2

出所：図表中に示された委任規則により筆者作成。

第11章　EUタクソノミーの拡張，CSRD/ESRS，企業持続可能性デューディリジェンス指令の動向　　183

1-3　最低限のセーフガードの明確化

　EUタクソノミーに関する第2の進展は，最低限のセーフガードの明確化である。これについては，PSFによる報告書を受け，欧州委員会が2023年6月にQ&A形式の告示（Commission Notice/2023/C211/01）として基準を公表した。その主な内容は以下である。

　そもそもタクソノミー規則の第18条では，最低限のセーフガードとして，OECD多国籍企業ガイドラインと国連のビジネスと人権に関する指導原則[6]の遵守，および，後述するサステナブル・ファイナンス開示規則（SFDR）における「著しい損失を与えない（DNSH）」基準の遵守が定められている。しかし，適合性の評価方法や配慮されるべき事項は必ずしも明確ではなかった。

　まず，欧州委員会の告示は，上述の2つの国際基準で示される「デューディリジェンスおよび是正手続き」を実施することによって，最低限のセーフガードとの適合性が確保されるものとした。例えば，OECDのガイダンス（OECD, 2018）では，デューディリジェンス・プロセスとして，① 責任ある企業行動を企業方針および経営システムに組み込むこと，② 企業の事業，サプライチェーンおよびビジネス上の関係における負の影響を特定し，評価すること，③ 負の影響を停止，防止および軽減すること，④ 実施状況および結果を追跡調査すること，⑤ 影響にどのように対処したかを伝えること，という5つの要素を挙げている。また，企業が実際に負の影響の原因となったり助長したりしたことが判明したケースとして，⑥ 適切な場合には是正措置を行う，または是正のために協力すること，も規定されている。

　そして，最低限のセーフガードに関連して配慮すべき事項は，SFDRに関する委任規則（Delegated Regulation（EU）/2022/1288）の附属書Iの表1「持続可能性に及ぼす主な悪影響（社会・ガバナンスについて）」に記載されている，社会・従業員問題，人権尊重，腐敗防止，贈収賄防止に関するSFDRの主要な悪影響指標（PAI）とされた。この悪影響のリストは，タクソノミー規則第18条で言及される2つの国際基準で示される事項とほとんど重複しているが，2つの国際基準に含まれない事項として，「論争の的になっている兵器」（対人地雷，クラスター爆弾，化学兵器，生物兵器）へのエクスポージャーも対象となる。

184　第Ⅲ部　金融・財政

1-4　EUタクソノミーの拡張に関する提案

　EUタクソノミーに関する第3の進展は，EUタクソノミーの拡張，すなわち環境タクソノミーの拡張と社会タクソノミー（social taxonomy）の導入である。ただし，これらについては，いずれもPSFが最終報告書を公表した段階にあり，欧州委員会による法令の整備はまだ進んでいない。

　まず，環境タクソノミーの拡張について，PSFの最終報告書（PSF，2022b）の概要を紹介する。

　本節第1項でも述べたように，既存のEUタクソノミーは，グリーンな経済活動のみを定義する枠組みとなっている（図表11-2・左側）。これに対し，PSFによる最終報告書は，「実質的な貢献（Substantial Contribution：SC）」と「重大な損害（Significant Harm：SH）」の基準にもとづき，既存のグリーンな経済活動に加え，レッド，アンバー（イエロー），および，LEnvI（「無色」）の経済活動を追加することを提案している（図表11-2・右側）。なお，レッドに該当する活動は，①「緊急の移行が必要」な活動と②「緊急かつ管理された撤

図表 11-2　環境タクソノミーの拡張

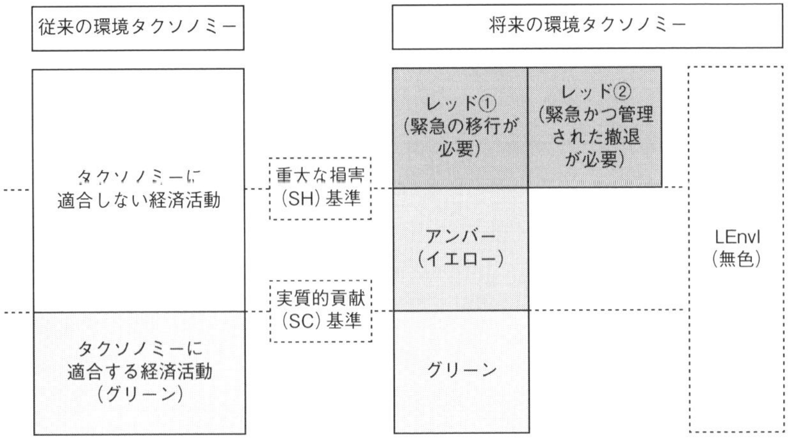

注：LEnvI=Low Enviromnental Impact.
出所：PSF（2022b）より筆者作成。

退が必要」な経済活動に区分される。前者は何らかの工夫や技術革新があればアンバーやグリーンになりうると判断されるのに対し，後者はその性質上移行が不可能であるような活動である。

このような区分の導入により，「有効な (valid) 移行」の概念もより広がることになる。既存の移行は，アンバーやレッドの領域にある活動がグリーンの領域に移行することを主に指していた。これに対し，拡張された環境タクソノミーでは，レッドからアンバーへの移行や，アンバーの領域内での移行なども，タクソノミーの拡張によって認識可能になるのである。

次に，社会タクソノミーについて，PSFの最終報告書 (PSF, 2022a) の概要を紹介する。

上述のように，既存のEUタクソノミーは「環境」という観点から経済活動を定義するものであり，6つの環境目標が掲げられていた。これに対し，社会タクソノミーは「社会」という観点から経済活動を定義するものであり，「(バリューチェーンを含む) ディーセントワーク」，「エンドユーザーの十分な生活水準と福利厚生」，そして「包摂的で持続可能なコミュニティと社会」という3つの目標を掲げる (図表11-3)。さらに，3つの目標はより詳細なサブ目標に分かれている。これらの項目は，EUに加え，国連，ILO，OECDが公表する国際的な規範や原則から抽出されている。

また，社会タクソノミーにおける「実質的な貢献 (SC)」の判断基準として，次の3つが提案されている。第1に，ネガティブな影響を回避し対処する活動である。これは3つの社会的目標のすべてに関わるが，特に「人権や労働権の侵害リスクが高い部門」と「『欧州社会権の柱』の目的に貢献する可能性が低い部門」が対象となる。第2に，固有のポジティブな影響を強化する活動である。これは，目標2と目標3に関連して，ベーシック・ヒューマン・ニーズ (BHN) および基本的な経済インフラへのアクセスを改善する経済活動を指す。そして第3に，環境タクソノミーと同様，「可能にする活動」も「実質的な貢献」とみなされる活動に含まれている。

ただし，環境タクソノミーの拡張と社会タクソノミーの導入は，上述のように依然として提案段階にある。これらは，特にステイクホルダー間で意見の対立が激しい分野であることもあってか，本書執筆時点では棚上げになっている

186 第Ⅲ部 金融・財政

図表 11-3 ソーシャル・タクソノミーの 3 つの目標とサブ目標

目標1：（バリューチェーンを含む）ディーセントワーク
(1) ディーセントワークの促進：社会的対話/生活賃金/フォーマルな労働関係の確保/生涯学習/など
(2) 職場における平等の促進：女性の雇用機会/女性への雇用創出/など
(3) リスクベースのデューディリジェンス実施により，影響を受ける地域社会の人権尊重を確保
目標2：エンドユーザーの十分な生活水準と福利厚生
健康で安全な製品・サービスの確保/耐久性と修理可能性を備えた製品の設計/個人情報とプライバシーの保護/責任あるマーケティング活動/質の高いヘルスケア製品・サービスへのアクセス確保/など
目標3：包摂的で持続可能なコミュニティと社会
(1) 平等と包括的な成長の促進：基本的な経済インフラへのアクセス改善/育児と子どもへの支援/障がい者の包摂/など
(2) 持続可能な生計と土地の権利の支持：コミュニティ主導の開発促進/など
(3) リスクベースのデューディリジェンスの実施により，影響を受ける地域社会における人権尊重を確保：先住民族に影響を与える場合の「自由意思による，事前の，十分な情報に基づく同意」プロセスの実施/表現や集会の自由を支持

注：図表中のサブ目標については，筆者が項目を要約して記載した。
出所：PSF (2022a) より筆者作成。

ともいわれている。タクソノミー規則第26条では，環境以外にも規則の適用
範囲を拡張する可能性について，2021年12月末までに報告書を公表すること
を欧州委員会に求めている。しかし，本書執筆時点では，欧州委員会からそのような報告書は出されていない。

なお，社会タクソノミーで定められる社会的な側面については，上述の最低限のセーフガードの具体化に加え，後述する持続可能性デューディリジェンスの導入によって，当面は進展が目指されているとも考えられる。

2. 持続可能性情報の開示義務に関する枠組み

第2節では，持続可能性情報の開示義務に関する枠組みとして，特にCSRDとESRSの進展について検討する。

2－1　開示に関する基本枠組み—— SFDR と CSRD

　まず，EU における持続可能性情報の開示義務に関する法令の概要を確認しておこう[7]。

　EU における持続可能性情報の開示義務における重要な原則は，ダブル・マテリアリティである。ダブル・マテリアリティとは，環境や社会が企業活動に及ぼす影響やリスクだけでなく，企業活動が環境や社会に及ぼす影響も開示・評価の対象とするという原則である。この原則に沿って，サステナブル・ファイナンス開示規則 (SFDR, Regulation (EU) 2019/2088) と企業持続可能性報告指令 (CSRD, Directive (EU) 2022/2464) が，持続可能性情報開示に関する主な法令として機能している。

　SFDR の対象は資産運用事業者と金融アドバイザーであり，開示義務は企業レベルと商品レベルの双方に課される。開示すべき内容は，ダブル・マテリアリティ原則と対応しており，ESG 関連イベントが投資価値に及ぼす影響 (持続可能性リスク) と ESG に関連する事項への主な悪影響 (持続可能性要因) となっている。

　他方，CSRD の対象は，（非上場を含む）すべての大企業と（零細企業を除く）EU 市場に上場する企業である。開示すべき情報は，やはりダブル・マテリアリティに対応している。すなわち，一方で，持続可能性事項が企業の発展，業績，地位に及ぼす影響を理解するために必要な情報の開示が求められる。他方で，企業の持続可能性事項への影響を理解するために必要な情報の開示が求められる。

　ここで確認しておきたい点は，SFDR のもとで開示義務が課される資産運用事業者や金融アドバイザーにとって，主な情報源は，CSRD とその具体的な開示基準である欧州持続可能性報告基準 (ESRS，後述) のもとで対象企業に求められる持続可能性情報であるという点である。

2－2　欧州持続可能性報告基準 (ESRS)

　第 2 項では，CSRD の具体的な開示基準を定める欧州持続可能性報告基準 (ESRS, Delegated Regulation (EU) 2023/2772) について検討する。ESRS の第 1

弾は，欧州財務報告諮問グループ(EFRAG)[8]による草案に基づき，2023年7月に欧州委員会によって公表され，同年10月に正式に採択された。なお，2024年以降，ESRS第2弾(セクター別基準，中小企業向けの基準)，非EU企業向け基準が採択される予定である。以下，ESRSの第1弾の枠組みについて検討する(図表11-4)。

まず，ESRS 1とESRS 2は併せて「横断基準」と呼ばれており，ESRS全般に

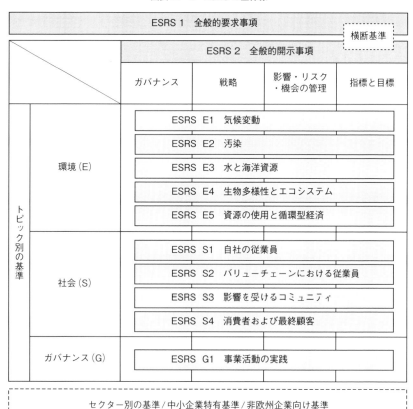

図表11-4　ESRSの全体像

出所：Delegated Regulation (EU) 2023/2772に基づき筆者作成。

関わる基準となっている。ESRS 1は，ESRSの全般的要求事項として，ESRSの規格，ダブル・マテリアリティ原則を含む基本概念，サステナビリティ・ステートメントの構成などを説明している。ここで示された枠組みに沿って，ESRS 2およびトピック別の基準に基づき，開示義務またはマテリアリティ評価が課されることになる。これに対し，ESRS 2は，マテリアリティ評価の結果に関わらず報告するべき方針や目標を含む一般的な特徴を定めている。特に，「ガバナンス」，「戦略」，「影響・リスク・機会の管理」，「評価基準と目標」という4つの領域に関する詳細な開示要件が説明されている。これらの要件は，環境・社会・ガバナンス（ESG）に関するESRSのトピック別基準で示される要件と結びついている。

　トピック別基準においては，5つの環境基準（ESRS E1〜E5），4つの社会基準（ESRS S1〜S4），そして1つのガバナンス基準（ESRS G）が存在しており，ESRS 2で定められた4つの領域に関して，ESGに関連する閾値を詳細に定めている。特に，気候変動（E1）と汚染（E2）の財務マテリアリティ（環境や社会が企業活動に及ぼす影響やリスク）においては，ISSB基準などの国際的な基準との相互運用性の確保が図られている。

　以上の枠組みをベースとして，ESRSでは企業の開示義務やマテリアリティ義務が規定されている。ただし，その内容はEFRAGによる提案から後退したものも多い。以下，懸念点も含めて検討しよう。

　まず，ESRSの開示義務の範囲は非常に狭い。開示義務の対象となっているのはESG関連の閾値がないESRS 2のみであり，トピック別の基準については，どの情報（基準，開示要求，データポイント）にマテリアリティがあるかを決定すること（マテリアリティ評価）が義務付けられるのみである。そして，マテリアリティがない場合は開示の対象とならず，気候変動（E1）などの少数の項目を除き，その理由を説明しなくてもよい。

　また，段階的な導入，柔軟性のある開示や任意開示が多数存在している。段階的な導入に関しては，1年目はE1-E5とS1における一部の開示を省略可能であり，従業員数750名未満の企業はさらに省略できる項目が増える。また，E4やS1の一部の情報は任意開示となっている。

　このように，持続可能性情報の開示義務が柔軟化されている点は，企業側の

負担軽減という点では評価されるであろう。他方で、十分な速度をもって「移行」に取り組むために、あるいは、SFDRの開示義務に必要な情報を企業が提供するために、ESRSにもとづく開示義務が充分であるかどうかについては、懸念が存在することも事実である。

3. 企業持続可能性デューディリジェンス指令（CSDDD）

最後に、企業持続可能性デューディリジェンス指令（CSDDD）について検討する。

3-1 持続可能性デューディリジェンスの必要性

そもそもデューディリジェンス（due diligence）とは、「適正な義務」とも訳され、企業が当然実施すべき注意義務や努力のことを指す。なかでも、「持続可能性デューディリジェンス」は、企業の事業やバリューチェーンにおいて人権や環境に対する潜在的な悪影響を特定し、緩和するための企業の義務を指す。

近年、持続可能性デューディリジェンスが注目されるようになったのは、バリューチェーン・レベルで生じるESG関連の問題が次々と顕在化したからである[9]。EU企業の生産活動による環境破壊の最大80〜90％がEU域外のバリューチェーンで生じていると言われる。また、2013年4月にバングラデシュで起きたラナ・プラザ崩落事故のように、バリューチェーンを通じて生じる社会的問題もたびたび顕在化している。

にもかかわらず、企業によるバリューチェーンに関するデューディリジェンスの導入は、あまり進んでいない。欧州委員会による委託調査（European Commission, 2020）によると、EUおよび世界で事業を展開する回答企業のうち、環境と人権に関するデューディリジェンスを実施している企業は37％、バリューチェーン全体をカバーしている企業は16％に留まっていた。

しかし、EUレベルでは、バリューチェーン・レベルで企業にデューディリジェンスを課すような法令は、紛争鉱物、バッテリー、森林破壊に関連する商品の分野で導入されつつあるのみである。これらの分野を除き、持続可能性

第11章　EUタクソノミーの拡張，CSRD/ESRS，企業持続可能性デューディリジェンス指令の動向　　191

デューディリジェンスに関する法令は，ドイツ[10]やフランスでみられるように，EU加盟各国によって独自に制定されていた。しかし，対象企業の範囲，対象となるリスク，詳細度などの点で，それぞれの法令は互いに異なっており，市場の分断化につながるおそれもあった。そこで，EUレベルで統一されたルールが必要になった。これがCSDDDの背景である。

3－2　CSDDDの内容

　前項で述べた背景のもと，2020年頃からEUでも持続可能性デューディリジェンスに関する法令の制定に向けた議論が開始された。そして，欧州委員会による法案が2022年2月に提出された後，欧州議会と閣僚理事会による修正を経て，企業持続可能性デューディリジェンス指令（CSDDD, Directive（EU）2024/1760）が2024年5月に採択された。以下，同指令の条文とその内容について検討しよう（図表11－5）。

　まず，CSDDDの適用対象（第2条）は，① 従業員数1,000人超かつ全世界での売上高が4億5,000万ユーロ超のEUの企業（または企業グループの最終親会社），②EU域内における売上高が4億5,000万ユーロ超のEU域外の企業（または企業グループの最終親会社）である。また，特定の条件を満たす場合，EU域内でフランチャイズ契約やライセンス契約を締結している企業も対象となる。いずれの基準も，2期連続満たすことが条件となる。なお，適用の開始時期は売上高と従業員数によって異なる[11]。

　CSDDDの最大の特徴は，後述するデューディリジェンスに関する義務が，自社および子会社の事業だけでなく，「活動の連鎖を通じた直接および間接のビジネス・パートナーの事業」にも適用されるという点にある。ここでの「活動の連鎖（chain of activities）」には，「商品の生産またはサービスの提供に関連する川上のビジネス・パートナーの活動」と「製品の流通，輸送，保管に関連する川下のビジネス・パートナーの活動」が含まれる。したがって，「活動の連鎖」に含まれる企業は，同指令の直接的な対象にならない場合にも，間接的に影響を受ける可能性がある。

　対象となる企業は，以下のようなデューディリジェンスの実施が求められる（第5条）。第1に，デューディリジェンスを自社のポリシーおよびリスク管理

192 第Ⅲ部 金融・財政

図表 11-5 CSDDD の条文

条	タイトル	条	タイトル
第1条	主題	第20条	付随的措置
第2条	範囲	第21条	単一ヘルプデスク
第3条	定義	第22条	気候変動対策
第4条	調和の水準	第23条	任命代理人
第5条	デューディリジェンス	第24条	監督当局
第6条	グループレベルでのデューディリジェンス支援	第25条	監督当局の権限
第7条	企業のポリシーとリスク管理システムへのデューディリジェンスの統合	第26条	裏付けのある懸念
		第27条	罰則
第8条	実質的および潜在的な悪影響の特定と評価	第28条	欧州の監督当局ネットワーク
第9条	特定された実質的および潜在的な悪影響の優先順位	第29条	企業の民事責任と完全な補償の権利
第10条	潜在的な悪影響の回避	第30条	違反の報告および報告者の保護
第11条	実質的な悪影響の終息	第31条	公的支援，公的調達，公的コンセッション
第12条	実質的な悪影響の是正	第32条	指令(EU) 2019/1937 の改正
第13条	ステイクホルダーの有意義な関与	第33条	指令(EU) 2023/2859 の改正
第14条	通知メカニズムと苦情手続き	第34条	委任の行使
第15条	モニタリング	第35条	委員会手続き
第16条	コミュニケーション	第36条	レビューと報告
第17条	欧州単一アクセスポイント上でのアクセス可能性	第37条	国内法化
第18条	モデル契約条項	第38条	発効
第19条	ガイドライン	第39条	名宛人

出所：Directive (EU) 2024/1760 より筆者作成。

システムに統合することである（第7条）。第2に，自社や子会社，そしてビジネス・パートナーの事業活動から生じる実質的または潜在的な悪影響を特定・評価し，必要な場合には優先順位をつけることである（第8・9条）。第3に，

特定された潜在的な悪影響を防止・緩和し、実質的な悪影響を終息させ、その程度を最小化することである（第10・11条）。第4に、実質的な悪影響を引き起こした場合に是正措置を提供することである（第12条）。第5に、デューディリジェンス・プロセスの様々な段階におけるステイクホルダーの有意義な関与を確保することである（第13条）。第6に、悪影響に関する情報の通知メカニズムおよび苦情処理手続を確立し、維持することである（第14条）。第7に、有害な影響の特定、予防、緩和、終息および範囲の最小化の適切性および有効性を監視するための定期的な評価を実施することである（第15条）。そして第8に、同指令の関連事項についての年次報告書を公表することである（第16条）。さらに、これらの義務に加えて、自社のビジネスモデルと戦略がパリ協定に沿った持続可能な経済への移行に適合していることを確認するための移行計画を採用することが求められている（第22条）。

公的執行に関しては、企業の義務遵守を監督するための監督当局の指定（第24条）と、情報提供の要求、調査、是正措置、罰則の賦課等の当局が有する権限（第25条）が定められており、罰則に関しては効果的、比例的、かつ抑制的な罰則を設けることが求められている（第27条）。また、民事責任制度としては、企業が第10条および第11条の義務を「故意または過失」により遵守しなかった場合、自然人または法人に生じた損害について企業が責任を負うことが規定されている（第29条）。

3-3　CSDDDの意義と限界

グローバル企業の活動やその活動が及ぼしうる負の影響に広く関連するCSDDDは、2020年から約4年間にわたる長期の議論を経て採択された。その間に、企業側は企業やその取締役が負う過度な義務やそれによる負担への懸念を表明したのに対し、様々な市民団体は人権・環境問題の解決に資するより野心的な枠組みの実現を求めた。さらに、このような民間のステイクホルダー間の対立は、EUの立法機関である欧州委員会、閣僚理事会、欧州議会の政治的交渉にも反映された[12]。

CSDDDの最大の意義は、このような対立にもかかわらず、途中で法案が放棄されることなく、採択されるに至った点にある。上述のようにバリュー

チェーン・レベルでESG関連の問題が相次ぐ中，人権・環境問題に関して一定の義務をグローバル企業に課す枠組みの制定は画期的であるといえる。EU域内での平等な競争条件を確保するという意味でも，EUレベルでデューディリジェンスに関する包括的な法令が採択されたことの意義は大きい。

　しかしながら，ステイクホルダー間の対立と妥協の結果，当初の欧州委員会案に比べ，採択されたCSDDDが多くの点で後退したものとなっていることも事実である。例えば，CSDDDの対象企業は大幅に縮小された。欧州委員会案では売上高の閾値は1億5,000万ユーロであったのに対し，採択されたCSDDDでは4億5,000万ユーロとなった。その結果，対象企業は約13,000社から約5,400社へと半分以下に減少した。また，デューディリジェンスに関する義務の対象となる「活動の連鎖」は，特に川下の活動が狭く定義されており，廃棄などが除外されている。加えて，欧州委員会案では気候変動計画の目標と役員報酬とを整合させる規定や取締役会の善管注意義務に関する規定があったが，採択された指令ではこれらの条項は削除された。

おわりに──サステナブル・ファイナンスに関する制度改革の「成果と課題」

　本稿では，EUタクソノミーの整備と拡張，ESRS，そしてCSDDDについて検討してきた。最後に，これらの進展から伺える「成果と課題」を全体として整理しておきたい。

　「成果」は，やはり着実に制度改革が進んでいることであろう。タクソノミーについては，最低限のセーフガードに関する基準が明確化され，6つの環境目標に関して技術スクリーニング基準が一通り出そろった。持続可能性情報の開示については，SFDRに加えてCSRD/ESRSが採択されたことにより，開示義務の大枠はほぼ確立された。加えて，CSDDDについても合意がなされた。このように，サステナブル・ファイナンスの拡大に向けた制度改革は着実に進展しており，世界的にみても相当野心的なレベルの制度が構築されているといってよいであろう。

　他方，「課題」としては，制度改革の遅れと当初の野心の後退が挙げられる。タクソノミーに関する技術スクリーニング基準においては，まだ対象となって

第11章　EUタクソノミーの拡張，CSRD/ESRS，企業持続可能性デューディリジェンス指令の動向　　195

ない分野が存在している。さらに，環境タクソノミーの拡張と社会タクソノミーの導入は依然として実現していない。また，ESRSにおける開示義務は，義務範囲の狭さ，段階的導入や任意開示の存在から，開示義務の実効性や開示義務に関する法令の対応関係の確保に関して懸念を生んでいる。加えて，ESRSにおける部門ごとのルールなどもまだ策定されていない。そして，CSDDDについても，バリューチェーンの川下の範囲限定などにみられるように，妥協的な側面が目立っている。

　多様なステイクホルダーが交渉に関わるなか，サステナブル・ファイナンスの拡大に向けたEUの制度改革が十分なスピード感と実効性を備えつつ進むかどうかについては，今後も注視する必要があろう。

[注]
1　タクソノミー規則を中心とするEUタクソノミーの基本枠組については，石田（2023）（主に「2-1 EUタクソノミー」）を参照。
2　「可能にする活動」とは，環境目標に直接貢献しないものの，他の活動による環境目標への貢献を促す活動である。また，「移行活動」は，環境目標1に関して，温室効果ガスの排出を伴うものの代替策がない場合に，段階的な排出削減などによって経済の「移行」を促進できる経済活動を指す。
3　2021年7月には，タクソノミー規則第8条で定められた開示義務を具体化するための委任規則（2021/2178）が採択された。
4　PSFは，タクソノミー規則にもとづき，欧州委員会に対して技術的な助言等を行う機関として，2020年10月に欧州委員会内に設立された。
5　もう1つの進展として，データの可用性向上に向けた取組みが挙げられる。紙面の都合上，この点に関する詳細な説明は本稿では割愛する。
6　労働における基本的原則および権利に関するILO宣言で指定された8つの基本条約，および，国際人権章典に示された原則および権利を含む。
7　EUにおける持続可能性情報の開示義務については，石田（2023）（主に「1-3 ダブル・マテリアリティ」，「2-2 持続可能性に関する情報の『開示』」）を参照。
8　EFRAGは，CSRDに基づき，ESRSの草案を作成する技術顧問として2021年4月に欧州委員会により任命された。
9　本項の以下の記述については，COM（2022/71 final）とEuropean Parliament（2023a）参照。
10　ドイツのデューディリジェンス規制については，本書第13章参照。
11　2027年7月には世界売上高15億ユーロ超・従業員数5000人超のEU企業とEU域内売上高15億ユーロの非EU企業，2028年7月には世界売上高9億ユーロ超・従業員数3000人超の企業とEU域内売上高9億ユーロ超の非EU企業，そして，2029年7月には世界売上高4.5億ユーロ超・従業員数1000人超のEU企業とEU域内売上高4.5億ユーロ超の非EU企業へ，順次適用される（第37条）。
12　主要な業界団体・市民団体の主張についてはEuropean Parliament（2023a），各立法機関の提案と最終指令との比較についてはCiacchi（2024）を参照。

196 第Ⅲ部 金融・財政

[参考文献]

OECD（2018）OECD Due Diligence Guidance for Responsible Business Conduct.（日本語版「責任ある企業行動のためのOECDデュー・ディリジェンス・ガイダンス」）

石田周（2023）「サステナブル・ファイナンスの拡大に向けたEUの金融制度改革」蓮見雄・高屋定美編『欧州グリーンディールとEU経済の復興』文眞堂。

Ciacchi, S.（2024）'The newly-adopted Corporate Sustainability Due Diligence Directive : an overview of the lawmaking process and analysis of the final text', *FRA Forum*, 25, pp.29-48.

European Commission（2020）, Final Report: Study on due diligence requirements through the supply chain, external study（BIICL, CIVIC, LSE）, January.

European Parliament（2023a）, 'Corporate sustainability due diligence: How to integrate human rights and environmental concerns in value chains', European Parliamentary Research Service, May.

European Parliament（2023b）, 'Corporate due diligence rules agreed to safeguard human rights and environment', Press Release, 14 December.

Platform on Sustainable Finance（PSF）（2022a）, Platform on Sustainable Finance's report on social taxonomy, 28 February.

Platform on Sustainable Finance（PSF）（2022b）, The Extended Environmental Taxonomy: Final Report on Taxonomy extension options supporting a sustainable transition, 29 March.

EUの政策文書，法令等については，本書巻末のリストを参照。

（石田　周）

第12章

欧州グリーンディールとサステナブル・ファイナンス
―欧州グリーンボンド市場を中心に―

はじめに

　本章は，欧州グリーンディールにおける金融市場の役割に焦点を当てて検討する。欧州グリーンディールを進めるに当たって，脱炭素に向けた経済活動が必要であることは周知のことであるが，それを支援するための金融の役割も重要となる。そこで，現在のEUが進めようとするサステナブル・ファイナンス戦略と，それに基づくグリーンボンド基準，サステナブル認証について考察する。その上で，EUにおけるグリーンボンドの課題を検討し，EUにおける今後のサステナブル・ファイナンスを展望する。

1. 欧州グリーンディールにおける金融の役割と
　サステナブル・ファイナンス

　EU（欧州連合）が2019年12月に新たな成長戦略として打ち出された欧州グリーンディールは，COVID-19危機からの復興経済政策の中核に位置付けられ，「次世代EU」という復興基金が，その復興政策資金面でサポートして動き出している。欧州グリーンディールは，2050年気候中立（温室効果ガス排出実質ゼロ）を達成することを目指し，様々な経済領域に対して、諸政策を割り当てて，脱炭素社会を構築しようしている。

　蓮見（2023）によると，グリーンディールの最大の特徴は「環境（気候変動）政策とエネルギー政策を統合すること（カップリング）によって，経済成長と資源利用を切り離すこと（デカップリング）を可能にする新たな制度構築の試み」である。したがって，経済成長を目指すものの，資源利用，特に化石燃料の利用を削減してゆく産業政策といえる。

198　第Ⅲ部　金融・財政

　既にEUはグリーンディールに沿って欧州気候法，EUタクソノミー，炭素国境調整メカニズムなどの諸政策を具体化している。それはEU域内の経済主体だけでなく，EUと何らかの経済取引を行う域外の経済主体にも影響を及ぼすこととなる。そのためグリーンディール政策は世界的にも影響を与えうる環境・産業政策となる。

　また欧州グリーンディールでは，金融面が重視されている。欧州グリーンディールの政策文書（COM/2019/640）の第2章第2節では，脱炭素社会への変革に必要となる資金調達の指針が示されている。すなわち「金融と資本の流れをグリーン投資に向け，座礁資産を回避するための長期的なシグナルが必要である」として，EUタクソノミーを用いて金融システム全体をサステナブル・ファイナンスに転換させようという狙いがうかがわれる。投融資の条件にグリーンの要素を入れ，資金需要のある借り手に対してグリーン化を促すとともに，直接的に資金供給を行う金融機関に対してもグリーンな投融資を行うための規制をかけていこうとする。それらを通じて，EUでの金融取引にサステナブル・ファイナンスの要素を埋め込むことが重要となる。

　ここでサステナブル・ファイナンスとは，環境・社会・ガバナンス（ESG）の要素を考慮した金融活動の総称といえる。中でも環境に関する金融活動である環境金融（Climate Finance）に関して，国連気候変動枠組条約（United Nations Framework Convention on Climate Change：UNFCCC）は，環境金融を「排出量の削減や温室効果ガスの吸収源の強化，さらには気候変動の負の影響に対する人間および生態系の脆弱性を軽減し，回復力を維持および向上させることを目的とする」金融活動としている[1]。非営利の国際的な気候政策研究団体であるClimate Policy Initiativeもこの定義を利用しており，現在，一般的な環境金融の定義と考えられる[2]。

　金融取引の形態には銀行による預貸取引である間接金融と，金融市場で債券発行・購入を通じた直接金融がある。環境金融はそれぞれのチャネルに影響を与えようとする。本章では，主に直接金融である債券取引に焦点を当てる[3]。直接金融に関連する環境金融の金融商品として，グリーンボンドがあげられる。一般的にグリーンボンドとは，「企業や地方自治体等が，国内外のグリーンプロジェクトに要する資金を調達するために発行する債券をグリーンボン

ド」とする[4]。その発行に関して，(1)調達資金の使途がグリーンプロジェクトに限定される，(2)調達資金が確実に追跡管理される，(3)発行後のレポーティングを通じ透明性が確保される等の要件が，一般的に内外金融市場で課される。

　グリーンボンドは，2007年に欧州投資銀行(EIB)が発行したClimate Awareness Bondが起源であるとされている。2014年にグリーンボンド原則等の公表で市場環境が整備され，2015年の「パリ協定」が締結され，発行・取引が急増してきた。図表12-1にはその推移を示しているが，2016年以降，増加しており，中でも欧州各国での発行が最も多く，次いでアジア太平洋地域が続いている。

　このように世界的に金融市場において注目されているグリーンボンドであるが，二つの懸念がある。一つは国際的にグリーンボンドの定義は一般化されつつあるものの，まだ国際基準といえるものがない。そのため，発行体にとって気候変動に寄与する事業かどうかの判別がしにくく，金融市場ごとにその判定を行わねばならない。二つ目には発行体にとって定義が不明確なことを利用し

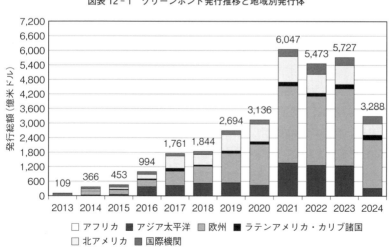

図表12-1　グリーンボンド発行推移と地域別発行体

出所：環境省グリーンファイナンスポータル（2024年8月15日現在）。

て，実際には環境改善効果がない，あるいは調達した資金が適正に環境事業に充当されていないにもかかわらず，環境適応だとするグリーンウォッシュの懸念がある事業のために発行されたグリーンボンドを，投資家が購入する可能性があることである。

このような定義の不明確さやグリーンウォッシュに関しては，各国ともそれらの問題を解消しようとしているものの，EUが脱炭素に貢献するかどうか，各事業を分類するタクソノミーを制定したことで，他の国・地域よりも一歩リードしているといえる。そこで，次節ではEUのサステナブル・ファイナンスへの取組みを概観する。

2. EUサステナブル・ファイナンス行動計画とSFDR，CSRD

EUは2018年にサステナブル・ファイナンス行動計画（以下，行動計画）を採択した。これは脱炭素社会を実現するため，金融機関，資産運用会社，企業，格付け会社，情報ベンダーなど幅広い市場参加者を対象としたEU金融市場における行動計画である。その中で重要となるのは，非財務情報の開示である。非財務情報とは，決算書などの財務情報に含まれないあらゆる情報をさすが，ここでは環境に関するもの，すなわち気候変動に対する影響に関する企業情報の開示をどのように行うかである。事業会社による非財務情報の開示がなされれば，投資家や株主は企業価値を評価しやすくなり，企業価値向上も期待できる。さらには金融機関が投融資する金融商品に関しても情報開示を行うことを通じて，金融商品の透明性が高められる。特に金融商品のグリーンウォッシュを防止するためには，この透明性が必須条件となる。

ただし，透明性を高めグリーンウォッシュを防ぐには，どのような事業活動が（気候変動対策に寄与する）グリーンで，どれが（気候変動に負の影響を与える）ブラウンなのか，さらには（気候変動社会への移行に貢献する）トランジションなのかといったことを，あらかじめ分類する基準が必要となる。EUはタクソノミー規則という環境面で持続可能な経済活動を分類する基準を設けた。これは2021年に骨格が定まり[5]，2022年7月12日，EUタクソノミー規則が成立し，2023年1月1日から適用が開始された[6]。

EUタクソノミーでは，気候変動の緩和など6つの環境目的を定義し，一つ以上の環境目的に貢献することをサステナブルな経済活動の要件とした。さらに目標を達成するための4つの要件が定められている[7]。2021年12月に発効した委員会委任規則では，計88種類の経済活動に対して気候変動緩和に寄与するのかのスクリーニング基準も定めた[8]。

このEUタクソノミーの制定と並行して，EUはサステナブル・ファイナンスの透明性を高めようとしてきた。まず，金融商品の透明性を高めるためサステナブル・ファイナンス開示規則（Sustainable Finance Disclosures Regulation：SFDR）が2019年12月に成立し，2021年3月10日に適用が開始された。SFDRは，EUタクソノミーに準拠して，持続可能な経済活動を支える金融商品を分類するEU金融市場において金融市場参加者と投資アドバイスを提供する証券会社等の金融アドバイザーにESG関連情報の開示を義務づける。内容は多岐にわたるが，市場参加者単位での開示内容としては，投資判断においてESG関連の事象により金融商品の価値が毀損する可能性をサステナビリティ・リスクとして，開示することが求められる。金融商品単位での開示内容としては，リターンに影響を与える可能性のあるサステナビリティ・リスクを開示しなければならない。ESGを促進するとした商品やサステナブル投資を目的とした商品は，より詳しい情報を開示することが求められる。また，SFDRに則って「サステナブルな投資目的を掲げる第9条商品」「環境・社会的な特性を促進する第8条商品」が定義され，それによって，EUにおけるサステナブル・ファイナンスがある程度明確となり，投資環境が改善されたといえる。

一方，非金融事業会社に対しては，企業サステナビリティ報告指令（Corporate Sustainability Reporting Directive：CSRD）が適用される[9]。このCSRDは2022年12月に最終案が示されたが，これによりEU域内で活動する中規模以上の非金融事業会社の環境，社会およびガバナンスに関する事項の詳細な報告が求められることとなった。EUタクソノミーに沿ったCSRDで規定される要求事項は，特定の米国企業やその他のEU域外の企業およびそのEU子会社など，現行のEU非財務情報開示指令（Non-Financial Reporting Directive：NFRD）に基づいて報告している企業よりも多くの企業に影響を与えると予想

図表12-2 EUサステナブル・ファイナンス戦略における三位一体関係

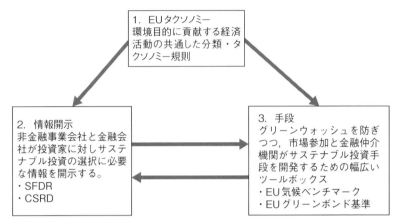

出所：European Commission (2021) "Factsheet：EU Sustainable Finance Strategy" より著者作成。

される。

このようにEUタクソノミーと情報開示規則、そして次節で述べるグリーンボンド基準などが、三位一体となってEUのサステナブル・ファイナンスを支持する政策といえる（図表12-2）。

3. EU気候ベンチマークとEUグリーンボンド基準

EU気候ベンチマークとは、株価指数などの金融指標に気候ベンチマークというEU独自の共通ラベルを導入し、グリーンボンドなど気候変動対策に貢献する投資を促す手段である。すなわち、株価インデックスなどベンダーが提供するインデックスにESG要素がどのように反映しているのかを開示するものである。

EU気候ベンチマーク規則では、ベンチマークにはEU気候移行ベンチマーク（CTB）とEUパリ協定適合ベンチマーク（PAB）の二つがある。CTBは、気候変動対策に貢献するとされる要件を満たすものとされる。PABは、パリ協定の1.5度目標と整合的な脱炭素の道筋と整合的なベンチマークとされる。そ

のため，パリ協定の目標に合致することを前提として，より厳密に構成資産の選定が必要となる。例えば，CTBでは投資可能なすべての証券のうちCO_2の削減率を30％以上とするが，PABは50％以上とする。また，投資可能な証券のうち，CTBではグリーンとブラウンの割合が同等としているが，PABではグリーンシェアを大幅に高く設定している。

　ここで重要なのは，金融指標を公表する運営機関が，ESG要素を正確に指標に反映させていることである。そのため，EUベンチマーク規則では運営機関に対して，それぞれの算出手法を開示する必要がある。

　いずれのベンチマークでも構成資産のうち，どれだけ気候変動対策に寄与できるのかを分かりやすくラベリングするもので，投資家にとってはこれらのラベルの付いたインデックスを参照する金融商品に投資をすれば，グリーンウォッシュを回避して脱炭素に貢献する企業や金融資産に投資することになる。ただし，CTBであれPABであれ，投資家がどれだけESG要素を認識して，ESG投資を進めるかが重要であり，ベンチマーク作成はその一助になるものと期待される。

　さらに，投資家に対して金融商品がESGに適合するかどうかを明示する基準として，EUグリーンボンド基準（EUGBS）がある。EUGBSは，先の欧州サステナブル・ファイナンス行動計画でも示された計画の一つであった。これをうけて，2018年7月にテクニカル・エキスパート・グループ（TEG）を設立し，EUタクソノミーの策定とともにEUGBS等の設定の検討が開始された。その後，多くの業界団体からの意見も聴取し，2021年7月6日，欧州委員会はEUGBSの規則案を提案し，2023年2月28日に，欧州委員会と欧州理事会との間で暫定合意が発表された。EUとしては，グリーンボンドの明確な基準を定めてグリーンボンドの信頼性を高めることで，グリーンウォッシュを防ぎつつ，グリーンボンドの発行を拡大させたい狙いがある。

　EUでのグリーンボンドでの資金調達は，まず[1]EUタクソノミーに準拠した経済活動に投資される必要がある。そのため，①EUタクソノミー6つの環境目標のうち，少なくとも一つ以上の環境目標に相当な貢献することが必要とされる。さらに，②いずれの環境目標についても，著しい害を与えないこと，③人権などの最低限の社会的セーフガードを順守して実施されていること[10]も

204　第Ⅲ部　金融・財政

必要となる。さらに④資金提供されるプロジェクトが技術的スクリーニング基準を満たすことといった要件がある[11]。

　さらに[2]グリーンボンドフレームワークも公表せねばならない。このフレームワークは，発行に先だって資金の使途，プロジェクトの評価・選定，調達資金の管理とその報告について，発行体が定める方針である。

　また[3]発行体によるレポーティングと外部評価機関からの評価・検証の取得が義務となっている。定期的に，グリーンボンドを発行後，資産構成を示すアロケーションレポートと，資金充当先と脱炭素に対する貢献を示すインパクトレポートを発行した上で，それぞれ外部評価機関からの評価が必要となる。

　これらの気候ベンチマークとEUGBSの導入により，EU金融市場では従来に比べて，投資家がよりESG投資を行いやすい環境が整備されてきた。ただし，その環境を利用する投資家がESG要素にどれだけ反応するのか，従来の投資姿勢を変更するのかといったことが，実際にESG投資が進捗するためには必要となる。

4.　欧州グリーンボンドでのグリーニアムの推移

　EU金融市場でのグリーンボンドの特徴として，グリーニアムを取り上げる。グリーニアムは，同じ発行条件の債券に比べて価格が高く，逆に利回りは低くなるグリーンボンド特有のプレミアムである。図表12-3ではEU金融市場での代表的な債券価格を示している。これによると，従来の債券とESG関連債の間で，業界や格付けや償還期限といった要素およびその時期のマクロ環境で調整した後の資金調達コストに違いはないものといえる。その条件を考慮すると，グリーンボンドの債券価格インデックスの方が，グリーンボンドを組み込まないインデックスよりも高い価格で推移していたといえる。この傾向はEU金融市場だけではなく，世界的に2015年〜22年第1四半期まではグリーニアムが存在していたといえる。その後，急速にグリーニアムは解消に向かっている。

　このグリーニアムが存在していた期間，EU金融市場ではグリーンボンドへの注目が高く実際に投資が進んできたものといえる。その背景に，パリ協定に

図表12-3 欧州市場でのグリーニアムの推移

出所：LSEG, Datastreamのデータを用いて，筆者作成。

より脱炭素経済への移行が注目されたこと，先述したようなEUのサステナブル・ファイナンスの取組みが評価されてきたこと，世界的な金融緩和により投資家が新たな投資先を求めていたことなどの要因が考えられる。しかし，EU市場では米国でのESG投資への反発，グリーンウォッシュの懸念，新規グリーンボンド発行の停滞などがあり，急速にESG投資への魅力が失われてきているといえる。特にグリーン関連の事業が増大しないと，その資金調達手段であるグリーンボンドの発行増加にもつながらない。グリーンボンド発行残高が限られてもそのボンドの魅力が維持されればグリーニアムは存続するが，発行が増えないことがグリーン投資への魅力を阻害する可能性もある。

ただし，図表12-4で示すように産業セクターによってグリーニアムの大きさは異なり，セクターによってはグリーニアムが維持されやすいボンドもあると想定される。これは各セクターのグリーンボンドに対する需給がグリーニアムを決定するため，セクターに対する需給状況に依存する結果である。例えば，グリーンボンド発行が活発な不動産セクターであれば供給が増加するため，投資家が割高感が強くなりやすいためグリーニアムが小さくなりやすい。自動車セクターのように企業者数の少ないセクターでは，投資先の選別が少な

206 　第Ⅲ部　金融・財政

図表 12 - 4　セクター別での 2022 年のグリーニアム（ベーシスポイント）

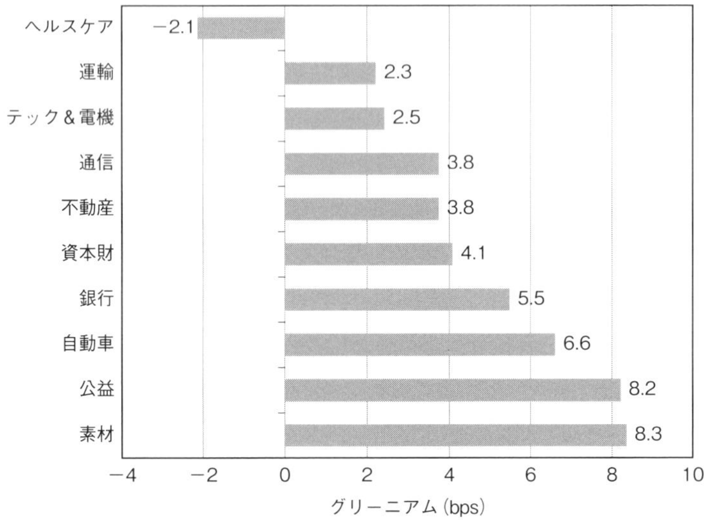

セクター	グリーニアム (bps)
ヘルスケア	-2.1
運輸	2.3
テック＆電機	2.5
通信	3.8
不動産	3.8
資本財	4.1
銀行	5.5
自動車	6.6
公益	8.2
素材	8.3

出所：アクサ IM，JP の資料より。2022 年 9 月 30 日時点のデータ。
https://www.axa-im.co.jp/research-and-insights/investment-strategy-updates/
fund-manager-views/fixed-income/what-greenium-and-how-does-it-work

いためグリーニアムが高くなりやすい。

むすびとして：今後の課題

　ここまで検討してきたように，EU はタクソノミーが制定されたことで，サステナブル・ファイナンスの定義を確立させ，そのもとで金融市場のグリーン化に向けて，そのインフラ整備を進めてきている。それを通じてグリーンウォッシュも回避を可能にしようとしている。

　本章では主に直接金融に焦点を当てて市場のグリーン化をみてきたが，間接金融である銀行融資においてもグリーン化は進みつつある[12]。EU は，これら二つのチャネルを通じて，再生可能エネルギーなどの気候変動対策に寄与する企業への投融資を促そうとしている。

　近年では世界的な ESG 投資ブームもあり，グリーンボンドへのプレミアム

第12章 欧州グリーンディールとサステナブル・ファイナンス─欧州グリーンボンド市場を中心に─　207

が高かったものの，その解消が進んできたことで，ブームが収まったかのような市場環境にある。ただしブームが去った後となり，ESG投資を冷静に分析し，本来の気候変動対策を支援するESG投資が実行されていくことが期待される。より根本的な課題として，欧州企業がグリーン関連投資やトランジション投資をするための資金需要が続くのかどうかが挙げられる。すなわち，グリーンディールでの補助金などもあるものの，気候温暖化対策を装備した設備投資や再生可能エネルギーの促進など新たな分野への投資の機会は増えているものの，企業がそれらに実際に投資するかどうかは不明である。エネルギー危機に起因するインフレ下で投資コストも上昇している中で投資計画が実現できるのかどうかが，欧州経済のグリーン化にとっての今後の不確定要素である。もし投資計画が進んでいくならば，その資金調達手段としてのグリーンボンド発行も増加するであろう。言いかえると，サステナブル・ファイナンス戦略を中心に，EUでは資金供給の枠組みが出来上がったものの，資金需要が続くのかが一つの課題である。

　このことに関連して，EU構成国内のグリーン化への調整が円滑に進むかどうかも課題である。2023年に入り，グリーンディールに，EU構成国内の企業によって達成が困難な目標が入っているとの不満の拡大し，達成のためのコスト増大が企業への負担になるとの声が高くなっている。ドイツ政府は，2023年3月，2035年から内燃機関車の新車販売を禁止する規則案に対して，ドイツ自動車メーカーが反対し，それを受けてドイツ政府はイタリア，ポーランドともにe-fuel車の販売を認めさせることに成功した。その後も，欧州議会でもグリーンディールを推進してきた中道右派EPPが，生態系回復を目指す「自然再生法案」に反対するなど，EUが必ずしもグリーンディール推進で一枚岩ではないことを示している。その原因としては，ウクライナ戦争を契機にインフレ率が高進し，企業の事業活動費用や構成国国民の生活費の上昇がある。それによって，企業を含む国民の不満が高く，EU経済のグリーン化を阻む要素となっている。EUでのグリーン関連事業に関した資金需要が継続するのかどうかが，EU金融市場のグリーン化を進める上でも重要な要素である。

　また別の視点からも課題が残る。EUの金融市場は，グリーンファイナンスの市場としての魅力が相対的に高くはないという点である。従来，EU金融市

場は間接金融が中心であり，直接金融の比重は英米に比べ高くはなかった。ブレグジット以前では英国・シティがEUの中心的な国際金融市場として位置付けられ，さらなる成長も期待された。その一方で大陸の金融市場のパリ，フランクフルト，ベルリンの取引高や魅力度は高くはないままであった。ブレグジット後も大きな変化はない。そのためESG金融市場についてもルクセンブルグを除いて，EU構成国の金融市場の魅力は高くはない。例えば，ロンドン調査会社のZ/Yenが毎年公表するグローバルグリーンファイナンス指数の2022年版ではロンドンが1位，ニューヨークが2位であり，ルクセンブルグが5位となっている。アムステルダムが11位，パリが23位と続き，相対的な魅力は高くなく，国際的なESG金融の中心となるにはその道のりは遠い。ただし，パリ市場やベルリン市場は，他の市場との関係性(connectedness)が高い。そのため，EU金融市場全体でのサステナブル・ファイナンスへの取り組みが向上すれば，ESG金融市場の魅力がそれぞれ高まる可能性はある。

　EUはグリーンディールを契機にEU経済をグリーン化するという産業政策戦略を進めようとしており，それを支えるためサステナブル・ファイナンス戦略も推進してきた。ただし，ここで述べたようにいくつかの課題は残っており，経済がグリーン化するためには，まだまだ乗り越えなければならない障害が多い。欧州理事会や欧州議会での動向もあわせて注目していきたい。

謝辞：本稿は，科学研究費補助金基盤研究(C)課題番号：22K0156(研究代表者：高屋定美・関西大学)による研究成果の一部である。

「注]
1　UNFCCC SCF (2020)。
2　ここでの環境金融はグリーンファイナンスとも呼ばれる。
3　欧州の銀行の環境金融対策については，本書第13章，第14章，ならびに高屋(2023)を参照のこと。
4　ここでの定義はわが国の環境省のものである。https://greenfinanceportal.env.go.jp/bond/overview/about.html
5　2020年7月にEU規則2020/852(Regulation (EU) 2020/85)が発効された。さらに，2021年12月にタクソノミー規則として委員会委任規則2021/2139が発効された。
6　EU規則2020/852(Regulation (EU) 2020/852)，https://eur-lex.europa.eu/legal-content/EN/TXT/?uri＝celex% 3A32020R0852。
7　前者はタクソノミー規則第9条に，後者はタクソノミー規則第3条に定められている。また，EU

はソーシャルタクソノミーも策定しようとしているが，その進捗は遅い。本章ではグリーンに関わるタクソノミーのみに焦点を当てる。また，SFDRとタクソノミー規則第18条の直接的な関係を考慮すると，タクソノミー規則に整合した「環境的にサステナブルな」経済活動への投資は，SFDRの下での製品レベルの開示要求事項により無条件に「サステナブルな投資」の要件を満たすとみなされる。

[8] EUタクソノミーの詳細については，本書第11章，ならびに高屋（2023）を参照のこと。

[9] CSRDの詳細については本書第11章を参照のこと。

[10] 例えば，OECD多国籍企業行動指針，国連のビジネスと人権に関する指導原則等が挙げられる。

[11] 技術的スクリーニング基準（TSC）とは，各環境目標について，その経済活動が「気候変動への緩和または気候に相当な貢献しているかどうか」，そして「他の環境目標に重大な害を及ぼさないかどうか」を判断するための基準を指す。

[12] これに関しては，本書第13章，第14章，ならびに高屋（2023b）を参照のこと。

[参考文献]

磯部昌吾・富永健治（2021）「EUのサステナブルファイナンス開示規則─遅延する細則策定と各社の対応─」野村サステナビリティクォータリー Spring，104-115。

川橋仁美（2021）「BNPパリバの気候変動への取り組み」『金融ITフォーカス』10月号，野村総合研究所金融デジタルビジネスリサーチ

小立敬（2022）「気候リスクに対応する金融監督・規制の現在と将来─バーゼルⅢはどのように対応できるのか？─」『野村サステナビリティクォータリー』2022年春号，30-51。

高屋定美（2023a）「グリーンディールと欧州中央銀行の役割」蓮見雄・高屋定美編著『欧州グリーンディールとEU経済の復興』所収，文眞堂，177-196。

─────（2023b）「EUタクソノミーが与えるEU域内の金融・経済活動への影響」蓮見雄・高屋定美編著『欧州グリーンディールとEU経済の復興』所収，文眞堂，225-260。

─────（2024）「欧州グリーンディールと金融機関の役割」家森信善編著『未来を拓くESG地域金融：持続可能な地域社会への挑戦』神戸大学経営研究所叢書，39-60。

蓮見雄（2023）「欧州グリーンディールの射程」蓮見雄・高屋定美編著『欧州グリーンディールとEU経済の復興』所収，文眞堂，1-55。

平石隆司（2023）「欧州を襲う「気候変動対策疲れ」と極右ポピュリズム伸張の共振」世界経済評論インパクト，No.3101。

藤井良広（2007）『金融NPO』岩波新書。

Ehlers,Torsten,and Frank Packer"（2017），"Green bond finance and certification"，BIS QuarterlyReview September.

European Banking Authority（2022）The Road Map on Sustainable Finance, December.

Fink, Albert（2014）*Bank als Schulungsweg*, Mayer INF03.

Flammer,Caroline（2020）"Green Bonds： Effectiveness and Implications for Public Policy.・Environmental and Energy Policy and the Economy1,no.195-128.

Horst Gischer,H. and B. Hertz（2021）"Current challenges for SMEs and regional banks in the European Union" Institute of European Democrats, September.

Tang,Dragon Yongjun,and Yupu Zhang（2020）"Do Shareholders Benefit from Green Bonds?"，*Journal of Corporate Finance* 61：101427.

United Nations Framework Convention on Climate Change Standing Committee on Finance（UNFCCC SCF）（2020）"Biennial Assessment and Overview of Climate FinanceFlows" https://

210　第Ⅲ部　金融・財政

unfccc.int/sites/default/files/resource/54307_1%20%20UNFCCC%20BA%202020%20-%20
Report%20-%20V4.pdf

EUの政策文書，法令等については，本書巻末のリストを参照。

（高屋定美）

第13章

ドイツにおけるグリーンディールの概要とその展望

はじめに

　欧州のグリーン・ニューディールを重層的に理解するためには，EU経済の心臓部である加盟国ドイツにおけるグリーンディールの進展と課題を概観するのが肝要である。

　ドイツの場合，連邦政府は，決して，パリ協定を受け，そこで定められた目標に依拠して受動的にグリーンディールを行っているのではない。大衆運動や立憲主義に導かれて，行政各部が体系的に目標へ向かって行動している。サステナブル・ファイナンスにおいては，ドイツ連邦自体が税制・財政で関与を深め，構造改革を起こそうとしている。

　金融システムについてみれば，教会や市民運動系のオルタナティブバンクが先駆的に再エネ投資を行っていた。近年は，政府系の復興金融公庫（KfW）のグループもけん引役となって運輸業のエネルギー効率化を図っている。ユニバーサルバンクの中小企業金融と不動産融資には巨額のサステナブル融資が隠れており，グリーン金融債による長期融資で建物のエネルギー効率化に寄与する構えである。

　グリーンウォッシュの危惧はあれど，取り締まりは厳格である。大企業は，非財務情報の開示で市場から監視されているだけでなく，海外調達先の環境と人権にも配慮する義務が課せられ，国境を越えて移行圧力をかけていく仕組みが構築されている。

　以下，EUのそれを超えるドイツ固有の目標，推進の背景，金融業界の動向と今後の課題を整理していこう。

212   第Ⅲ部　金融・財政

1. 気候保護政策と憲法判例

1-1　連邦政府の気候保護政策の体系

　ドイツ政府の気候保護政策の出発点となったのは，パリ協定に先んずる2011年のメルケル政権における「エネルギー転換（Energiewende）」である。これは，福島原発事故を受けた原発廃止政策，AI自動車，DXといった産業政策のほか，基本的には1990年からの再生可能エネルギーの推進，2000年の再生可能エネルギー法の制定を受け，化石燃料への依存を減らし再生可能エネルギーの使用を2050年までに80％に増やすための気候保護政策のパッケージであった。

　パリ協定（2015年12月12日）が成立すると，ドイツ政府は2016年11月に「気候保護計画2050―連邦政府の気候保護政策上の原則および目標」を制定した。ここでは，エネルギー転換と同様，第1に，国民経済の近代化としての気候保護，第2に，国際社会（世界とEU）での気候保護の文脈に沿うものであることを原則としている。目標としては，ドイツにおける温室効果ガス中立のため，2050までに経済・社会の「トランスフォーメーション」を行って全社会的なプロジェクトとすること，エネルギー産業，建築物，交通，産業，農業，その他の部門別にCO_2排出量の削減を求めている。また，のちのサステナビリティ金融と同様，「連邦政府自体が模範になる」という表現が組み込まれており，政府主導の政策であることが強く打ち出されている。

　この気候保護計画で定められた原則と目標を受け，2019年10月には，実行の詳細を定める「気候保護実施要領2030」（気候保護計画2050を実施するための連邦政府の気候保護実施要領2030）が制定された。これは，エネルギー，工業，運輸・農業などの部門別に温室効果ガス排出量の削減目標を定め，2030年までに1990年比55％削減を目指すこととしたものである。その手段として取り上げられたのは，第1にインセンティブを用いて二酸化炭素排出を削減させる制度であり，第2は炭素価格の導入である。

　パリ協定に基づくドイツとEUの目標を達成するため，気候保護実施要領2030を法制度にしたものが，2019年12月に施行された連邦気候保護法である。次項でみるように憲法裁判所の判決によって修正を余儀なくされた（2021年8

第13章　ドイツにおけるグリーンディールの概要とその展望　213

月)。「気候変動緊急(即応)実施要領2022」で修正された二酸化炭素排出量の削減目標は，2030までにCO2を1990年比で(55ではなく)65パーセント，ネットゼロの達成目標年は(2050年ではなく)2045年へと前倒しされた。これと関連して，2030までに再生可能燃料を(65ではなく)80パーセントまでに増やし，2038年までに石炭の廃止を達成するといったことが定まっている。

　同年にはEU排出量指令24条に基づきドイツ固有の制度を含む化石燃料排出量取引法(BEHG)が制定された。ドイツはこれにより，各国排出量取引制度(nEHS)として，建築物暖房と運輸業に係る取引制度を設置，EU排出量取引制度(産業・発電所・航空産業)とは異なり，CO_2の排出者にではなく，原料である化石燃料の供給者に課税される「川上方式」をとるのが特徴である。ドイツ固有の炭素価格(カーボンプライス)として，2021年からCO_2排出量1トンにつき25ユーロが課税されており，これが徐々に引き上げられて2025年には55ユーロが課税されることとなる計画である(ただし2023年に30ユーロに引き上げる予定は一年延期)。また2023年から石炭由来燃料を含み，2024年から廃棄物由来燃料を含む。

　補助金政策としては，建物エネルギー法(建物の冷暖房・電気の省エネ化および再エネ化に係る法律GEG)が2020年11月に施行され2024年1月には新築建物の暖房に再生可能エネルギーの使用を義務付ける改正法が施行された中で，補助金を用いて建主側のリノベーションを喚起する政策が実施されており，住居に係る毎年5万件合計320億ユーロの投資に補助金が与えられる予定である[1]。

1-2　憲法判例による負荷

　気候保護政策は，エネルギー転換という特定政権の政策やパリ協定という国際的な取り決めのような政治的な力学だけで形成されたのではない。行政を監視する司法権と大衆運動による要請も見逃せない。

　自然環境保護に関する一般的な憲法原理の展開としては，1994年の憲法改正がある。これは，ドイツ基本法に「国は，将来の世代のためにも責任を負って，法律制定による合憲的秩序の枠内で，かつ法律と法に準拠して，行政と司法を通して自然な生活基盤と動物を保護する」という第20a条を挿入した改正

214 第Ⅲ部 金融・財政

で，昨今の日本で取りざたされてくるようになった動物福祉の問題を憲法に書き込んだものである。

しかし21世紀になると，この条項が，よりマクロ的な気候変動保護の議論にも援用されることになった[2]。発端となったのは，政府が2019年に成立させた気候保護法である。この中で政府は，パリ協定に基づき2050年までにCO_2ネットゼロ（排出量を正味ゼロにすること）を達成することを目的として，温室効果ガス排出量を2030年までに1990年比で55％削減，2050年までにCO_2ネットゼロを実現するという目標を設定したが，2030年までの部門別CO_2削減目標のみを定めるにとどまり，2031年以降の目標は設けなかった。

そこに，青少年から疑義が寄せられた。この前年にあたる2018年，スウェーデンでは，グレタ・トゥーンベリ女史が金曜に座り込みを開始し，欧州全土に広がって各地で「将来のための金曜日」のキャンプが形成された。その流れを汲み，14歳の北海の島民含む青少年団で結成されたドイツ・フライディ・フォー・フューチャー（FFF）は，次の理由で気候保護法の内容が憲法違反であるとして提訴した。

1つ目の理由は，気候変動で生命と身体の自由を侵し，自然な生活基盤を保護しなければならない義務を怠っているというもので，ドイツ基本法20a条の条項を参照している。2つ目の理由は，将来の国民に負担を押し付け，その自由を侵害しているというもので，ドイツ基本法第2条に，「(1) 他者の権利を侵害せず，憲法上の規律や道義法に反しない限り，すべての人は，人格を自由に発展させる権利を有する。(2) すべての人は生命と身体の完全性に対する権利を有する。人身の自由は侵すことができない。これらの権利は，法律に基づいてのみ介入することができる」とあるのを参照している。

この憲法裁判は，一年半ほどあとの2021年3月24日に結審した。判決の要旨は，気候変動対策について，政府には将来世代の自由と権利についても責任があるが，2019年気候保護法は，必要な温室効果ガスの削減を未来に先送りして原告の青少年に不当に負担を課し自由を侵害するから，その限りでドイツ基本法第20a条に反し違憲である。ただし第2条の身体の自由を侵害しているとまでは言えないというものであった。

パリ協定も各国間の政治的な妥協の産物であり，国内立法はなおさら，ドイ

ツでさえある程度，産業・農業などに配慮した「護送船団行政」になりがちである。しかし，欧州の青年運動も，ドイツの厳格な司法も，そのような「おとなの事情」は感知しない。

この判決を受け，ドイツ政府は，条約上の分担を越えて，将来にわたる自国民の保護に必要な範囲で環境保護をする義務を負った。2カ月後の5月には，改正法によって前述のような目標強化がなされた。現行の実施要項「気候保護緊急（即応）実施要項2022」はこれに基づく改訂版である。

2. 行政組織の発展と持続可能財政の転換

2-1 執行機関および審議機関の展開

前項では，現在のドイツの気候保護政策が，実施要領から憲法原理まで一貫となって確固たる体系となっていることを示した。しかし国際的な動きがドイツへ波及して黒船のように国内政治を動かしたかのような印象を受けたとしたらそれは誤解である。行政組織における執行機関と審議機関の設置の流れを観察すると，ドイツ連邦で半世紀にわたって段階的に次第に組織が構築され，学者・実務家・消費者等の関連各界が参加する仕組みが構築されている。ここから，「気候変動保護計画2050」にあるように，第1の目的が国民経済の近代化であることが見えてくる。

環境保護のための行政組織

気候保護が政策課題となる前，環境問題が課題となった時代にさかのぼってみよう。環境問題とは，大気汚染・水質汚濁・放射能汚染といった特定地域で起きる公害，そして地域のごみ処理を扱う問題である。この意味での環境政策は，もっぱら各州環境省の管轄である。したがって関連する連邦官庁は，それぞれ州際問題の調整を行う部門と，主として汚染物質や放射能の検出をする科学者集団の部門で構成されている。

ドイツにおいて，環境の問題が取りあげられ法制度が整備され官庁が設立され始めたのは，1970年代である。当時先進的であった日本の公害対策を参考に制度が設けられ，行政組織としては，公害対策のため環境問題専門家会議

216　第Ⅲ部　金融・財政

（SRU）が設置（1971年），連邦内務省に連邦環境庁が置かれた（1974年）。

　1980年代になるとすでに二酸化炭素の削減が言われるようになり，CO_2を2005年までに1990年比で25％削減するという目標が掲げられた。コール政権の下では，チョルノヴィリの原発事故を受けて連邦環境・自然保護・原子力安全省を設置（1986年）と連邦放射線保護庁（1989年）が設置された。1990年代になると，9名の学者からなる地球環境変動学術審議会が設立され（1991年），同じころ，電力業界の独占にも変化の兆しがうまれ，再生可能エネルギーの取組みリサイクルの仕組みが構築され始めた。1993年には連邦自然保護庁（BfN）がボンに設立され，ドイツ基本法が改正されるなど（1994年），自然や動物の保護が重視されはじめ，1995年にはEUの環境管理監査スキーム（EMAS）の国内法として環境監査法も制定された。

　1999年にシュレーダー赤緑連立政権が成立すると，電力税法とエコ税制改革が行われ，2000年には再生可能エネルギー推進法（電力買取法を改定，2004改正），2002年には原子力法改正で原発新設禁止が定められ，他方で15名の有識者からなる金融制度持続的発展評議会が設置された。

気候変動に関する審議会等

　気候変動に関する組織は，EUを含む国際機関との協調や諸外国との協定がかかわることもあり，もっぱら連邦の管轄となる。日本では官僚組織だけが関与して国民や学者にも気候変動政策の重要性が伝わるのが遅れている。しかしドイツでは自然科学者，産業・市民，社会科学者が総出で審議会等に参加して気候変動政策に関与している。

　連邦政府には，1991年にまず自然科学者を中心とする地球環境変動学術審議会（WBGU：9名）が設置され，次に2001年には金融制度持続的発展評議会（RNE：15名），2019年にはサステナブル・ファイナンス審議会（38名）といった経済・金融系の諮問機関が置かれた。「学術審議会」は科学者の集団であるが，「評議会」や「審議会」には産業界や市民運動家も加わっており，各界からの意見を政府の行動に反映させる仕組みである。

　2020年からは，旧・連邦経済・エネルギー省に気候保護部局が統合されて連邦経済・気候保護省となり，同省の審議会で気候保護も議論の対象としてい

るのが新たな進展である。この連邦経済省の学術審議会は，マクロ経済政策を諮問する連邦政府の経済諮問会議（通称・五賢人会議）とは別の組織であり，現在の委員は審議会が自ら全ドイツ語圏から選任した代表的な経済学者・法学者41人で，独立して毎年6回の審議を行い，その結果を専門家報告書として連邦大臣に提出している。直近の報告書は，2022年9月に介護保険，2023年の2月には環境金融，7月に防衛力，9月に年金保険をテーマとしている。

2−2　持続可能財政の意義と環境税の位置付けの変化

　21世紀に設置された評議会と審議会を見ると，連邦政府はいわゆる「サステナブル・ファイナンス」を重視しているように見える。ただし，ここには，金融市場の整備のほか，政府税財政の活用というもう一つの視点が入っていることに注意したい。

　連邦政府の「サステナビリティ・ファイナンス戦略」を読めば，英語でサステナブル・ファイナンス（Sustainable Finance）と表記してあるものは，確かに金融市場の整備を指しており，金融市場の参加者がドイツ持続可能戦略（DNS）に参加し，アジェンダ2030を実現するのだという展望が描かれている[3]。だがそれに加え，財政政策・予算政策も収入・支出，課税・補助金を通じて金融市場参加者に影響を与えるから持続可能性に関係があるとし[4]，直接的に金融支援や投資を通じてあるいは間接的に呼び水を入れて持続可能性に寄与するとも述べており，これをドイツ語で持続可能財政政策（Nachhaltige Finanzpolitik）と書き分けている[5]。

　この持続可能財政政策の源流は，エコロジー税制（H.C.ビンスヴァンガー）やポスト成長（E.U.ヴァイツゼッカー）の概念が提唱された1970年代にさかのぼることができる[6]。「エコロジー税制」とは，当時の石油危機やスモッグ等の公害といった課題を解決するため，環境税を徴収して，① 断熱措置廃熱供給等の省エネ対策を支援するとともに，② 直接税・付加価値税の減税分を補うというものである。また，「ポスト成長」とは，「労働生産性」を追求して労働者を減らす社会ではなく，エネルギー効率化による「資源生産性」を追求して環境負荷を減らすような社会が持続可能な社会だという基本理念を提唱するものである[7]。

218　第Ⅲ部　金融・財政

　これらのうち，エコ税制理論は，1994年から96年にかけて，DIWドイツ経済研究所（ベルリン）が化石燃料と電力に増税しその分だけ企業と家計の納める社会保険料を減じて50万人の雇用を創出するという案を出したことで雇用政策の理論になり，シュレーダー政権の綱領となった[8]。1998年には環境税制改革導入法により，年金保険料削減とそれを補うべき電気税導入および鉱油税引き上げが行われた。もっともこのときは，炭鉱労働者の反発を受け，石油は課税された一方で，石炭は非課税のまま置かれ，公共交通のガソリンは優遇されるなど，気候変動保護政策としては中途半端に終わった。また，シュレーダー政権がエコ税に期待していたのは，実際には社会保険料の削減による雇用改善ではなく財政再建の財源としての担税力であった。

　第二次メルケル政権でも，エコ税制の利用を企図したのは財政再建としてであったが，はからずもドイツ経済の回復と財政の黒字化で，その考えは途中で放棄された。2013年からの第三次メルケル政権では，社会民主党が経済相のポストを握り，しかも連邦経済技術省が連邦経済エネルギー省としてエネルギー転換政策の司令塔となった。2015年パリ協定が結ばれ，第1節のごとく気候保護計画2050，気候保護実施要領2030，気候保護法が制定された。気候保護実施要領には，この政策によって政府が得る追加収入は，他の目的に流用するためでなく，二酸化炭素削減のために再投資されるか市民の負担を軽減するために利用するとの断り書きがある[9]。これは，炭素税等の課税を行う政府の主眼が，それまでのような財政再建や雇用対策のための財源づくりから，気候保護に即した経済構造改革すなわちグリーンディールへと転換したことを示すものである。

3.　金融機関の気候保護対応

3-1　再生可能エネルギーとオルタナティブ銀行・公的金融機関の動向

再生可能エネルギーの発展

　気候保護のため最重要な分野は，再生可能エネルギーの生産の増大である。再エネ発電所がどのような経済主体によって所有されているのか，その割合を確認すると，2019年には，個人30.2％，農民（太陽光・バイオマス等）10.2％

の合計40.4％を，ファンド14.2％，営利業者13.2％，プロジェクト14.2％の合計41.6％がわずかに抑える形となっている[10]。

　もともとドイツの再エネ発電所の大部分は，地産地消的な存在であったので，設立は，有限会社，協同組合，合名会社で設立され，関心ある主体が出資を行い，多くの企業は，グリーン投資の顧問会社等を通じて持ち分を分売した。ところが次第に専門の不動産開発業者とエンジニアが参入して，シェアを拡大しているのである。

　再エネ業界の啓蒙組織である再生可能エネルギー・エージェント（AEE）のまとめでは，2018年までに風力発電，太陽光発電，その他のクリーンエネルギー源に総額2710億ユーロが投資されたという。シュトゥットガルト大学の分析によると，2000年にドイツで再生可能エネルギー法（EEG）が導入されてからは特に提供されるグリーン金融商品の数が急増し，その資金の大部分が公的銀行や協同組合銀行によって賄われている[11]。

　再エネ発電所の設立を促進する金融機関側の取組みとしては，信用協同組合は，その会員の中から潜在的な投資家を得るのを助けることがある。大部分は自治体が設置している貯蓄銀行部門は，市民持株制度（Bürgerbeteiligung）により，主たる顧客である小売顧客や富裕顧客に少額でも投資可能なグリーン企画の金融商品を提供している。規模の大きな再エネ発電所の設立のばあいは，SPC（特別目的会社等）を中心に投資家，銀行，地方自治体，製造，保守，送電網の会社が関与するというような典型的なプロジェクトファイナンスで行われる場合もある[12]。

オルタナティブバンク

　ドイツの脱炭素系その他の持続可能性に対する投融資に最初に乗り出した金融機関は，教会が運営する金庫，あるいは1970年代のエコロジー運動で生まれ，主に倫理的衝動に基づいて行動する非伝統的な小規模金融機関である。FNG（Forum Nachhaltige Geldanlagen）によると2015年時点で13のそうした銀行が合計293億ユーロの預金を受け入れ，SRI分野では712億ユーロの投資信託を販売していた[13]。

　環境系金融機関の大手は，いまのところGLS銀行（信用協同組合）である。

220 第Ⅲ部 金融・財政

同行の再生可能電力資金融資は，ふつうの貯蓄銀行や信用協同組合もビジネスモデルの手本としている。Umweltbank, Ethikbank, Fidorbank等のフィンテック銀行も，環境に優しいアセットマネジメント，商業銀行業務，関連役務を行っている。オランダのトリオドス銀行もドイツで活動を行っている。

公的金融機関

オルタナティブ銀行は，起業家的先進性はあるものの規模は小さい。したがって過去何十年もの長きにわたり様々な気候関係金融で大きな役割を果たしているのは，政府系の金融機関である復興金融公庫（KfW）グループである。

KfWの本体は，再生可能エネルギー施設の建設に政策融資をしているほか，支店を持たないため市中銀行を媒介にして，中小企業金融と住宅金融に係る制度融資を行っている。

KfW子会社のKfW-IPEX GmbH（有限責任会社）は，鉄道や船舶といった交通分野のグリーン金融を行っている。これらの融資は，財投機関債にあたるKfWグリーン債や連邦特別会計で調達され，ドイツ連邦グリーン債（2020年から連邦債務庁が発行開始した連邦債券）の使途とは別である。

3-2 伝統的な金融機関の銀行業務と証券業務による対応

グリーン融資・グリーン預金

伝統的金融機関（貯蓄銀行・州立銀行，協同組合銀行，二大商業銀行）は，オルタナティブ銀行の活躍とは異なり，環境にやさしい事業機会に関して長らく無関心であった。2011年のエネルギー転換政策で，政治家や省庁の意図がはっきりしたので，ようやくこの分野に乗り出すようになったとされる。

もっとも，気候保護に資する融資は，本来的な業務の枠内でも実行されるため，「グリーン融資」と銘打ったものが少なく見えるということもある。ドイツの中規模企業のうち家族所有のものは，企業の社会的責任を財務的な理由ではなく本来業務と結び付けて背負ってきたが，非公開企業の概要は外見からはわからない[14]。これらの企業に必要とされた資金の調達は，通常の銀行融資の形態で行われる。伝統的な銀行は，一般にグリーンプロジェクトに融資することもなく，グリーン企業に融資をすることもまれであったが，中小企業の実物

投資ということでなら融資をつけた。だから資源・エネルギー集約型の製造と
商品からの脱却も，伝統的な融資業務の枠内で行われた。

　預金業務におけるグリーン金融商品では，グリーン貯蓄証書の普及が目に付
く。最初にドイツの銀行業界で用いられたのは，グリーン固定金利付き預金通
帳であった。しかし典型的なのはバーデン・ヴュルテンベルク州立銀行附属
BW-バンクが開発した「未来貯蓄証書」(Zukunfts-Sparbrief) である。これは，
顧客は任意の額をこの預金に預け，同行はこの預金を必ず地域の再生可能エネ
ルギー等のグリーン投資に向けることを約束するという仕組みである。ドイツ
の個人投資家は，市場の透明性の欠如に不信感をもっており，調べる手間もか
かり情報障壁も厚いことからグリーン投資に熱心ではない。それゆえ「投資」
においては，まだまだ認証制度の発展と金融教育の進展が望まれるわけだが，
預金や金銭信託のような商品であれば食指が動くというわけである。

グリーン債券・グリーン投信

　経済において銀行融資が重要な位置を占めるドイツでは，他の先進国の金融
市場ほどの規模を誇るわけではないが，直近では連邦政府がグリーン債の発行
を始めるなど全体的に伸びが期待される。ただし国債としてのグリーン債券の
発行は金融機関の主導で行う活動ではない。市中銀行の活動として嚆矢となっ
たのは，州立銀行であるNRW銀行が2013年に発行した35億ユーロのグリー
ン債券で，これは州内の省エネ計画，再エネ計画，生物多様性計画に使われ
た。2023年の第14回起債は10億ユーロで，これまでの総額は80億ユーロと
なっている[15]。

　金融機関が発行するグリーン債券の中には，カバードボンドとして発行され
るものもある。カバードボンドとは，特別法の規制により免許を受けた金融機
関が融資先の担保財産に基づいて発行する金融債であり，ドイツでは成年後見
人投資適格の指定を受けるなど，きわめてリスクの低い金融商品として扱われ
ている。これを非常に活発に発行している銀行は，バイエルン州立銀行の子会
社で，ベルリンに本店のあるドイチェ信用銀行（Deutsche Kreditbank：DKB）
と信用協同組合であるミュンヘン抵当銀行（Münchener Hypothekenbank）で
あり，両者とも欧州中央銀行（European Central Bank：ECB）の監督を受ける

ほどの重要金融機関（Significant Institution）である。

　後者の属する信用協同組合グループは，排出量削減だけでなく社会福祉や様々な環境問題を狙った債券を発行している。それらは，典型的なカバードボンドであることに加えて，プロジェクトを選択する際の基準に環境系指標が組み込まれており，担保に用いられる債権は，すべて住宅協同組合への融資であり省エネ改修・新設その他のために使われる。建物が環境にやさしいだけでなく社会的貢献をしているかどうかも判断基準となり，例えば社会住宅（家賃補助付きの賃貸住宅）の比率も考慮される[16]。こうした仕組みにより，排出量の3分の1を占める建物暖房分野で脱炭素に向けた金融が推進されている。

　リスクが比較的高い投資信託の分野では，近年，残念ながら大きな不祥事が新聞をにぎわせた。2021年8月にドイツ銀行子会社の資産運用会社DWSの元サステナビリティ責任者の内部告発により，2018年発売開始の個人向けESG投信の目論見書に虚偽記載があるとして，米国証券取引委員会（SEC）とドイツの連邦金融監督庁（BaFin）が調査を開始，22年6月に連邦検察庁が捜査に入り同社のCEOが責任をとって辞任したという事件である。特に個人投資家からのグリーン投信への信頼を大いに傷つけたが，これは，冷静に考えると行政規律が機能した事例ともいえるだろう。

4.　大企業による非財務情報の開示と海外調達先への統制

4−1　非財務情報開示

　気候保護を含むSDGsの達成のため，巨大資本に適切な企画・生産・流通の仕組みの構築を促す仕組みの一つが，社会的な監視を可能にする非財務情報開示規制である。この分野を扱うEUのCSR指令は，ドイツのCSR指令実施法（CSR-RUG）により，ドイツ商法典第289c条に組み込まれている。

　この諸規定は，資本市場で資金調達する企業，金融機関，および保険会社のうち500人以上の従業員を雇用する者に適用され，該当する企業は，企業のコンセプト，成果，リスク，環境・労働・社会関連の指標，人権の尊重，賄賂や腐敗の除去方策について明確に描写することを求められる。これらの描写については，経営監査士によって非財務情報網羅性の監査が行われる。違反につい

ては，秩序違反法の手続きにより最大で5万ユーロの課徴金，資本会社の場合は200万ユーロまたは不法利得の二倍，1000万ユーロまたは売上高の5%の課徴金が科される可能性があるなど，厳しい罰則規定がある。こうした制度的な規制を背景に，ドイツ企業はサステナビリティに焦点を当て非財務情報の透明性を向上させるよう促されている。非財務情報の開示によって金融市場における市場規律が滞りなく発揮されることが，持続可能性金融の期待する力学である。

　ただし情報が開示されても，グリーンウォッシュの問題が起きうる。意図的に行われる偽装は，行動経済学と環境犯罪学（窓割れ理論）の教えに従い，重大案件の処断だけでなく細かい不正も逐一正して金融市場の清廉さを保つことが重要である[17]。また，依拠するグリーン指標が林立していることで，発行者が意図せずとも，投資家が内容を誤認したり，案件同士の比較が困難なため不適切な判断をしたり，有益な投資も避けてしまったりする可能性が高まる。この問題の克服には，関連指標の整理・標準化が進むのが望ましいが，それまでは個人投資家の教育あるいは専門家の研修が欠かせない。専門家の育成については，ドイツの主要な研究大学でサステナブル金融関連の講座や研究所の設置が進んでおり[18]，専門大学による修士課程教育や専門職業学校による継続教育も普及している。

4-2　海外調達先統制

　開示規制は市場規律（資本市場および販売市場）で投資家等のSDGs投資を助けて国内の大企業の活動の統制を期待するものである。これに対し，ドイツで2021年に制定されたサプライチェーン適正評価義務法（LkSG：Lieferkettensorgfaltspflichtengesetz）は，大企業の取引先関係を通じ，ほんらい国内規制の及ばない海外下請け企業等に対して間接的に人権と環境への配慮を求めるものである。

　この法律が該当する企業（当初は3000人以上，2024年からはドイツ国内で1000人以上を雇用する企業）は，自社グループ企業や直接調達先と間接調達先に対して，児童労働，強制労働，差別待遇をしないこと，用地収奪を行わないこと，労働と健康の保護，公正な賃金をもらう権利を与えること，労働組合を

結成する権利を認めること，環境保護違反を犯さないことなどを確実に実践さ
せる責任が課せられ，違反には連邦経済輸出管理庁（BAFA）が厳格に対処す
る。こうしてドイツの大企業は，下請けや外注先も含め自然環境と人間を搾取
して価格競争をするような海外企業との取引を停止してゆくことになる。

　海外企業とその下請けは，ドイツ企業と取引を続けたいと望む限り，ドイツ
の規制基準に配慮を迫られる。これにより，ポスト成長のいう，「資源生産性」
を追求して環境負荷を減らすという「持続可能な経済活動」が貿易関係を通じ
て海外へと普及し，世界全体の気候保護の前進をはかることができる。憲法裁
判で示された重い責任を政府が果たせるかどうかは，この法律の適切な運用
と，グリーンディール等を通じたドイツ産業の卓越した優越性の維持・獲得に
かかっているのである。

[注]
1　Vgl. Oebbecke（2023）
2　Hartwick.M.G.（2023）および判決文も参照。
3　Vgl. Bundesregierung（2021,8）。
4　Vgl. Bundesregierung（2021, 14）．
5　Vgl. Bundesregierung（2021, 17）．
6　竹内（2004, 39-40）を参照。
7　2008年以降世界に広まった「脱成長」と同一視されることもあるが，源流は異なる。
8　佐藤（2016, 155-181）を参照。
9　Vgl. BMF（2019, 15）．
10　Siehe AEE（2021）
11　Vgl. Wehrmann（2022）．
12　Vgl.Schäfer（2017）
13　Vgl. Schäfer（2017）。なお，Oekobankが倒産したのは経営に問題があり，業界特有の事情ではな
　かったようである。
14　Schafer（2017, 18）．
15　Vgl. NRWBank（2023）．
16　Vgl. Schäfer（2017, 20）．
17　「ドイツ人は規則を守る」という印象があるが，それは官憲が軽微な違反を見逃さず，簡素な手続
　きによってただちに反則金を課すからである。
18　たとえばハンブルク大学経営経済社会科学部では2017年に持続可能性が重点テーマとされ2019年
　にグローバル化・ガバナンス研究センター（CGG）が持続可能社会研究センター（CSS）に改称した。

[参考文献]
佐藤一光（2016）『環境税の日独比較』慶應義塾大学出版会。

竹内恒夫（2004）『環境構造改革―ドイツの経験から』リサイクル文化社。

AEE-Agentur für Erneuerbar Energien（20021），"Neue Studie zeigt：Bürgerenergie bleibt zentrale Säule der Energiewende"，Berlin. https://www.unendlich-viel-energie.de/studie-buergerenergie-bleibt-zentrale-saeule-der-energiewende 2021年1月15日記事。

BMF（2019）Klimaschutzprogramm 2030 der Bundesregierung zur Umsetzung des Klimaschutzplans 2050, Berlin.

BMUB（2016）Klimaschutzplan 2050 Klimaschutzpolitische Grundsaetze und Ziele der Bundesregierung, Berlin.

Bundesregierung（2021）Deutsche Sustainable Finance- Strategie, Berlin.

Hartwig, M. G.（2023）「ドイツの気候保護法についての憲法裁判所の判断から2年」国立環境研究所社会システム領域

NRWBank（2023）"First Greeen Bond 2023"，Düsseldorf. https://www.nrwbank.de/en/news/2023/first-green-bond-2023-eng.html

Oebbecke, Th.（2023）Nachhaltigkeit in der Wohnungs- und Immobilienwirtschaft, Haufe, Freiburg-Stuttgart-München.

Schäfer, H.（2017）"Green Finance and the German banking system"，Uni-Stuttgart.

Wehrmann,B.（2022）"Green and Sustainable Finance in Germany"，Clean Energy Wire, Berlin.

（山村延郎）

第14章

オランダのASN銀行による
サステナブル・ファイナンスの取組み

はじめに

　本章では，オランダのASN銀行（ASN Bank）によるサステナブル・ファイナンスの取組みを概観する。2019年12月，EU（欧州連合）は新たな成長戦略として「欧州グリーンディール」を提唱し，その基軸にサステナブル・ファイナンスが据えられた。欧州グリーンディールは2050年までに温室効果ガス排出量を実質ゼロ（気候中立）にするという目標を打ち出すが，それを支える戦略には生物多様性に関する戦略も含まれる[1]。欧州グリーンディールの成功にはサステナブル・ファイナンスの拡大が不可欠だと考えられているが，その具体策を探るには欧州の金融機関による取組みを検討することが有効であろう。そこで本章では，サステナブル・ファイナンス分野で顕著な取組みを行うASN銀行の事例を確認する。

　ASN銀行はサステナブル・ファイナンスに特化した銀行であり，設立以来，環境保全と社会正義の実現を目指した投融資を行っている。同行は「金融機関の炭素会計パートナーシップ（Partnership for Carbon Accounting Financials：PCAF）」やその生物多様性版であるPBAF（Partnership for Biodiversity Accounting Financials）の設立を主導し，金融機関による投融資が気候や生物多様性に与えるインパクトを測定する手法の開発に取り組むなど，これらの分野で先駆者的な役割を果たしてきたという実績を持つ。

　本章では，まずASN銀行と同行のサステナビリティ・ポリシーの概要を確認する。そして，ASN銀行による気候変動と生物多様性の問題への取組み事例を検討する。同行によるサステナブル・ファイナンスの範囲は広く，気候問

題のみならず，生物多様性，人権問題，企業統治，動物福祉などの分野でも改善を目指している。本章では，環境ファクターである気候変動と生物多様性の分野を中心に取り上げる。

1. ASN銀行とサステナビリティ・ポリシーの概要

1-1 ASN銀行の概要

　ASN銀行は1960年に労働組合系の貯蓄銀行として設立されて以降，環境や社会正義を考慮した投融資を行ってきた。1997年に現在のフォルクス銀行（De Volksbank，当時はSNS銀行）グループ傘下に入り，現在は同行の一ブランドとなっている。資金量が約150億ユーロ，従業員数は170名程度，実店舗を有さないデジタルに特化した中小規模の銀行である。

　金融を通じて持続可能で公平・公正な社会の実現を目指すASN銀行は，ビジョン（理念）として「持続可能で，人々が他者を傷つけることなく自身の選択を自由に行え，そして誰しもが教育，良好な住環境，医療にアクセスできる貧困のない社会の実現」（ASN Bank, 2022, 5）を掲げる。「持続可能な開発」の定義は，1987年に公表されたブルントラント委員会報告書『我ら共有の未来（*Our Common Future*）』で示された「将来の世代の欲求を満たしつつ，現在の世代の欲求も満足させるような開発」である（ASN Bank, 2022, 6）。さらに，ミッション（使命）として「我々の経済活動は，社会の持続可能性を促進することを目的とする。我々は，悪影響が次世代に引き継がれ，環境や自然，脆弱なコミュニティに押し付けられる過程に終止符を打つことを目指す変化を支援する。その際，当行の健全な存続を維持するため，長期リターンを得る必要があるという視点を失わない。我々は，顧客から預かった資金を顧客の期待に応える形で運用する」（ASN Bank, 2022, 7）ことを挙げる。

　オランダにはASN銀行の他にもトリオドス銀行（Toriodosbank）などのサステナブル・ファイナンスに特化した銀行が存在しているが，「ASNの経営方針は，トリオドスよりもある意味で『過激』」（藤井，2021, 107）と言われる。というのも，ASN銀行は，「気候変動」，「生物多様性」，「人権」をサステナブルの3

228 第Ⅲ部 金融・財政

つの柱に置き，2030年までの達成目標として，同行によるすべての投融資について，①気候変動への影響をネットでポジティブにする，②生物多様性への影響をネットでポジティブにする，③衣料企業で働く労働者に最低賃金を保証することを掲げ，実際その目標達成に向けた取組みを徹底しているからである。その徹底ぶりが「ASNが投融資の除外対象とする企業は，市場全体の『環境・社会』評価で『黄信号』扱いになるとみなされるほど」（藤井，2021, 107）との評価に繋がるのであろう。

　このようにサステナブル・ファイナンスの分野で注目を集めるASN銀行であるが，世界的な枠組み作りでも主導的な役割を果たしている。2015年のパリ協定を契機として，ASN銀行は，ABN AMRO，フォルクス銀行，トリオドス銀行などオランダの14金融機関とともに「Dutch Carbon Pledge」を立ち上げた。これがPCAFへと発展するが，この動きを主導したのがASN銀行である。PCAFは，金融機関による投融資先の温室効果ガス排出量（ファイナンスド・エミッション［Financed emission］）の算出基準や情報開示のガイドラインである「PCAFスタンダード（PCAF Standard）」を公表するなど[2]，2024年8月末現在で約500の金融機関が加盟する国際的イニシアチブに発展している。また2019年末には，PCAFの生物多様性版であるPBAFもまたASN銀行の主導により設立された。2022年にPBAFは金融機関による投融資が生物多様性に与える影響（生物多様性フットプリント）の算出基準である「PBAFスタンダード（PBAF Standard）」を公表している[3]。PBAFには，2024年8月末現在で約70の金融機関が加盟している。

1-2　サステナビリティ・ポリシーの概要

　ASN銀行は，自行やASN投資ファンドが投融資の対象となる企業や組織，そしてプロジェクトを選別するためのポリシーを設けている。このポリシーは，同行のビジョンやミッションを具体化したものである。こうしたサステナビリティ方針のガイドラインをまとめたものが「ASN Bank Sustainability Guide（以下，サステナビリティ・ガイド）」ある。

　「サステナビリティ・ガイド」には，各国のリスク分析や選別プロセス，国債や地方債，グリーンボンドの審査基準，プロジェクトローン等の審査基準と

選別プロセス，ASN投資ファンドによる投資対象の選別基準などが具体的に示されている。特に，ASN投資ファンドの選別基準では，個別企業の選別プロセスやリスク分析に加え，投資判断において「除外される活動」と「回避される活動」が示されている。これは投資だけでなく融資にも適用される基準とされ，サステナブル・ファイナンスを徹底するASN銀行がどのような活動を投融資から除外するのか，その基準を知ることができる。ここでは「サステナビリティ・ガイド」の概要の一部を示す。

ASN銀行は，1970年代に南アフリカにおけるアパルトヘイト政策を批判して同国を投融資の対象外とするなど，人権面を考慮した投融資判断を行ってきた。カントリーリスク分析では，「平和」，「民主主義と自由」，「児童労働」，「結社の自由」，「強制労働」，「差別」，「汚職」という7つのトピックについて，各国状況の調査に基づきスコアが算出され，「低リスク国」，「中リスク国」，「高リスク国」に分類される。スコア算出の根拠は，各種団体や国際機関が発表する指数や，国際条約への批准の有無である。例えば「平和」が脅かされているほど，その国の企業の人権侵害リスクは高まると考えられる。その国が平和かどうかは当該国の安定性の程度や紛争の存在によって判断され，指標として「世界平和度指数(Global Peace Index：GPI)」等が利用される(ASN Bank, 2022, 7-12)。

また，政府債に対する投資でも，「人権」，「気候」，「生物多様性」について特定の基準を満たす場合にのみ投資が承認される。まず，除外基準によって対象となる国が選別される。その際の基準は，ASN銀行が指定する国際条約に全て批准しているか否かである。例えば，「人権」では拷問等禁止条約など，「気候」ではパリ協定など，「生物多様性」では生物多様性条約などが含まれる。そして非除外国の中から，図表14-1に挙げられる項目について，各種指標を用いてスコアが算出され，対象となる国が選定される(ASN Bank, 2022, 13-17)。

さらに，投融資対象となる経済活動についても，「除外される活動」と「回避される活動」の基準が設けられている。「除外される活動」は，いかなる状況下でも投融資することが認められない活動であり，「回避される活動」は，基準を満たせば投資できるが，通常は投資できない活動を指す。また，これら活動

230　第Ⅲ部　金融・財政

図表14-1　国別評価のサステナビリティ基準

	項目	指標	指標に基づく評価
人権	国防費	国家予算に占める国防費の割合	低いほど良い
	汚職	汚職のリスク	低いほど良い
	所得不平等	最も高い所得層と最も低い所得層の差	低いほど良い
	開発支援	政府支出における開発支援の割合	高いほど良い
	言論の自由	言論の自由を制限するリスク	低いほど良い
	児童労働	児童労働が生じるリスク	低いほど良い
	強制労働	強制労働が生じるリスク	低いほど良い
	差別	差別のリスク	低いほど良い
	結社の自由	結社の自由が制限されるリスク	低いほど良い
気候	温室効果ガス	1人当たり温室効果ガス排出量	低いほど良い
	再生可能エネルギー電力	総発電量に占める再生可能エネルギー電力の割合	高いほど良い
生物多様性	核エネルギー	生産された1人当たり核エネルギー量	低いほど良い
	自然環境保護地域	自然環境保護地域の表面積	高いほど良い
	大気汚染	1人当たり硫黄酸化物排出量	低いほど良い
	廃棄物処理	1人当たりの陸上廃棄物処理量	低いほど良い

出所：ASN Bank（2022）16をもとに筆者作成。

に（製品やサービスを提供するなど）間接的に企業が関与する場合の基準も設けられている。図表14-2には「サステナビリティ・ガイド」に記載された，除外される活動と回避される活動に含まれる活動をまとめている。例えば「アルコール飲料」は，健康を害するものであり，過度の摂取は社会的にも悪影響を及ぼすため，ASN銀行はアルコール飲料を製造する企業や，アルコール飲料の販売，流通，取引で総売上高の10％以上を稼ぐ企業には投資を行わない。ただし，それらの売上高が10％未満の企業に投資できるという基準も設けている（ASN Bank, 2022, 41-43）。

　このように，ASN銀行は投融資判断の基準となるサステナブル・ポリシーを具体的に定めて審査や選別を行っているが，それは次に確認する気候問題への取組みでも同様である。

図表14-2 「除外される活動」と「回避される活動」に挙げられる活動

武器	畜産業	廃棄物処理
原子力エネルギー	漁業	金融サービス
タバコ	野生動物の扱い	輸送業
アルコール飲料	化石原料	鉱業
大麻製品	セメント	オンラインショップ
ギャンブル	石油化学・一次鉱物	水不足
ポルノグラフィ	化石原料	森林破壊
遺伝子組換え	ダム	パーム油
毛皮，皮革，羽毛	第一世代バイオ燃料	農業

出所：ASN Bank（2022）42-56をもとに筆者作成。

2. 気候変動問題への取組み

2-1 ASN銀行と気候問題

　2013年，ASN銀行はすべての投融資での気候中立を達成目標に掲げた。この目標を達成するため，投融資ポートフォリオにおける温室効果ガス排出を「損失（カーボンロス）」，排出の回避を「利益（カーボンプロフィット）」として捉えて測定する手法（Carbon Profit and Loss Account）を開発した。排出の回避はエネルギー節約や再生可能エネルギー分野への投融資が可能にする。自身の活動や投融資を原因とする温室効果ガスの総量が，回避された温室効果ガスの総量と均衡する（釣り合う）ことで気候中立が達成される（Linthorst et al., 2017, 6）。2018年にASN銀行自身が気候中立を達成したため，2030年までにすべての投融資で気候変動への影響をポジティブにすることを新たな目標に掲げる。

　「気候」は「生物多様性」や「人権」の問題と密接に関連している。気候変動により干ばつや氾濫，その他の異常気象が生じれば，地域的な食糧不足を招く恐れがある。その影響は貧困国の人々の生活に一層大きな打撃を与え，平和や秩序の脅威となりうる。また，地球規模の温暖化は種や生態系の消失をも招くため，気候変動は生物多様性への深刻な脅威にもなる（ASN Bank, 2021, 5）。

232 第Ⅲ部 金融・財政

それでは，ASN銀行はどのように気候問題の解決に取り組んでいるのか。
気候政策をまとめたASN Bank（2021）の内容をもとに，次にその一部を確認
する。

2-2 気候変動に関するサステナブル・ポリシー

ASN銀行やASN投資ファンドは，温室効果ガス排出量の低い先に投融資を
する他，エネルギー効率を高める活動や再生可能エネルギーに積極的な資金提
供を行っている。また，投資家としての立場から「エンゲージメント」や「議決
権行使」も重視する姿勢を取っている。さらに，同行のサステナビリティ方針
に照らして投資先を「選別」し，また温室効果を増大させるような以下のよう
な活動を「除外すべき活動」として投資対象から排除する。対象となる活動は，
① 高レベルの温室効果ガス排出を引き起こす発電または熱供給，② 高レベル
の温室効果ガス排出を引き起こす活動，③ 使用時に高レベルの温室効果ガス
排出を引き起こす製品，に分類される（ASN Bank, 2021, 11, 13）。

① について，ASN銀行によれば発電は最も温室効果を増大させる活動であ
り，具体的には「褐炭，石炭，シェールガス，石油，オイルサンド」，「天然ガ
ス」，「バイオ燃料」による発電が含まれる。「天然ガス」を使用する発電は，化
石燃料よりも温室効果ガス排出量が少ないため，気候問題に好ましい投資対象
のように見える。だが，天然ガス採掘もメタンガスの形で温室効果ガスを発生
させるため，同行は天然ガスによる発電への投資を避ける。また，木材などを
原料とする「バイオ燃料」も温室効果ガスの排出削減に貢献すると言われるが，
生物多様性に悪影響を及ぼすため，この分野への投融資も回避される（ASN
Bank, 2021, 13-14）。

② については，「褐炭，石炭，石油，オイルサンド，天然ガス，シェールガ
ス，石油化学製品，卑金属の採掘・抽出・生産，セメント生産」などの活動が
含まれる。これらの活動は高水準の温室効果ガス排出を引き起こすため投資さ
れない。また，鉱業会社や鉱業活動への投資も避けられる。ASN銀行によれ
ば，ほとんど全ての鉱山会社が温室効果ガスを排出して，土壌汚染，水質汚
染，大気汚染を引き起こし，自然保護地域で採掘を行うなど，重大な環境違反
の責任があるという。また，原生林の大規模な伐採や焼畑など，森林破壊をも

たらす企業にも投資されない。③ は内燃機関を指すが，同行は公共交通機関
によるその使用までは否定しない（ASN Bank, 2021, 14）。

　エネルギー効率や再生可能エネルギーへ投資を行えば，温室効果ガスの排出
を「回避」でき，さらに温室効果ガスを発生させる活動を除外すれば，そもそ
もインパクトを排除できる。こうしてASN銀行は気候ポジティブ達成に取り
組む。

3.　生物多様性問題への取組み

3-1　金融機関向け生物多様性フットプリント（BFFI）の開発

　人類史上，類を見ない速さで進行する生態系の消失は，気候分野と並ぶ深刻
な地球環境問題と考えられている。PBAFは2022年に「PBAFスタンダード」
を公表し，生物多様性フットプリントを算出するプロセスを公表しているが，
それに先駆けてASN銀行は，環境コンサルティング企業のPRé Sustainabilityや
CREMらとともに「金融機関向け生物多様性フットプリント（Biodiversity Foot-
print for Financial Institutions：BFFI）」という測定手法を開発している。本節
では，これら測定手法の概要を含めた生物多様性に関する取組みを検討する。

　BFFIは，LCIA（Life Cycle Impact Assessment）すなわち企業による製品
やサービスの開発→原料調達→生産→出荷→運搬→使用→廃棄までの流れ（ラ
イフサイクル）における環境負荷（インパクト）を評価する手法をベースとして，
EXIOBASE（公開データベース），ReCiPe（環境負荷が生物多様性，気候，人
体などへ及ぼす影響を，特定の係数を用いて算出するLCIA手法の一つ）を組
み合わせたものであり，次の4ステップで構成される（図表14-3）。

　ステップ1では，投資対象となる企業の活動範囲が報告書等を用いて分析さ
れる。経済活動の範囲には「スコープ（scope）1～3」が用いられる。スコープ1
の範囲はその企業自身の活動，スコープ2の範囲は電力などエネルギーを生産
する企業の活動，スコープ3の範囲は製品やサービスの生産に必要な原材料の
調達から廃棄処分に至るまでのサプライチェーン全体である。投融資の影響が
及ぶ範囲をどこまで含めるかは個別に検討されるが，生物多様性の場合，その
影響はサプライチェーンの上流や下流で集中的に発生するため，スコープ3ま

図表14-3　BFFIの4ステップ

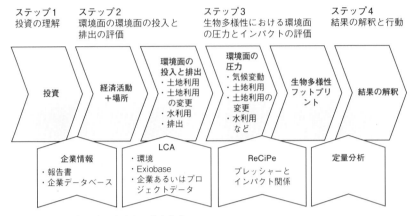

出所：PBAF(2020)16をもとに筆者作成。

で対象に含める必要性が高くなる。

　ステップ2では，環境負荷が分析される。すなわち，土地や資源の利用（インプット）が環境へどの程度の負荷をかけるのか（アウトプット），その連関がデータベースを用いて定量的に分析される。環境負荷を分析するために用いられるデータベースの一つがEXOBASEである。EXIOBASEは，ノルウェー科学技術大学，オランダ応用科学研究機構（TNO），ヨーロッパ持続可能性研究機構（SERI）などで構成されるEXIOBASEコンソーシアムによって開発された世界経済を対象とする環境面での供給使用表（Supply-Use Table）・産業連関表（Input-Output Table）であり，環境的なインプットとアウトプットのデータが収集・分類されている。2024年8月末時点での最新版であるバージョン3では，49の国と地域，200の製品，163の産業，417の排出カテゴリ，662の材料資源カテゴリ等が含まれている[4]。

　ステップ3では，ステップ2で特定した環境負荷の生物多様性に及ぼす影響が算出される。排出物質や資源利用が環境に与える影響をスコア換算するのに用いられる手法が，オランダ国立公衆衛生環境研究所（RIVM）の開発したReCiPeモデルである[5]。ReCiPeモデルでは，特定の係数を用いて，製品のラ

イフサイクル内で排出される有害物質が環境負荷に換算され，さらにその環境負荷が生物多様性をどの程度消失させるのかがスコア換算される。例えば，カドミウム（Cd）の排出は，生態毒性（1.4 DCB eq.の単位で表されるスコア）を悪化させ，生物多様性へ損失（PDF.m^2.yrの単位で表されるスコア）を与える。PDFは「潜在的に失われた種（Potentially Disappeared Fraction）」を意味し，一定期間（通常は1年間）に何m^{2}の範囲で種が完全に消失したのかを表す。ステップ4では，定量分析により結果の解釈が行われるほか，定性的な分析も加えられる（PBAF, 2020, 18-21）。

　こうして，最終的に金融機関による投融資が生物多様性に与える潜在的なインパクトが測定される。インパクトには，経済活動が生物多様性を潜在的に損失させる「負のインパクト（negative impact）」，負のインパクトを回避する活動である「回避されたインパクト（avoided impact）」（例えば，環境負荷の高い原材料から低い原材料への置換），生物多様性を増進させる活動である「正のインパクト（positive impact）」などがあり，これらを合算したものが「ネットのインパクト（net impact）」である。ASN銀行の投融資先には国債や地方債などの債券，風力や太陽光などの再生可能エネルギー，住宅ローンなどが含まれるが，例えば住宅ローンの生物多様性フットプリントがネガティブだとしても，風力エネルギーの生物多様性フットプリントがポジティブであれば互いを相殺して「ネットで」のインパクトを測定することができる（PBAF, 2020, 26-27）。

　しかし，生物多様性の損失がもたらす経済的な影響を数値化する作業は複雑であり，細かい地域に分類した企業の事業活動に関するデータの乏しさ，生態系サービスの供給に対して生物多様性の損失が与える影響を数値化することの困難さ，生態系システムにおける予測不可能性，気候変動に比べて対応の予測が困難，といった点も課題として指摘されている（林, 2021, 96-97）。これらの解決が今後に向けた課題だと言えるが，部分的にはこうした課題を乗り越えるための試験的な取組みも行われている。次にそれを確認する。

3-2　地域特定的な生態系サービス評価に向けた取組み

　BFFIだけでは測れない課題を克服するための取組みが，「生態系サービス

評価データベース（Ecosystem Service Valuation Database：ESVD）」[6]を利用した評価方法である。この評価方法は，生態系サービス（供給サービス，調整サービス，生育・生息地サービス，文化的サービス）を貨幣価値で表し，経済活動が特定地域の生態系に与える影響を測定するものである。画像データや地理情報データ等と組み合わせることで，より細かな地域を対象とした生態系サービスの貨幣価値の変化を明示することが可能となる。これにより，具体的な生物多様性や生態系サービスの影響に関する知見の提供できるほか，「自然関連財務情報開示タスクフォース（Taskforce on Nature-related Financial Disclosures：TNFD）」[7]が提言する「LEAPアプローチ」（自然関連のリスクと機会に関する総合評価プロセス）への活用も期待される。以下では試験的分析の報告書であるVan 't Hoff et al.（2022）をもとにその概要を示す。

　ESVDからは，特定の時点（2020年における国際ドル/haで基準化された）における生態系サービスの潜在的な経済的価値を示すデータを得ることができる。分析は4ステップで構成されている。ステップ1では，投資プロジェクト内容の文脈を把握し，複数のシナリオが設定される。例えば，土地利用が現状維持された場合のシナリオと，投資によって土地利用に変化が生じる場合のシナリオである。ステップ2ではESVDによる生態系データと，国際連合食糧農業機関（FAO）等によって開発されたABC-Map（Adaptation, Biodiversity and Carbon Mapping Tool）[8]が提供する地理情報データとが連携される。これにより，特定の地域とその地域における生態系サービスの価値とが結びつけられる。ステップ3では，土地表面に変化が生じた場合の生態系サービスの貨幣的価値が計算される。ただし，ESVDから得られるデータには含まれない生態系サービスもあるため「真の価値」を反映するわけではない。ステップ4では，生態系サービスの「総経済価値（Total Economic Value：TEV）が算出される。TEVは特定地域における生態系サービスの潜在的な最大価値を示す。さらに，そこから一定の割引率を使って「正味現在価値（Net Present Value：NPV）への換算も行える（Van 't Hoff et al., 2022, 13-15）。

　Van 't Hoff et al.（2022）では，ケーススタディとして，以上の手法を使って，実際の投資プロジェクトがその地域の生態系サービスの経済価値に与える影響を測定した事例がいくつか示されている。そのうち，オランダにおける森林再

生のための投資プロジェクトでは，農地利用（現状のまま）シナリオと森林再生シナリオとで総経済価値の比較が行われている。土地利用が農地のままであれば，そこから得られる生態系サービスの価値の大部分は，供給サービス（原材料）の価値が占める。一方，農地から森林へ土地利用を変更すれば，農地利用によって供給される「原材料」が減少するため，供給サービスの総経済価値は低下する。しかし，「大気質調整」や「気候調整」といった調整サービス，「遺産の価値」などの生育・生息地サービス，「レクリエーションや観光の場と機会」といった文化的サービスの経済価値は上昇する。オランダの森林再生プロジェクトを対象とした分析では，森林再生の総経済価値は，農地利用のそれより3倍高いと推計される（Van't Hoff et al., 2022, 19）。

　経済活動が生態系サービスに及ぼす影響はさまざまであり，トレードオフの関係も存在する。上述のような森林再生プロジェクトは，食糧生産から得られる利益を減少させるが，気候調整やレクリエーション機会の増加を通じて社会的な価値を増加させる。調整サービス，生育・生息地サービス，文化的サービスは社会に必要不可欠であるにもかかわらず，市場で取引されることはない。これら手法を用いれば，その隠された利益を可視化し，生態系の重要性に光を当てることが可能になる。

　しかし，ESVDでは，企業や組織が特定地域における生態系サービスへの依存度までは測定できない。そこで，企業の自然への影響や依存度の大きさを金融機関が把握するためのツールである「ENCORE（Exploring Natural Capital Opportunities, Risks and Exposure）」[9]と連携させれば，企業が依存する生態系サービスを識別できる。またBFFIと組み合わせれば，生物多様性の損失が生態系サービスの経済的価値に及ぼす影響も測定できるとの可能性も示されている（Van 't Hoff et al., 2022, 31-32）。このように，生態系サービスの供給に対して生物多様性の損失が与える影響を数値化する試みが行われている。

おわりに

　本章では，ASN銀行によるサステナブル・ファイナンスの取組みを概観してきた。ASN銀行はサステナビリティ基準を設けて投融資判断を行い，投融

238　第Ⅲ部　金融・財政

資先の活動が環境に与える影響を測定する手法の開発に取り組んでいる。ASN銀行の取組みの一部は，改良を加えつつPCAFやPBAFを通じて「国際基準」にまで発展している。これにより，世界の金融機関が，環境インパクトの測定手法や情報開示の手法を入手することが可能となり，「持続可能性の主流化」(蓮見・高屋, 2023)に向けた動きが加速しつつあると言えよう。

　先行する気候問題への取り組みに加え，今後は生物多様性や生態系サービスの問題への取り組みも本格化していくことが予想される。しかし，気候分野に比べれば，自然関連の分野ではその基準作り等にまだ課題が残される。林(2021)が指摘するように，気候問題と比べ，自然関連の分野では世界的なコンセンサスが定まっていないことに加え，数値化や全体像把握の困難さが伴うことが課題の要因だと考えられる。ASN銀行は，自らを金融部門における気候問題の「influencer（影響者）」，「connector（連結者）」，「champion（擁護者）」だと表現するが(ASN Bank, 2021, 11)，今後も生物多様性の分野で同様の役割を果たし，課題克服に向けた先例を示してくれるだろう。彼らの取組みを引き続き注視したい。

[注]
[1]　日本産業新聞「欧州先行の『自然資本』枠組み」2021年4月2日，2ページ。
[2]　https://carbonaccountingfinancials.com/
[3]　https://www.pbafglobal.com/
[4]　https://www.exiobase.eu/
[5]　https://www.rivm.nl/en/life-cycle-assessment-lca/recipe
[6]　https://www.esvd.info/
[7]　https://tnfd.global/
[8]　https://abc-map.org/
[9]　https://encorenature.org/en

[参考文献]
白井さゆり(2022)『SDGsファイナンス』日本経済新聞出版。
橋本理博(2022)「オランダの金融機関におけるESG金融の取り組み—ASN銀行が用いる生物多様性フットプリントの概要」，家森信善編『関西における地域金融面からの事業支援の課題—ポストコロナを見据えた地域金融のあり方—』(一般財団法人アジア太平洋研究所(APIR)研究会報告書)，122-137.
─────(2024a)「オランダの金融機関における生物多様性の保全に向けた取り組み—金融機関による投融資が環境に与える影響の可視化」，『大銀協フォーラム研究助成論文集』(大阪銀行協会)第28

第14章　オランダのASN銀行によるサステナブル・ファイナンスの取組み　　239

号。

――――（2024b）「ASN銀行の投融資におけるサステナビリティ方針の概要」，家森信善編『未来を拓くESG地域金融―持続可能な地域社会への挑戦』神戸大学出版会，60-79。

蓮見雄・高屋定美編（2023）『欧州グリーンディールとEU経済の復興』文眞堂。

林宏美（2021）「生物多様性がもたらす金融リスクおよび機会への取組み―気候変動と並ぶ環境（E）ファクター―」，『野村サステナビリティクォータリー』2021年冬号，79-97。

藤井良広（2021）『サステナブルファイナンス攻防―理念の追求と市場の覇権』一般財団法人金融財政事情研究会。

ACTIAM, ASN bank, CDC Biodiversité（2018）"Common ground in biodiversity footprint methodologies for the financial sector". https://crem.nl/wp-content/uploads/2019/01/common-ground-report-asn-bank.pdf.

ASN Bank（2021）"ASN Bank Climate Policy". https://www.asnbank.nl/web/file?uuid = a9281b2d-2454-47d2-a773-ee420f5f02ed&owner = 6916ad14-918d-4ea8-80ac-f71f0ff1928e&contentid = 713

ASN Bank（2022）"ASN Bank Sustainability Criteria Guide". https://www.asnbank.nl/web/file?uuid = 5fc10aee-1969-491d-9381-5de239f4a466 & owner = 6916ad14-918d-4ea8-80ac-f71f0ff1928e& contentid = 673

CREM（2019）"Positive Impacts in the Biodiversity Footprint Financial Institutions". https://www.asnbank.nl/web/file?uuid = 31cd78bc-c3ed-4ccd-804b-b5c855b1ec52&owner = 6916ad14-918d-4ea8-80ac-f71f0ff1928e&contentid = 3102.

Linthorst, G., W. Meindertsma and O. Krabbe（2017）"ASN Bank Carbon Profit and Loss Methodology". https://www.asnbank.nl/web/file?uuid = a3a2d821-334e-4742-afa8-920a5d9ec61d&owner = 6916ad14-918d-4ea8-80ac-f71f0ff1928e&contentid = 765

PBAF Netherlands（2020）"Paving the way towards a harmonised biodiversity accounting approach for the financial sector", https://www.pbafglobal.com/files/downloads/PBAF_commongroundpaper2020.pdf.

Peet, Jan.（2000）*Rente zonder bijsmaak*：*Een geschiedenis van de Algemene Spaarbank voor Nederland en van haar ontwikkeling naar een ethische bedrijfvoering, 1960-2000*, Amsterdam.

PRé Sustainabiliy（2021）"ASN Bank Biodiversity Footprint：Biodiversity Footprint for Financial Institutions Impact Assessment 2014-2019", https://www.asnbank.nl/web/file?uuid = 14df8298-6eed-454b-b37f-b7741538e492&owner = 6916ad14-918d-4ea8-80ac-f71f0ff1928e&contentid = 2453.

Van 't Hoff., Vince, Mieke Siebers, Arnold van Vliet, Wijnand Broer, Dolf de Groot（2022）"Make nature count：integrating nature's values into decision-making", https://www.asnbank.nl/web/file?uuid = a50f13c5-01ec-4f73-8a23-8b61573bbdba&owner = 6916ad14-918d-4ea8-80ac-f71f0ff1928e&contentid = 5054

（橋本理博）

第15章

英国におけるグリーンファイナンス戦略の特徴と展望

はじめに

　欧州ではEUがサステナブル・ファイナンスのルール作りで先行し，EUタクソノミーやサステナブル情報開示ルールの制定を進めているが，欧州最大の国際金融センターを有する英国においても，グリーンファイナンス市場の整備が進んでいる。

　英国は，ネットゼロの達成を先進国の中ではいち早く法的にコミットし，2019年にはテリーサ・メイ政権の下で，環境目標達成のためのグリーンファイナンス戦略を策定し，2023年にはリシ・スナク政権の下でそのアップデート版を発表した。

　英国におけるグリーンファイナンス戦略は，気候関連財務情報開示タスクフォース（TCFD）提言など国際基準に沿ったものであり，EUにおける制度設計とも基本的には調和が図られている。他方で，英国独自の特徴として，EUがネットゼロ政策を製造業などの産業強化策と結び付けようとしているのに対し，英国は，世界初の「ネットゼロ金融センター」をめざし，グリーンファイナンスのグローバル・ハブとなることで，環境目標の達成を，金融セクターの国際競争力強化とも結び付けようとしている。

　本章では，英国のグリーンファイナンス戦略の特徴と展望を確認するべく，第1節では労働党政権時代から保守党のテリーサ・メイ政権までの制度発展の経緯について概観し，第2節ではEU離脱後の動向から労働党政権発足までの現在地を確認する。その上で第3節ではEUとの類似点と相違点について考察し，第4節では，まとめにかえて英国がめざすネットゼロ金融センターの行方

を，国際金融センターとしての歴史を踏まえつつ展望する。

1. 英国におけるグリーンファイナンス戦略の始動

1-1 世界に先駆けてネットゼロ法制化を進めた英国

　英国における気候変動戦略の嚆矢は，2006年10月に発表されたスターン・レビューであろう（Stern, 2006）。元世界銀行のチーフエコノミストであるニコラス・スターン教授が作成し，気候変動の経済への影響を測った同レビューは気候変動対策が何も行われないままであると，世界GDPの5％が毎年失われる一方，対策を講じることで，コストは同1％程度にまで抑えられるという結論が示され，大きな話題を呼んだ。

　スターン報告書を皮切りに，英国では気候変動に対する意識が高まり，労働党のゴードン・ブラウン政権下，2008年11月には温室効果ガス（以下GHG）を2050年までに1990年比80％削減することを義務付ける2008年気候変動法（Climate Change Act 2008）が世界に先駆けて成立した。同時に，GHGの排出量を削減するための排出量上限設置の仕組みであるカーボンバジェットも新たにつくられた。さらに，気候変動への取組みに関するチェックを行う独立機関である気候変動委員会（Climate Change Committee：CCC）が設立された。CCCは，英国および先進国政府に対して排出目標を助言することを責務とし，GHG排出削減の進捗状況と気候変動適応の準備に関する進展を英国議会に対して毎年報告することとなった。

1-2 テリーサ・メイ政権下でつくられた初のグリーンファイナンス戦略

　2015年12月のパリ協定合意を受けて，保守党のテリーサ・メイ政権下で2017年にはGHGの削減を進めながら経済成長をめざすクリーン成長戦略が，ビジネス・エネルギー・産業戦略省（BEIS）主導で策定された。（HM Government, 2017）。

　その後，2019年5月にCCCが1.5度目標の達成には2050年までのネットゼロ達成が必要との助言を行うと，同年6月にはG20諸国では初となる2050年までのネットゼロ義務の法制化が進められ，2019年7月には「グリーンファイナン

242 第Ⅲ部 金融・財政

ス戦略：よりグリーンな未来へ向けた金融の移行(Green Finance Strategy：Transforming Finance for a Greener Future)」が発表された(HM Government, 2019)。

同戦略では，①民間部門の資金の流れを，政府によって支援されたクリーンで環境的に持続可能かつ強靭な成長と一致させることと，②英国の金融セクターの競争力を強化することの2点が，目的として挙げられた。同時に，この目的を達成するための手段として「Greening Finance(グリーンな金融システム構築)」，「Financing Green(環境分野への融資加速)」，「Capturing the Opportunity(機会をつかむ)」という三つの戦略が示された。

ここで言う，「Greening Finance」とは，気候変動に関するリスクと機会を投資の意思決定に組み込むような制度設計の構築のことであり，投資家に対する金融機関の情報開示と，タクソノミーなどそのための制度設計が中心となる。この意思決定に必要な要素を提供する手段として，TCFD提言の内容は捉えられている。

他方，「Financing Green」とは，環境に対応できる持続的な発展に向けた投資を増やしていくために，資金を融資することである。最後に，「Capturing the Opportunity」とは，国際金融センターである英国が，グリーンファイナンスの分野でもグローバルなハブをめざそうとする，金融セクターにとっての戦略である。

2. EU離脱を見据えた英国のグリーンファイナンス「新戦略」

2-1 ボリス・ジョンソン政権による新たな環境政策：「10-Point Plan」

ブレグジット交渉の挫折から辞任したメイ首相の後を受け，2019年7月に誕生したジョンソン政権は，翌2020年11月に「グリーン産業革命を推し進めるための10-Point Plan」を発表した(HM Government, 2020)。この政策は，クリーンエネルギー(洋上風力，水素，原子力)や電気自動車(EV)の増強，路上交通や航空・船舶の脱炭素化，住宅のグリーン化，CO_2の回収貯蔵，植樹，技術革新・投資などの10項目に対し120億ポンドを支出するという計画で，25万人の雇用創出をめざすものであった。10月にはCOP26が1年延期されるな

第15章 英国におけるグリーンファイナンス戦略の特徴と展望 **243**

どのハプニングもあったが，同年12月にはエネルギー白書「Powering our Net Zero Future」も発表され，2050年のネットゼロ達成をめざした長期戦略が示された。

2021年1月の正式なEU離脱後は，英国グリーンタクソノミーの策定に向け，独立専門家グループであるグリーン技術アドバイザリーグループ（GTAG）が2021年6月に設立され（HM Treasury, 2020），同年7月1日には，前年の下院演説に基づき，英国の金融センターとしての戦略についての詳細がスナク財務相より発表された（図表15‐1）。戦略は大きく4項目に分かれ，① オープン

図表 15‐1　英国の金融セクター強化策（2021 年 7 月）

オープンでグローバルな金融ハブの創設		
実施済	シンガポールと野心的な金融サービス提携を締結	
	米英金融規制ワーキンググループの設立	
実施予定	スイスとの成果主義的な相互認証協定の締結	
	金融の安定性，革新性，持続可能性に関する高い国際基準を推進	
テクノロジーとイノベーションの最前線に立つ金融センターの構築		
実施済	英国のフィンテックに関するカリファ・レビューの提言に対応，英国がフィンテックの世界的ハブであるという評判を確たるものに	
実施予定	ホールセール市場における新技術の採用を促進	
グリーンファイナンスにおける世界的なリーダーをめざす		
実施済	2025年までに「気候関連財務情報開示タスクフォース」に沿った情報開示を経済全体で義務化，グリーン国債のフレームワーク詳細を公表	
実施予定	COP26を契機に民間資金を動員するための世界的な金融システムを構築。GFANZを通じた金融セクターのネットゼロコミットメント加速に向け，英国グリーンタクソノミー制定に向けたアドバイザリーグループ（GTAG）を設立	
	企業が気候変動から受けるリスクと機会と，気候変動や環境に与える影響の情報開示をサステナブル情報開示要件（SDR）を通じて実現。	
資本の効率利用を促進する競争力のある市場の構築		
実施済	EU圏外の英国の規制体制を改正する第一歩として，2021年金融サービス法が成立	
実施予定	将来の規制枠組みの見直しを通じて，EU圏外における英国の立場を反映した金融サービス規制の枠組みの変更を実現	

注：「実施済」，「実施予定」は強化策発表時点。筆者による抄訳。
出所：HM Treasury（2021）17-32.

でグローバルな金融ハブの創設，②テクノロジーとイノベーションの最前線に立つ金融センターの構築，③グリーンファイナンスにおける世界的なリーダーをめざすこと，④資本の効率利用を促進する競争力のある市場の構築といった要素が盛り込まれた。

　この中で，グリーンファイナンスについては，企業，アセット・マネジャー，アセット・オーナー，投資商品に関する統合的なサステナビリティ情報開示を求める，「サステナブル情報開示要件（SDR）」の検討が初めて表明された（HM Treasury, 2021）。

　2021年10月には，グリーンファイナンス戦略の第1の柱である，グリーンな金融システム構築に向けたロードマップである「Greening Finance：A Roadmap to Sustainable Investing」が発表された（以下「ロードマップ」，HM Government, 2021）。ロードマップは，2019年のグリーンファイナンス戦略の最初のフェーズとして，金融市場の意思決定者がサステナビリティに関する意思決定に役立つ情報を確実に利用できるような情報提供を行うことが目的とされた。

　ロードマップでは，この目的の達成に向け，SDRが正式に提案された。SDRの導入により，「投資商品，金融機関，事業会社に対するサステナビリティに関する一貫した情報開示要件を設けることにより，サステナビリティ情報が事業会社から金融機関，そして金融商品にスムーズに利用されること（CSR デザイン環境投資顧問株式会社, 2021）」が可能となる。SDRの一つの特徴は，英国における情報開示の枠組みが，TCFD提言に沿った枠組みとなっている点であり，SDRが当初から英国だけでなくグローバルなマネーフローの取り込みを狙った，グローバル基準の獲得をめざすものと言える。また，SDRでは，ネットゼロの達成に向けた移行計画（Transition Plan）の策定が義務付けられる方針も併せて示された。

　注意すべき点として，SDRでは，マテリアリティについて，TCFDの提唱するシングル・マテリアリティの枠を超えて，「企業がいかに環境に対して影響を与えるか」という，EUの枠組みに沿った，いわゆるダブル・マテリアリティの視点が組み込まれている点が挙げられよう。ロードマップでは，英国グリーンタクソノミーについて，ダブル・マテリアリティ原則の下，投資家に

第15章　英国におけるグリーンファイナンス戦略の特徴と展望　245

とっての明確性と一貫性の実現，企業の環境面でのインパクトの理解向上，企業にとっての参照基準の提供などが英国グリーンタクソノミー策定の狙いとされた。

2-2　グラスゴーCOP26におけるグリーンファイナンス戦略の進展

　2021年10月31日〜11月13日にかけてグラスゴーで開催されたCOP26は，英国のグリーンファイナンス戦略の進展を考える上で，大きな節目となった。コロナ禍により開催は1年遅れてしまったものの，その分，入念な準備ができただけでなく，米国でバイデン政権が誕生し，パリ協定への復帰を宣言したことで，COP26はその重要性を増した。ホストであるジョンソン首相はオープニングスピーチで「私たちは今，真夜中の1分前にいる」と演説し，対応の緊急性を訴えた。

　COP26の「グラスゴー気候合意」では，1.5℃目標の達成に向けた努力の継続や，クリーン電力の実装と排出削減対策の講じられていない石炭火力発電の逓減，年間1,000億ドルの開発途上国向け資金支援目標の2025年までの達成と，2025年以降の目標設定に向けた議論立ち上げなどについて合意された（環境省，2021）。

　グリーンファイナンス分野では，スナク財務相が11月3日のファイナンス・デイに行った演説が重要で，同財務相は「英国が初のネットゼロ金融センターになる」という目標を世界に宣言している。この目標は，前述のマンションハウス演説における英国の金融セクターの長期戦略を踏まえたものでる。同時にアセット・マネジャーおよびアセット・オーナー，および上場企業はネットゼロへの移行計画（Transition Plan）策定が義務付けられることや，今後の移行計画の開示枠組みなどを検討する移行計画タスクフォース（TPT）の設立なども発表された。

　COP26では，ネットゼロ経済への移行を加速させるための金融機関の連合体として，「ネットゼロ・グラスゴー金融同盟（GFANZ）」の正式な発足が発表された点も重要である。GFANZは，マーク・カーニー前イングランド銀行総裁と，マイケル・ブルームバーグ元ニューヨーク市長が共同議長を務め，発足時は世界の金融機関や保険会社など，約450の金融機関が参加を表明した。

2024年2月時点では参加金融機関は675社と増加している。スナク財務相は，ファイナンス・デイに行われた演説の中でGFANZ加盟金融機関の運用資産は，世界の金融資産の約4割に当たる130兆ドルに上ると表明した。

GFANZの傘下には，金融機関の有志連合である「ネットゼロ・バンキング・アライアンス（NZBA）」をはじめとして，資産運用会社の連合である「ネットゼロ・アセット・マネジャーズ・イニシアチブ（NZAMI）」，生命保険会社など機関投資家の連合である「ネットゼロ・アセットオーナーアライアンス（NZAOA）」，損害保険会社の連合である「ネットゼロ・インシュランス・アライアンス（NZIA）」など7つのイニシアチブがある。各イニシアチブは，移行計画の策定など，2050年のネットゼロへの移行経路に整合させることを主眼としており，TPTとも連携しながら枠組み作りを行っている。

2−3　リシ・スナク政権下でのグリーンファイナンス「新戦略」

ジョンソン首相の後を受け，2022年10月に誕生したスナク政権においてもグリーンファイナンス戦略に関する積極的な方針は踏襲された。ただし，ロシアのウクライナ侵攻により経済安全保障がより重視され，英国でも2023年2月にはエネルギー安全保障・ネットゼロ省（DESNZ）が新たに創設され，より安価で，クリーンで，かつ国内で利用可能なエネルギー転換がより重視されるようになった。

2023年3月に，スナク政権は2019年のグリーンファイナンス戦略をアップデートし，「グリーン投資の動員：2023年グリーンファイナンス戦略（Mobilizing Green Investment：2023 Green Finance Strategy，以下「新戦略」とする）」を発表した（HM Government, 2023a）。

新戦略は，2019年のグリーンファイナンス戦略と大筋は変わらないが，「パワリングアップ・ブリテン」など，複数の政策パッケージを構成するスナク新政権の環境対応政策パッケージの一つとして発表されている。「パワリングアップ・ブリテン」はウクライナ戦争を契機として，経済安全保障を確保しつつ，ネットゼロを達成し，かつ経済成長も同時に実現することを狙うものであり，そのためには再生可能エネルギーの推進が必要，とされた（HM Government, 2023b）。実現には資金的な裏付けは不可欠であり，そのための

パッケージが2023年の新戦略であろう。

新戦略の目標は，① 英金融サービスの成長と競争力の強化，② グリーン経済への投資，③ 金融の安定，④ 自然保全と気候適応の組み込み，⑤ 気候と自然目標の達成に向けた国際金融フローの組み込み，の5点が挙げられた。2019年のグリーンファイナンス戦略と比較すると，金融サービスの競争力強化が第1に取り上げられている点や，自然資本に関する項目が明示的に組み込まれた点などが違いとしては挙げられる。

新戦略は，大きく3章に分かれ，第1章はこれまでの取組みについて，第2章はグリーンな金融システム構築に向けた枠組み（Greening Finance）の整備について，第3章はグリーン投資促進のための枠組み（Financing Green）に分けられるが，規制面から新戦略の中心となるのはSDRや，英国グリーンタクソノミー，移行計画などを含む第2章である。第2章では，英国がめざす「ネットゼロ金融センター」のより具体的な青写真が示され，情報開示など透明性の向上，ベンチマークなど移行に向けた金融ツールの整備，移行に伴う各セクター・プロジェクト間の伝播チャネルの整備といった施策が挙げられている。英政府がめざしているネットゼロ金融センターの枠組みは，図表15-2の通りである。

透明性向上に関し，その中核をなすのはSDRである。新戦略においても，国際基準との調和に重点が置かれ，TCFDを引き継ぐこととなった国際サステナビリティ基準審議会（ISSB）の開示基準が最終化された場合，英国の開示基準として評価するためのフレームワークを策定することが示された。実際，新戦略の発表後，2023年6月に最終化されたISSBの開示基準に対し，同年8月にはISSBに平仄を併せる形で，英国サステナビリティ情報開示基準（SDS）を策定する旨のフレームワークがビジネス貿易省より公表された（HM Government, 2023c）。SDSについては，IFRS S1（一般的なサステナビリティ関連財務情報）およびIFRS S2（気候関連情報開示）に沿ったフレームワークとなる。2024年7月までの策定が予定されていたが，2025年第1四半期に後ずれしている（HM Government, 2024）。

ネットゼロへの移行計画策定について，新戦略では，トランジション・プラン・タスクフォース（TPT）により開示フレームワークが2023年夏までに発表

図表15-2 英国がめざす「ネットゼロ金融センター」の枠組み（2023年3月）

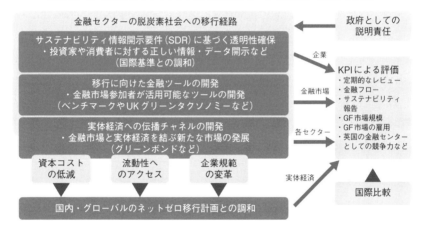

注：英政府発表資料に一部筆者が補足説明を加筆の上抄訳。
出所：HM Government (2023a) 36.

される予定が明らかにされた。実際，新戦略の発表後，2023年10月には開示フレームワークがTPTにより発表された（TPT, 2023）。TPTが発表した移行計画はGFANZとの連携の上に成り立っており，5項目の開示要素と19項目のサブ要素から成り立っている[1]。そのうえで，2024年4月には，金融セクターと実体経済セクターに関するネットゼロ移行計画のガイドラインが発表された。

新戦略では英国グリーンタクソノミーに関するコンサルテーションを2023年秋に行うことや，原子力はタクソノミーに含まれる旨も発表された。2023年8〜10月にかけてGTAGがコンサルテーションに向けた提言書を順次公表したが，英国グリーンタクソノミーに関するコンサルテーションの開始は遅れており，2024年に持ち越されている。

規制当局である金融行動監視機構（FCA）は，市中協議などを反映して23年11月にSDRの発効に向けた最終的な政策文書を発表し，投資商品のラベリング・スキームなどの最終案を発表している。2024年5月31日までに反グリーンウォッシュ規則，7月31日以降にラベル使用が開始され，12月2日より名称

およびマーケティング規則が適用開始となる予定である（FCA, 2023）。

2-4 労働党新政権下でのグリーンファイナンス戦略

本節の最後に，誕生したばかりの労働党新政権のグリーンファイナンス政策についても簡単に確認する。2024年7月4日に行われた下院選挙では，事前の予想通り労働党が411議席を得て圧勝し，キア・スターマー党首を首相とする14年ぶりの労働党政権が発足した。

労働党の環境政策は，2050年までのネットゼロという国際公約を維持しつつ，2030年までに電力供給の脱炭素をめざしている。同時に，ネットゼロに達成な資金が不足しているとの認識の下，積極的な環境投資を進めようとしている。サステナブルファイナンスについても，金融セクターの成長戦略の一環として，前政権の推進路線を踏襲している。

2023年初の段階で，レイチェル・リーブス財務相は「英国初の"グリーン"財務相でありたい」と述べ，労働党政権が実現した暁には，毎年280億ポンドの巨額の関連投資を行う旨を明言していた。しかし，その後のトラス政権下での野放図な財政拡大策の結果として起きた国債利回りの急上昇など金融市場の混乱を受け，労働党は従来よりも財政規律を重視する姿勢に転じ，280億ポンドの環境投資についても規模縮小を余儀なくされた。

しかし，労働党のネットゼロの達成に前向きな姿勢自体は変わっておらず，政権交代後は，5年間で73億ポンド規模の国富ファンドの設立や，83億ポンドの国営エネルギー企業であるGBエナジーの設立を通じ，積極的な環境投資を進めていく旨を宣言している。このうち73億ポンドの国富ファンドについては，これらの資金を梃子として，EVバッテリーなどギガファクトリへの投資や，グリーンスチール推進などの投資の拡大がめざされている。

サステナブルファイナンスの分野でも世界を牽引する旨が，政権公約の中では示されている（Labour Party, 2024）。グリーンファイナンスのハブとして，ネットゼロ金融センターをめざし，ネットゼロ移行計画のスタンダード作りを目指す姿勢は保守党政権と同様である。そのうえで，前政権下で遅れていた英国グリーンタクソノミーの早期策定を進める方針が政権公約の中では示されている。

250　第Ⅲ部　金融・財政

3. EUとの比較でみた英国のグリーンファイナンス戦略

3-1　サステナブル情報開示の基本枠組みはおおむね同一

　EUにおけるグリーンファイナンス戦略は，2021年に発表された「サステナブルな経済への移行に向けたファイナンス戦略」が中心となる。

　EUにおける英国のSDRに対応する規制としては，「EU気候ベンチマーク規則」(Regulation (EU) 2019/2089)，「サステナブル投資を促進する枠組みの設置に関する規則（タクソノミー規則）」(Regulation (EU) 2020/852)，「サステナブル・ファイナンス情報開示規則（SFDR）」(Regulation (EU) 2019/2088)，「企業サステナビリティ報告指令（CSRD）」などが挙げられる。

　制度発効のタイミングなど，制度設計のスピードは，EUが英国より一回り先を進んでいる。しかし，EUのサステナブルファイナンス行動計画，英国のグリーンファイナンス戦略は，ともに2017年のTCFD提言を反映する内容となっていることから，情報開示項目などの基本構成は，おおむね同一であり，ダブル・マテリアリティを重視している点なども同じである。英政府は，他の法域との相互運用可能性(interoperability)を重視している。

3-2　英国は国際基準との整合性を重視，英国独自の細則も決定

　他方，相違点としては，以下の諸点がある。第1は，金融商品のラベリングについてである。英国のSDRでは金融商品について，FCAが提案する「ラベリング・スキーム」に基づき，4種類にラベリングがされることとなった。最終的に決まったラベルには，持続可能性目的に応じて，「サステナビリティ・フォーカス」，「サステナビリティ・インプルーバーズ」，「サステナビリティ・インパクト」，「サステナビリティ・ミックスド・ゴール」の4種類が用意されている。SDRではFCAが提案するそれぞれの基準を満たすことができなければ，その投資商品がサステナブルであるというラベルを得ることができない。

　EUのSFDRにおいてもサステナブルな投資を目的とする金融商品である9条ファンド，環境性・社会性を促進する金融商品である8条ファンド，9条・8条に該当しない金融商品である6条ファンドに分類されるが，SFDRはあくまで金融商品を分類するものであり，英国がSDRで行っているクライテリアに

基づくラベリングとは位置付けが異なる。また，SDRによるラベリングと，SFDRによる分類は，現状1対1で対応しているわけではない。

第2に，大きな情報開示枠組みの方向性という意味で，EUは規制の枠組みのフロントランナーとなることで，EU規制をグローバルスタンダードにしようとする，いわゆる「ブラッセル効果」の獲得をめざしているとされる[2]。他方，英国は米国とともにTCFDのグローバル基準と平仄を併せる形で，自国の情報開示枠組みを構築している。EUのSFDRやCSRDはEU域内の企業だけでなく，域外の企業も一定の条件を満たせば規制の対象となるが，英国のSDRは英国内企業のみが対象である。その背景にはこうしたアプローチの違いもあるのではないかと思われる。

第3に，英国は，グリーンファイナンス戦略への民間関与をより明確に打ち出している。EUでは民間資金を引き付けるために，EU基金にレバレッジをかけることを狙っているが，本当に民間資金が出てくるのかは不透明である。他方，英国はGFANZのような金融機関のネットワーク構築を行い，民間資金の活用をより活発に進めているだけでなく，ネットゼロ金融センターをめざす枠組みにおいても，第三の柱として「実体経済への伝播チャネルの開発」を掲げている点が特徴と言える。

第4に，英国は，グリーンファイナンス戦略をより明示的に金融セクターの成長戦略と結び付けようとしている。EUもネットゼロ政策を製造業などの産業強化策と結び付けようとしているが，サステナブル・ファイナンスを金融機関の競争力強化に明示的に結び付けようとまではしていない。これに対し，英国は，早い段階から明示的に世界初の「ネットゼロ金融センター」をめざし，サステナブルファイナンスのグローバル・ハブとなることを目標として掲げている。

その他，細則に関するものとして，例えばタクソノミーにおける技術的スクリーニング基準などは英国，EUのそれぞれの事情を反映したものとなるため，枠組みは同じであっても，基準は異なることは当然起こりうる。

4. 英国は「ネットゼロ金融センター」として生き残れるか

　第2節でも触れた通り，英国のネットゼロ金融センターをめざすという政策は，2020年にスナク財務相により打ち出された金融セクター全体の競争力強化策の一つである。ネットゼロ金融センターになろうという英国の取組みは，世界的な脱炭素の潮流をリードするだけではなく，EU離脱後の国際金融センターとしての英国の地位の維持に向けた，以前からの取組みとも融合していると捉えるべきであろう。

　英国のシンクタンクであるZ/Yenグループが半期ごとに発表している「国際金融センター指数（GFCI）」において，ロンドンはニューヨークに次ぐ第2位の地位を占めている（図表15 - 3上図）。しかし，2016年に英国がEU離脱を決めて以降，そのスコアは少しずつ低下し，かわりにパリやアムステルダム，フランクフルトといった大陸欧州の金融センターのスコアがじりじりと上がっている状態である（Z/Yen Group, 2023）。

　他方，Z/Yenグループが2018年から公表を開始した「国際グリーンファイナンス指数（GGFI）」をみると，ロンドンは僅差ながら，ブレグジット後も第1位の地位を維持している（図表16 - 3下図）。同指数は，グリーンファイナンスセンターの質や深さについて，グローバルな市場関係者からのアンケート調査の結果と，130を超える関連指標を統合して作成されており，ロンドンはグリーンファイナンス・センターとしての質，深さともに1位を獲得している[3]。Z/Yen Groupによれば，GGFIはGFCIとの関係性も強く，国際金融センターとしての評価が高ければ，グリーンファイナンスでのランクも高い傾向がある（Z/Yen Group, 2024）。

　この点，国際金融センターとしてのロンドンの強みは一朝一夕に作られたわけではなく，200年超の歴史の上に構築されている。19世紀には産業革命後の政治・経済的な覇権の下で，金融および関連専門サービスが多くロンドンに誕生し，集積した。こうした地位は欧州を舞台にした2度の大戦により大きく棄損したが，戦後にロンドンが国際金融センターとして復活し得たのは，50年代後半から60年代のユーロダラー市場の発展，80年代以降の金融市場改革と

第15章　英国におけるグリーンファイナンス戦略の特徴と展望　253

図表15−3　国際金融センター指数（GFCI）と国際グリーンファイナンス指数（GGFI）

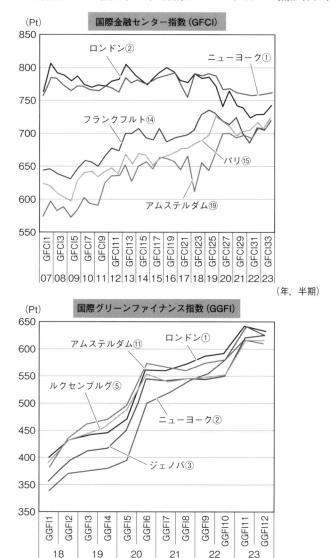

注：国名の後ろの数字は総合ランク。
出所：Z/Yen Group.

254 第Ⅲ部 金融・財政

グローバル化の進展であった（吉田, 2018）。

特に，グローバル化による世界経済の一体性の高まりは，国際資金フローの多量化と複雑化をもたらした。この結果，米国，欧州，新興国を結ぶ国際資金フロー・ネットワークの結節点であり，「グローバル・シティ」としてのロンドンの重要性は高まった（Sassen, 1991）。さらに1998年のユーロ導入で，すべての欧州通貨の取引がロンドンで行えるようになり，「ワンストップ・ショップ」としての位置付けを得ることで，ロンドンの地位は強化された。しかし，2021年のEUからの離脱により，強みの一部は剥落している。それ故に，保守党政権としてはブレグジット後の成長の青写真を示す必要があり，「ネットゼロ金融センター」という目標はうってつけであったとも言える。

英国がこれまで国際金融センターとしての地位を維持できたのは，変化に機敏に対応しながら，グローバルマネーフローの懸け橋としての役割を果たして来たからに他ならない。今後，英国が世界の「ネットゼロ金融センター」として生き残れるかについても，米国やアジア，中東地域などを含む世界的なグリーンファイナンス・マネーを仲介する，オープンでイノベイティブな欧州の金融ハブで居続けられるかどうかが重要である。

付記：本稿は，吉田（2024）を圧縮し，加筆・修正したものである。

[注]
1 「5項目の開示要素」は，基盤，実行戦略，エンゲージメント戦略，指標・目標，ガバナンス。「19項目のサブ開示要素」は，戦略的野心，事業オペレーション，バリューチェンへのエンゲージメント，ガバナンス・エンゲージメント，ビジネスオペレーション指標・目標，理事会による監督と報告，など。詳細はTPT（2023）参照。TPT_Disclosure-framework-2023.pdf（transitiontaskforce.net）
2 例えば，"The Brussels Effect on Sustainable Finance", Columbia Business School 2024/2/24閲覧 The Brussels Effect on Sustainable Finance | Columbia Business School
3 GGFIの作成法の詳細については，Z/Yen Group "Global Green Finance Index Methodology"参照。GGFI_METHODOLOGY_DESCRIPTION_2023.10.26_v1.0.pdf（longfinance.net）

[参考文献]
環境省（2021）グラスゴー気候合意，COP（環境省暫定訳）
CSR デザイン環境投資顧問株式会社（2021），「英国政府によるサステナブル投資に関するロードマップの公表」，環境省グリーンファイナンスポータル・ニュース・レポート，2024年2月8日閲覧

安井友紀，野村香織（2021）「金融界の脱炭素化の動向―重要視する「温室効果ガス排出」の情報とは―」グリーン購入ネットワーク　コラムVol.15

吉田健一郎（2018）「Brexit 後の欧州金融市場の行方 ―ロンドンの国際金融センターとしての地位への影響分析を中心に―」日本国際経済学会 第 77 回全国大会 企画セッション「ユーロ危機後の欧州金融市場と欧州金融同盟」報告資料

――――――（2024）「EU・英国におけるグリーン・ファイナンス戦略の動向とその特徴」『欧州グリーンディール戦略の現状と展望』ITI調査研究シリーズNo. 153，一般財団法人国際貿易投資研究所，128-146。

Financial Conduct Authority（2023）Sustainability Disclosure Requirements（SDR）and investment labels, Policy Statement PS23/16

Green Finance Taskforce（2018）Accelerating green finance：a report by the Green Finance Taskforce

HM Government（2017）The Clean Growth Strategy：Leading the way to a low carbon future Clean Growth Strategy

HM Government（2019）Green Finance Strategy：Transforming finance for a greener future：2019 green finance strategy BEIS Green Finance Strategy July 2019

HM Government（2020）The Ten Point Plan for a Green Industrial Revolution

HM Government（2021）Greening Finance：A Roadmap to Sustainable Investing Greening Finance：A Roadmap to Sustainable Investing

HM Government（2023a）Mobilising Green Investment, 2023 Green Finance Strategy

HM Government（2023b）Powering Up Britain Powering Up Britain‐Joint Overview

HM Government（2023c）Guidance UK Sustainability Disclosure Standards, 2024/2/14閲覧　https://www.gov.uk/guidance/uk-sustainability-disclosure-standards

HM Government（2024）Sustainability Disclosure Requirements：Implementation Update 2024

HM Treasury（2020）Chancellor statement to the House‐Financial Services, Statement, as delivered by Chancellor Rishi Sunak, on 9 November 2020, 2024/2/14閲覧　https://www.gov.uk/government/speeches/chancellor-statement-to-the-house-financial-services

HM Treasury（2021）A new chapter for financial services,

Labour Party（2024）change Labour Party Manifesto 2024

Stern, N.H.（2006）The economics of climate change：the Stern review, HM treasury national archive

Sassen, S.（1991）　The Global City New York, London, Tokyo, Princeton University Press, Princeton, NJ.（伊与谷登士翁監訳，大井由紀，高橋華生子訳,2008,『グローバル・シティニューヨーク・ロンドン・東京から世界を読む』筑摩書房）

Transition Plan Taskforce（2023）TPT Disclosure Framework

Z/Yen Group（2023）The Global Financial Centres Index 34

Z/Yen Group（2024）The Global Green Finance Index 12

EUの政策文書，法令等については，本書巻末のリストを参照。

（吉田健一郎）

第IV部

市民社会

第16章

EGDの「公正な移行」とグリーンジョブの創出

はじめに

　欧州グリーンディール（以下，EGDと表記）の政策文書においては，その戦略の全体図の中に「誰一人取り残さない（公正な移行）」が重要な要素の1つとして示されている。このEGDにおける「公正な移行」というのは何を意味しているのか。本章ではEGDにおける「公正な移行」の内容と含意を明らかにし，EGDのグリーン移行に不可欠なグリーンジョブ創出の現状と課題を論じる。

1. EGDと「公正な移行」

1-1　EGDおける「公正な移行」―「公正移行メカニズム」

　2019年12月11日，発足間もないフォン・デア・ライエン欧州委員会によって公表されたEGDは，気候変動がもたらす諸課題への対応として，2050年までに温室効果ガス排出をネットゼロとし，資源利用を経済成長から切り離し，EUを資源効率的で競争力ある経済を有する社会に転換することを目的とした，EUが打ち出した新しい成長戦略である。EGDはまた，EUの自然資本を保護・増進し，環境関連のリスクと影響から市民の健康とウェルビーイングを守ることも目的としている。それと同時に，この移行は公正で包摂的でなければならない，最も大きな困難に直面する地域，産業，労働者に対して注意を払わなくてはならないと述べ，EGDの全体図（COM/2019/640, 3）の中に「誰一人取り残さない（公正な移行）」を要素として明示している。

　EGDの政策文書は「欧州社会権の柱がこの誰一人取り残さないことを確保する行動を導くだろう」（COM/2019/640, 4）と述べるが，欧州社会権の柱（以下，EPSRで表記）の20の原則（図表16 - 1）を確保する具体的な政策を示している

260　第Ⅳ部　市民社会

図表 16-1　欧州社会権の柱（EPSR）の 20 の原則

第1章：機会の平等と 　　　労働市場へのアクセス	第2章：公平な労働条件	第3章：社会的保護と包摂
01 教育，訓練，生涯学習 02 ジェンダー平等 03 機会均等 04 積極的就業支援	05 安全・適応可能な雇用 06 賃金 07 雇用条件についての情報と 　　解雇の場合の保護 08 労使対話と労働者の関与 09 ワークライフバランス 10 健康・安全，よく適した労 　　働環境，データ保護	11 子供のケアと子供への支援 12 社会的保護 13 失業給付 14 最低所得保障 15 老齢所得と年金 16 ヘルスケア 17 障碍者の包摂 18 長期介護 19 住宅とホームレス支援 20 エッセンシャルサービスへ 　　のアクセス

出所：COM/2021/46 より筆者作成。

わけではない[1]。

　EGD の中で「公正な移行」を確保するものとして具体的に提案されているものは「公正移行メカニズム」のみである。以下で節を改め，この「公正移行メカニズム」の内容を見てみよう。

1-2　EGD の「公正移行メカニズム」と「公正移行基金」

　EGD の目的を達成するためには莫大な投資が必要になる。このため EGD では持続可能な欧州投資計画を提案するとしていた。これを受けて 2020 年 1 月に公表されたのが『持続可能な欧州投資計画』（COM/2020/21）である。この欧州投資計画の一部として提案されたのが「公正移行メカニズム」（以下 JTM で表記）である。JTM は 3 つの柱から構成されている。3 つの柱とは，① 公正移行基金（Just Transiton Fund，以下，JTF と表記），② InvestEU の下での公正移行に特化したスキーム，③ 欧州投資銀行（EIB）によってレバレッジされる新たな公的融資ファシリティである。① は EU 予算からの助成金であり，② によって民間投資を呼び込み，③ では EU 予算で保証された公的融資ファシリティが優遇貸出条件を提供して EIB の融資を増やし，公共投資を支援する。

第16章 EGDの「公正な移行」とグリーンジョブの創出 261

図表16-2 公正移行メカニズムの資金調達

公正移行基金(JTF) (新設)	InvestEU "公正移行"スキーム	公的融資ファシリティ (新設)
€175億(2018年価格) €300億の投資を動員	€100-150億の民間投資を動員	EU予算から€15億 +EIBの融資€100億 €250〜300億の公共投資を動員

出所：COM/2020/21および欧州委員会ウェブサイトより筆者作成。

　公正移行メカニズムのうち，①のJTFは2021年7月24日付規則(EU)
2021/1056(以下，JTF規則と記述)によって創設された[2]。JTFの目的は「パリ
協定に基づくエネルギーと気候に対するEUの2030年目標とEUの2050年まで
の気候中立経済への移行の社会・雇用・経済・環境上のインパクトに地域と
人々が対処できるようにする」(JTF規則第2条)ことである。JTFは結束政策
の枠組の中に立てられ，欧州地域開発基金(ERDF)と欧州社会基金プラス
(ESF＋)[3]からの配分額と合わせて支出することができる。JTFには欧州委員
会の当初の案では2021〜2027年のEUの通常予算(多年次財政枠組：MFF)か
ら75億ユーロ(2018年価値)が提案されていたが，2020年5月の予算案で400
億ユーロに増額する修正提案がなされた[4]。しかし，理事会により減額され最
終的には2021〜2023年の3年間は「次世代EU(NGEU)」予算(復興基金)から
100億ユーロ，MFFから75億ユーロの7年間合計175億ユーロの予算がつけら
れることになった。2020年7月16日付け欧州理事会の結論でこれらの金額が
確定された。この175億ユーロは27加盟国へ図表16-3のように配分される。
　加盟国へのJTFの配分は5つの社会経済的基準に基づき決められた。配分の
50％は経済的基準で，うち49％が温室効果ガス排出，0.95％が泥炭の生産，
0.05％がオイルシェールとオイルサンドの生産である。残りの50％は社会的基
準で，25％が高い炭素集約的地域の産業の雇用，25％が石炭と褐炭の鉱業にお
ける雇用である。
　炭素集約的地域とは産業の総付加価値で割った温室効果ガス排出量がEU平
均の2倍以上の地域のことである。ドイツが圧倒的に多く，2位のポーランド
と合わせるとこの2国で温室効果ガス排出合計の約45％を占める。高い炭素集
約的地域の産業の雇用というのは，温室効果ガス排出指標で炭素集約的と特定

262　第Ⅳ部　市民社会

図表16-3　JTFの加盟国への配分額（単位100万ユーロ）

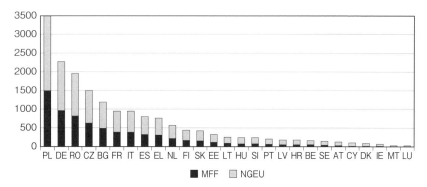

注：PLポーランド，DEドイツ，ROルーマニア，CZチェコ，BGブルガリア，FRフランス，ITイタリア，ESスペイン，ELギリシャ，NLオランダ，FIフィンランド，SKスロバキア，EEエストニア，LTリトアニア，HUハンガリー，SIスロベニア，PTポルトガル，LVラトビア，HRクロアチア，BEベルギー，SEスウェーデン，ATオーストリア，CYキプロス，DKデンマーク，IEアイルランド，MTマルタ，LUルクセンブルク

出所：Regulation (EU) 2021/1056のAnnex Iより作成。

された同じ地域の産業の雇用水準を示すものである。したがって，ここでもドイツとポーランドの2カ国が全体の半分を占める[5]。鉱業における雇用はポーランドが圧倒的に多く，EU全体の半分以上を占める。このため石炭と褐炭の鉱業における雇用の指標でポーランドがJTFの半分を占める[6]。

　JTFの受給資格を持つ地域は移行の結果生じる経済的・社会的影響に基づき，最も大きな負の影響を被る地域である（11(1)条）。欧州委員会は独自に事前の調査・分析を行い，受給に適した地域のリストを特定してきた。しかし，JTFから実際に資金を受けるには各国・地域・地方自治体と利害関係者の間の緊密な協力の下，加盟国が地域単位の公正移行計画（TJTP）を策定し，欧州委員会の承認を受ける必要がある。TJTPの中で，各国は2030年気候・エネルギー目標と2050年気候中立目標に向けた主な移行の段階的スケジュールを示しつつ，自国の移行プロセスを説明しなければならない。また，移行によって最も大きな負の影響を受ける地域を特定した方法を正当化し，その特定化された地域が直面する移行の課題を，社会的・経済的・環境的インパクトを含む

様々な観点から評価しなければならない。

　JTFは支援対象となる活動（第8条）と対象外の活動を規定している（第9条）。対象外の活動は，①原子力発電所の建設または廃炉，②タバコとタバコ関連製品の製造・加工・販売，③委員会規則（EU）No651/2014第2条（18）に定義される困難な状況にある事業，④化石燃料の生産・加工・輸送・配送・貯蔵・燃料に関連する投資である。

　支援対象となる活動は経済の多角化と労働市場への負のインパクトへの対応措置である。JTFは労働者の教育訓練・再訓練，求職者の職探しを支援する活動に支出される。他方，早期退職スキームやレイオフされた労働者の補償スキームには支出されない。この他，中小企業（SMEs），起業，リサーチ＆イノベーション，技術開発，再生可能エネルギー，スマートで持続可能なローカル・モビリティ，地域暖房ネットワークのアップグレード，デジタル化，ブラウンフィールドの除染と回復，循環型経済の強化，正当化できる場合訓練センターや子供と老人のケア施設などの社会インフラへの投資も支給対象となっている。

　JTFは基本的に中小企業への支援だが，一定の条件の下，大企業にも適用される。4つの条件とは，①TJTPの実施に必要である，②2050年までの気候中立と関連する気候目標への移行に貢献する，③特定された地域における職創出にそのサポートが必要，④規則（EU）2021/1060第2条（27）で定義されるリロケーション（同一または同類の活動からの移転など）をもたらさないことである。

　EUは加盟国の対象地域の「公正な移行」を支援するための単一アクセスポイントとヘルプデスクとして「公正移行プラットフォーム」をウェブサイトに立ち上げた。自治体や受益主体はそこにアクセスすれば基金に関するすべての情報，技術的支援，助言を得ることができる[7]。また，プラットフォームは定期的に対面・オンラインの会合を開催し，全ての関係者間でベストプラクティスの情報交換を積極的に推進している。

1-3　EGDにおける「公正な移行」の含意

　以上見てきたように，EGDの政策文書では「誰一人取り残さない」と述べら

264 第Ⅳ部 市民社会

れてはいるが，EGDの「公正な移行」は，国連のSDGsの「貧困をなくそう」というような意味での「誰一人取り残さない」とは意味合いが異なる。その具体的内容として提案されているのは「公正移行メカニズム」であり，「公正移行基金」の実態はEGDの政策により現在のところ最も大きな影響を被ると予測される化石燃料エネルギー産業が集中する一部の地域の移行の痛みの緩和である。真に「誰一人取り残さない」移行にするにはEPSRのすべての原則を確保する諸政策がEGDに結び付けられる必要があるが，現状そうはなっていない[8]。

　ただ，EUの「公正な移行」の範囲はEU市民からの要求の高まりによって広げられつつある。エネルギー価格の上昇に直面した弱者に対し適切な支援を提供できていないというEUに対する批判の高まりから，2021年7月に公表された排出量取引（EU ETS）を運輸と建設部門へ拡張しようとするFit for 55パッケージには脆弱な人々を支援するための社会気候基金（SCF）がその一部として提案され，2023年5月にSCFは創設された[9]。欧州労働組合連合（ETUC）はすべての地域においてすべての労働者の「公正な移行」を確保する立法措置を求め続けており[10]，今後は「公正な移行」の対象産業もおそらく徐々に広げられていくだろう[11]。その場合JTFの増額予算確保に加盟国の合意をどこまで取り付けられるかが課題となるだろう。

2.　EGDとグリーンジョブの創出

　EGDは「低排出技術，持続可能な製品とサービスのグローバルな市場には大きな可能性がある」，「循環型経済になれば，新しい活動と職が提供される大きな可能性がある」と述べ，グリーン移行を職創造の機会としてとらえる。期待どおりに進むだろうか。本節ではEUにおけるグリーンジョブの現状と課題を述べる。

2-1　グリーンジョブ創出の現状

　グリーンジョブの定義はまだ十分に確立しているとはいえない。このためグリーン雇用の現状を正確に捉えることは難しいのだが，全体の傾向を見るために最もよく用いられるのは，産出に基づくものである[12]。「環境に有益または

図表16-4 EU環境経済の総付加価値と雇用の伸び（2000-2021年）（2000年＝100）

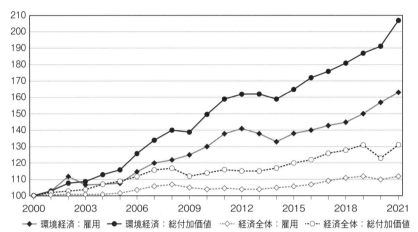

注：環境経済の雇用はEurostatの推定かつ値はフルタイム換算による。
出所：Eurostatより筆者作成。

自然資源を保護する財またはサービスを生産する場合」，その部門は「グリーン」として定義され，その部門の雇用はグリーンとされる。欧州統計局Eurostatはこのアプローチをとって，環境財・サービス産業（EGSS）の総付加価値と雇用を集計している。まずグリーン産業の近似としてEurostatの統計に基づいてEU環境経済の全体的な傾向を見てみたい。

図表16-4は環境経済の総付加価値と雇用の伸びを全体経済のそれらと比較して示すものである。図からわかるように，EUの環境経済における総付加価値と雇用は，経済全体のそれらと比べ，伸びが大きい。2000年の値を100とすると，経済全体の雇用は2021年に112であるが，環境経済における雇用は163にまで伸びた。また，2020年はCovid-19パンデミックの影響で経済全体の総付加価値と雇用は前年より減少しているが，環境経済におけるそれらはパンデミックの影響を受けておらず，むしろ顕著な伸びがみられた。

環境経済における雇用の分野別内訳を示すのが図表16-5である。環境経済の雇用は環境保護活動（CEPA）と資源管理活動（CReMA）に分けられる。同図では環境経済に占める3つの環境保護活動（廃棄物管理，排水管理，その他の

図表 16-5 EU 環境経済における雇用（分野別・2000-2021 年）（1000 フルタイム当量）

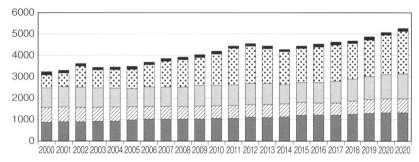

注：数値は Eurostat の推定による。
出所：Eurostat より筆者作成。

保護活動）と2つの資源管理活動（エネルギー効率性と再生可能エネルギーの生産を組み合わせたエネルギー資源管理，水管理）の内訳を示す。2000年から2021年の期間に顕著に雇用が増加したのは，エネルギー資源管理の分野である。次に増加が大きいのが廃棄物管理の分野である。

これらの統計から，EUにおいて再生可能エネルギー分野が最も雇用の増大に寄与しているように見える。しかしこの分野における全世界の雇用の伸びと比べると，EUの雇用の伸びは近年目覚ましいとはいえない。国際再生可能エネルギー機関（IRENA）の報告書（IRENA, 2023）によれば，この部門で雇用を大きく増やしてきたのは中国で，2022年の世界の再生可能エネルギー産業における雇用1372万のうち，中国が約555万を占める。EU27カ国は153万で，2021年の124万からは増えているが，ここ10年ほぼ横ばいであった（図表16-6）。

IRENAの報告書によると再生可能エネルギーのうち，最も雇用が多いのがソーラー発電分野（2022年世界全体490万）であるが，この分野では中国の雇用シェアが全体の56％を占める（EUは11.6％）。次に雇用が多いのはバイオ燃料（世界全体250万）であるが，この分野ではラテンアメリカが全体の42％を占め，EUを含むヨーロッパは6％でしかない。水力が第3に雇用が多い（250

第16章　EGDの「公正な移行」とグリーンジョブの創出　267

図表 16 - 6　再生可能エネルギー産業における雇用（2012-2022 年）

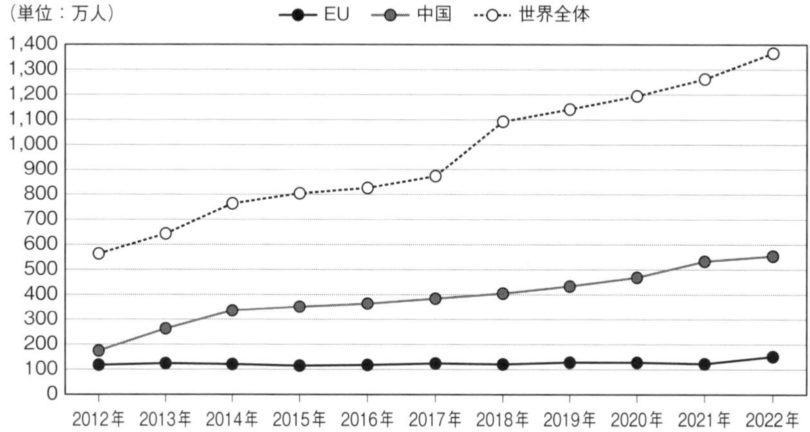

（単位：万人）　●─ EU　●─ 中国　○‥ 世界全体

出所：IRENA（2013-2023）より筆者作成。

万）分野だが，中国が35％，インドが19％を占め，EUのシェアはほとんどない。雇用が多い第4番目は風力（140万）で，ここではEUを含むヨーロッパのシェアが29％と比較的高いが，1番シェアが高いのは中国（48％）である。

　風力の産業技術でヨーロッパはまだ最先端にあるが，マテリアルのコストが上昇するなか，中国のメーカーとの競争増大もあり，コストを価格に転嫁できず欧州メーカーは厳しい状況におかれており，2022年秋から雇用削減を始めている状況である。

2 - 2　グリーンスキルのタクソノミー

　産出アプローチに基づいて環境経済の雇用からグリーンジョブを推定するEurostatのアプローチのデメリットは，典型的に環境経済に収まらないが気候・環境目的に実質的に貢献する他産業の活動を取りこぼしてしまうことである[13]。

　グリーンジョブのEUレベルでの法的な定義は無いが，欧州委員会（雇用担当総局）は2022年，EUの専門機関の1つである欧州職業訓練開発センター（Cedefop）のグリーンスキルの定義[14]，Cedefopと欧州委員会，欧州訓練財団，

268　第Ⅳ部　市民社会

OECD，ILO，UNESCOとの協働で設置された作業グループの定義[15]に基づき，ESCO（欧州のスキル，コンピテンス，資格，職業の分類）の13,890スキルと知識概念の中から定義に該当する571を「グリーン」として特定した[16]。571のうちグリーンスキルは381，グリーン知識概念は185，グリーン横断的スキルが5である。グリーン知識概念は，エンジニアリング・製造・建設，自然科学・数学・統計が約61％を占めるが，農林水産業・獣医学，企業・行政・法律，サービスの3分野合計が約36％，割合的には少ないが，残りは社会科学・ジャーナリズム・情報，ICT，保健と福祉，芸術と人文もカバーする。これによって幅広い職がグリーンジョブとなる。

　グリーンタクソノミーを備えたESCOのデータベースは，欧州職業紹介所によるグリーンジョブの求人と求職のマッチングや求職者へのグリーンキャリアパスの提案，職業訓練提供者による研修カリキュラムの作成など実務目的に役立てられることが期待されている[17]。データが蓄積されてくれば，研究に活用できるようになり，産業レベルよりも下の職レベルでグリーンジョブの実態に接近することが可能となるだろう。

2-3　グリーンジョブ創出の障害―スキルギャップ―

　適切な雇用・教育政策がとられるならば，EGDの諸政策よって2030年までに100〜250万の職が創出されると予想されるが，他方，スキル不足が雇用増加の障害になることが懸念されている。経営責任者や上級管理職などのハイスキルの人材は既に不足しているが，ミディアムスキルの人材であるリユース関連，建設，電機・電子取引の労働者や運転手なども人手が不足しており，グリーン技術の設計，開発，適用に欠かせない科学者，研究開発者，特殊エンジニアなどのグリーン移行に不可欠な人材が不足しているという[18]。現状のスキル不足に対処するには，アップスキリング（現在のスキルをさらに伸ばす）やリスキリング（新しい業務に対応するスキルを習得する）が急務であるといえる。

　しかし，より高い職業的スキルへの需要が高まる一方，製造業や建設業のようなグリーン移行にとって重要な産業における教育訓練への労働者の参加は平均以下であり，これらの産業におけるスタッフへの訓練投資はCovid-19パン

デミック以前に戻らないどころか減少しているという。これにより今後はいっそう状況が悪化すると予想されるので，早急な対処が必要だろう。

おわりに

　本章ではEGDにおける「公正な移行」の内容と含意を確認した。EGDの「公正な移行」は現状「公正移行メカニズム」のみで，一部産業の救済に的が絞られている。EPSRが確保されれば真に「誰一人取り残さない」公正な移行となり得るが現状そうはなっていない。再エネ部門での雇用は伸びているが，域外諸国との競争により状況は厳しくなっている。全産業を視野に入れればグリーンジョブ創出のポテンシャルは高くなるが，深刻なスキルギャップが障害となる。EUは教育訓練で対応しようとしているが，この問題にどこまで対応できるのかが今後の課題である。

[注]
[1]　ただし，EGDには「教育と訓練をアクティベートする」という短い独立した節があり，これはEPSRの第1章01原則と重なる。しかしこれはEPSRの具体化を主眼とするものではなく，後述のようにEGDの「公正な移行」政策には教育と訓練が不可欠だからである。
[2]　JTFについての提案は欧州投資計画と同日にCOM/2020/22により提案されていた。
[3]　ESF＋とは，2014-20年の期間には別々だった4つの基金—欧州社会基金（ESF），最も恵まれない人への欧州支援基金（FEAD），若者雇用イニシアチブ，雇用と社会的イノベーションのための欧州プログラム（EaSI）—を1つにまとめ，呼称を変えたものである。
[4]　増額に至った政治的背景についての分析はKyriazi（2023）を参照されたい。
[5]　1990年代からEGD公表前までのポーランドとドイツの石炭産業の実態と政府の対応については，Galgóczi（2019）に詳しい。
[6]　JTF規則によるとJTFが2025年以降増額された場合，各国の温室効果ガス排出削減の達成実績が良い国は増額される（第5条：グリーン報酬メカニズム）が，2050年までの気候中立目標にコミットしていない加盟国は割当額の50％しか受けとれない（第7条：財源への条件付きアクセス）。後者が適用されると例えばポーランドは減額の対象となる。これら条項は欧州委員会案には無かったものだが，立法過程でEU理事会によって挿入された。
[7]　水島（2021）では日本の旧炭鉱労働者の大規模な再就職支援の展開が紹介されている。時代や予算規模は全く異なるが，EUの「公正な移行」との比較対象として興味深い。
[8]　EGDは現欧州委員会の優先課題1であるが，EPSRは優先課題2の下にある。EGDに社会的次元が不足している点については厳しい批判がある。例えば中村（2023）。他方，Sabato et al.（2020）はEGD中にEPSRへの言及があることに社会的次元の発展可能性の希望を見出している。
[9]　SCF創設の背景についてはMatthieu（2022），pp. 159-161を参照。Sabato et al.（2023）はJTF，RRF（復興強靱化ファシリティ），SCFの創設は「現れつつある公正移行のためのEU枠組」の重要な

270 第Ⅳ部 市民社会

要素だと捉え，この方向での展開を評価している。

[10] ETUC (2023).

[11] Just Transition Research Collaborative (2018)，Nieto (2022)，Stevis (2023) によると，「公正な移行」の概念はアメリカの労働組合運動から発祥し，国際的労働組合の運動によって2000年代以降世界中に拡散し，2015年にはILOが公正移行ガイドラインを公表，パリ協定にも「公正な移行」の文言が前文に含まれるに至った。今日では企業やNGOなど様々な団体がそれぞれの「公正な移行」を主張し，「公正な移行」概念は多様化しているが，国際機関のレベルではより包摂的な方向が目指されている。EGDの「公正な移行」は現状ILOガイドラインのレベルに届いていないことがETUCから批判され，包摂的な方向への圧力がかかっている。

[12] これ以外の異なるアプローチについてはCEPS (2023) を参照されたい。

[13] 産出アプローチはグリーンジョブが必ずしもディーセントであることを意味しないという別の問題もある。例えば廃棄物管理業においては質の低い仕事も含まれている可能性があるが，雇用としてカウントされる。ILOはグリーンジョブに関する最初のグローバルな報告書であるILO (2008) を公表して以来，グリーンジョブに関する研究を発表し続けているが，ILOの定義ではグリーンジョブはディーセントが不可欠である。

[14] Cedefop (2022) の定義は「環境への人間活動の影響を軽減しようとする経済および社会において生活し就業し行動するために必要とされる知識・能力・価値観・態度」。

[15] Cedefop et al. (2022) は，グリーン移行のためのスキルを「資源効率的で持続可能な経済・社会において生活し就業し行動するために必要とされるスキルとコンピテンス，および知識・能力・価値観・態度」であり，それらは「エコシステムと生物多様性を保護し，エネルギー・原料・水の消費を減らす標準，プロセス，サービス，製品，技術を適用し実施するために必要な技術的」スキル（それらは職業特殊的または部門横断的になり得る），および「仕事（すべての経済部門と職業における）仕事および生活に関連した持続可能な思考と行動に結びつけられた横断的」スキルであると定義する。なお，コンピテンスは能力と和訳されることもあるが，abilityも能力と訳され，区別のためにコンピテンスとカタカナで表記した。

[16] グリーンのラベル付けは2つの方法—手作業による方法，機械学習を利用しスキルをブラウン，ホワイト，グリーンに振り分ける方法—でリストを作り，両者を一定のルールで比較し行われた。ブラウンスキルは人間活動が環境に与える影響を増大させる知識とスキル，グリーンスキルは減少させるための知識とスキル，ホワイトスキルは増大も減少もさせない知識とスキルと定義されている。詳細はEuropean Commission (2022)。

[17] もちろんこのグリーンタクソノミーはJTFの実行に役立てられる。EGDの「教育と訓練をアクティベートする」方針を受けて公表されたのが2020年7月，欧州委員会の「欧州スキルアジェンダ」であるが，グリーンタクソノミーはアジェンダの12の行動のうち行動6に該当するものである。

[18] スキル不足の問題についてはEuropean Commission (2023) を参照。

［参考文献］

中村健吾 (2023)「コロナ危機を経てEUは社会的な連邦主義へ向かうのか—経済・財政ガバナンスと医療・福祉レジームの変革—」福原宏幸・中村健吾・柳原剛司（編）『コロナ危機と欧州福祉レジームの転換』昭和堂，1-41。

水島治郎 (2021)「不公正社会への逆襲なのか—ポピュリズムの政治社会文脈—」水島治郎・米村千代・小林正弥（編著）『公正社会のビジョン—学際的アプローチによる理論・思想・現状分析』明石書店，101-125。

Cedefop (2022) An ally in the green transition. Cedefop briefing note, March.

Cedefop et al. (2022) *Work-based learning and the green transition.*

CEPS (2023), Jobs for the Green Transition : Definitions, classifications and emerging trends.

ETUC (2023), Fit for 55 : Workers can't wait any longer for Just Transition rights, Press Release, 19.04.2023 https://www.etuc.org/en/pressrelease/fit-55-workers-cant-wait-any-longer-just-transition-rights

European Commission (2022), Green Skills and Knowledge Concepts : Labelling the ESCO classification : Technical Report.

European Commission (2023), Employment and Social Development in Europe : Addressing labor shortages and skills gaps in the EU.

Galgóczi, Béla (ed.) (2019) *Towards a just transition : coal, cars and the world of work,* ETUI.

ILO (2008), Green jobs : Towards decent work in a sustainable, low-carbon world.

IRENA (2013-2023), *Renewable Energy and Jobs : Annual Review.*

Just Transition Research Collaborative (2018) Mapping Just Transitions (s) to a Low-Carbon World.

Kyriazi, Anna and Joan Miró (2023) 'Towards a socially fair green transition in the EU? An analysis of the Just Transition Fund using the Multiple Stream Framework', Comparative European Politics, 21, 112-132.

Matthieu, Sara (2022), The European Green Deal as the new social contract, in : Holemans, Dirk (ed.) (2022) *A European Just Transition for a Better World,* GEF.

Nieto, Joaquín (2022) Just transition in the climate agenda : from origins to practical implementation, in : Holemans, Dirk (ed.) (2022) *A European Just Transition for a Better World,* GEF.

Sabato, Sebastiano and Boris Fronteddu (2020) A socially just transition through the European Green Deal?, Working Paper 2020.08, ETUI.

Sabato, Sebastiano, Milena Büchs and Josefine Vanhille (2023) A just transition towards climate neutrality for the EU : debates, key issues and ways forward, resarch paper, Observatoire social européen, No.52.

Stevis, Dimitris (2023) *Just Transitions,* Cambridge University Press.

EUの政策文書, 法令については, 本書巻末のリストを参照。

(本田雅子)

第17章

EUリノベーション戦略と建設エコシステムの課題

はじめに

　近年，EUは，建物と建築環境の脱炭素化にむけた数多くのイニシアチブを立ち上げている。とりわけ，2020年の「リノベーション・ウェーブ（Renovation Wave）」は，建物の徹底的かつ大規模な改修を通じた，EUの経済成長戦略である。建設業は，EUで2番目に大きな産業のエコシステムであり，約2,500万人を雇用している。同時に，建築環境はEUで唯一最大のエネルギー消費部門であり，最大のCO_2排出部門の一つでもある。欧州委員会は，2050年までのネットゼロ・エミッションシナリオの軌道に乗るために，建物からのGHG排出削減のみならず，建設エコシステム全体の環境負荷軽減を追求する必要があることを強調している。しかし，EUの巨大な建設エコシステムは，数多くの課題に直面している。ロシアのウクライナ侵攻の余波によるエネルギー危機への対応，線形型経済から循環型経済への移行加速化などである。

　こうした気候変動を含む外的要因によってもたらされるエネルギー危機が進行し，EU域内のエネルギー価格が競争力を失った場合，エネルギー多消費型のEUの建設関連製品メーカーの生産拠点の一部はEU域外に移転する可能性がある。これは，当該セクターにおける雇用喪失だけでなく，建設資材・製品の第三国への依存度を増大させることを意味する。すなわち，建設セクターにおけるエネルギーの効率化を進めること，言い換えれば，建設産業全体を資源効率が高い構造へと転換することが喫緊の課題なのである。より注目すべきは，この問題はエコシステム内で解決することはできず，EU全体かつセクター横断的なアプローチが必要となる点である。こうした状況下において，

第17章　EUリノベーション戦略と建設エコシステムの課題　273

EUは建設業の脱炭素化に向けた移行経路をどのように具体化していくのだろうか。本章では，EUの脱炭素化に向けた産業・社会政策としての「リノベーション・ウェーブ」戦略の現状と諸課題を明らかにしたい。

1. 気候危機対策における建設セクターのインパクト

　人為起源の温室効果ガス（GHG）排出削減に向けて，EUの建設セクターにおいて集中的に取り組むべき緊急の課題がある。それは，建設・建物のエネルギーの効率化，既存の建物の大規模な改修，新たな建築物のゼロエミッション化（グリーンビルディング），建物の環境負荷を評価するライフサイクルアセスメント（Life Cycle Assessment：LCA）の制度化である。建設部門のカーボンフットプリントは，建築資機材の製造や加工，建物の建設，そして，建物運用時のエネルギー消費に起因するカーボンから構成される。「ホールライフ・カーボン」は，資材調達から施工，運用や改修，解体・廃棄の過程を含む，建築物の一連のライフサイクルから排出されるCO_2排出量である。「ホールライフ・カーボン」のうち，建物の運用段階の設備によるエネルギー消費（「オペレーショナル・カーボン」）を除く，建築物の資材調達から解体・廃棄段階において排出されるCO_2排出量を「エンボディド・カーボン」という（図表17-1）。建物の建設・改修・廃棄時に発生するエンボディド・カーボンは"建てる"ことから発生し，建物運用時のエネルギー消費に由来するオペレーショナル・カーボンは"生活する"ことから発生するのである。

　EUでは，域内の総GHG排出量の36％を建物が占めており，EU全体のエネルギー消費量の40％が建設部門で使用されている。現在，EU域内の建物の約35％は築50年以上が経過しており，建築物ストックの約75％はエネルギー効率が悪い状態が続いている（COM/2019/640）。EUのガス消費量の半分以上は冷暖房と家庭用温水に起因しており，GHG排出量の約38％が冷暖房に由来していることからみれば，建物で使用される電力・熱による間接排出，すなわちオペレーショナル・カーボンの大幅な削減は喫緊の課題であるといえる。

　これまで，建物とエネルギーに関連する分野の先行研究では，運用エネルギー使用の最適化やそれに関連したGHG排出の負荷低減に焦点があてられ，

274　第Ⅳ部　市民社会

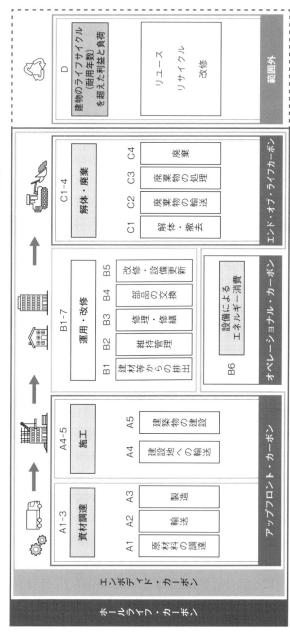

図表17-1　建築物のライフサイクル（ホールライフ・カーボンの評価）

注：欧州規格EN15978に準拠したライフサイクルにおける各段階（モジュール）の一般的な構成と定義を示している。モジュールDは、建物のライフサイクル外の段階。材料の再利用または建物の廃棄物等のリサイクルにより発生する炭素排出量、あるいは廃棄物が他のプロセスの燃料源として使用される際の排出量が対象となる。モジュールB7は、建物による水消費を表すが、ホールライフ・カーボンの対象外となるため、図表から割愛した。

出所：WGBC（2022）p.13, Röck et al.（2020）p.2から筆者改訂。

パッシブハウスやZEB（ネットゼロ・エネルギー・ビル）など，高い省エネルギー性能を有した建築物の設計や建築技術に応用されてきた。しかし，建物の全ライフサイクルを考慮すると，こうしたエネルギー消費効率化とGHG排出削減を達成する方策は，建築物の運用によるものにとどまらない。各種エネルギーは建設資材・製品の製造に必要であり，新しい建物の建設・近代化・代替プロセスに「投資」され，さらに，輸送や建設プロセス，建物や材料の解体・廃棄の際に「消費」されるからである（Röck et al., 2020, 2）。新しい建物や既存の建物の改修に使用される建設資材・製品の生産は，世界のエネルギー消費におけるGHG排出量全体の11％を占め，その半分以上が鉄鋼とセメントの製造に由来する（IEA, 2019, 53）。例えば，基礎，躯体，その他の上部構造といった建築部材は，少なくとも使用する原材料の量が多いという理由から，エンボディド・カーボンの大部分を占める。躯体は，建物の力を支える構造体に使う材料によって，木造，ブロック造，鉄筋コンクリート造（RC造），鉄骨造（S造），鉄骨鉄筋コンクリート造（SRC造）などに区分される。これらの建築部材には，鋼鉄，コンクリート，石積みなど，炭素集約的な耐荷重構造材料が含まれていることが多い。また，ファサードがアルミニウムやガラスを多量に使用する場合も，炭素集約的な製造工程を経ているため，エンボディド・カーボンに大きな影響を与える可能性がある（WGBC, 2019, 23-25）。

　建築学の研究分野において，建設に伴うエネルギー消費（エンボディド・エネルギー）[1]についての様々な分析がなされてきたが，1990年代に国際標準化されたLCAの手法は，建物の運用段階のみならず，ライフサイクル全体を通じた製品や建設プロセスの環境への影響を定量化する代表的な方法論として定着した（Röck et al., 2020, 2）。近年，建設サプライチェーンではLCAの適用が急速に拡大しており，建設資材・製品の製造業者はISO14040（原則および枠組み）・ISO14044（要求事項および指針）などの国際基準に従い，建築製品の環境製品宣言（EPD）やその他のフォーマットを用いて，製品のLCAデータを公表している。欧州では，EN 15978（建築物の建設における環境性能評価）やEN 15804（建材のEPDに関する原則と要求事項）規格がある。こうした規格に基づき，EUにおける建物のライフサイクルをモジュール（A～C段階）に分けて定義し，モジュールごとにCO_2排出量を算定している[2]。建材やエネルギーの

276　第Ⅳ部　市民社会

インプットとアウトプット，それらに起因する環境影響を集計・検討するための手順がEUで制度化されれば，建物の資源効率や環境性能を向上させるための対策や行動を特定することが可能になる。

2.　欧州グリーンディールにおける 「リノベーション・ウェーブ」戦略

　建築物のエネルギー性能を理解する最も効果的な指標の一つは，ストックの築年数と改修率である。EUでは，域内の既存建築物ストックの85％にあたる2億2000万棟以上の建物が2001年以前に建設されたものである（COM/2020/662）。建物の耐用年数を鑑みれば，こうした既存建築物の85～95％は2050年時点でも運用されている可能性が高い。建物外壁の断熱に関する規制を含む建築基準法が欧州で制定され始めたのは1970年以降であり，現在の域内建築物ストックの大部分は，建物のエネルギー性能の要件なしに建設されていた（Filippidou and Navarro, 2019, 5-6）。また，既存の建物の大半は，冷暖房の運転を化石燃料に依存し，旧式の機器や炭素集約的な建材が使用され，エネルギー効率が低いことが指摘されている。EUでは，2030年気候中立目標のGHG排出量55％削減を達成に向けて，建物からのGHG排出量を60％，その最終エネルギー消費量を14％，冷暖房のエネルギー消費量を18％削減しなければならない（COM/2020/80）。そのために，域内の既存建築物を改修すれば，EUの総エネルギー消費量を5～6％削減し，CO_2排出量を約5％削減できる可能性がある（COM/2020/662）。しかし，老朽化したEUの建築物ストックの改修率はわずか1％未満（各加盟国の改修率は0.4％～1.2％程度）に留まっており，特にエネルギー効率が低い建物（最低エネルギー性能基準G評価）が約3000万棟存在する[3]。

　これまでEUは，2002年に施行された「建物のエネルギー性能指令（Energy Performance of Buildings Directive：EPBD）」を通じて省エネ対策を講じていたものの，既存建物の改修ペースが非常に遅く，かつ改修率が低い点が脱炭素化への課題となってきた。エネルギー消費量を60％削減する「ディープ・リノベーション（徹底的な改修）」は，EU域内建築ストックの年間わずか0.2％しか実施されておらず，エネルギー改修率がゼロに等しい地域も存在する

（COM/2020/662）。また，フランス，ドイツ，英国といった一部の加盟国レベルでは，GHG排出に関するデータを収集し，国家ロードマップと戦略を策定したケースがあるものの，建設セクターの脱炭素化に向けた具体的なEUの指針作りは遅れていた。

　EUのロードマップは，2020年11月の「欧州グリーンディール」の枠組みにおいて，初めて「リノベーション・ウェーブ」戦略として具体化された。建築物のカーボンフットプリントを最小化するために，ライフサイクル思考，資源効率化と循環性，および建設セクターの一部を炭素吸収源に変えることの重要性が強調され，建設エコシステムを持続可能なリノベーションの実現に適したものに転換することが提案されている。同戦略の目標は，「2030年までに，居住・非居住用の建物におけるエネルギー関連の年間改修率を少なくとも2倍」にし，「ディープ・リノベーションを促進する」ことである。特に，欧州委員会は，政策展開と融資の際に優先事項として考慮されるべき3つの重点分野を定め，改修率を大きく向上させることが期待できる点を指摘している。

　第1に，「エネルギー貧困対策およびエネルギー性能の最も低い建物への取り組み」である。欧州委員会によれば，エネルギー貧困とは，家庭が必要不可欠なエネルギーサービスを利用できない状況のことである（Commission Recommendation（EU）2020/1563）。冷暖房，給湯，照明などの機器や建物のエネルギー効率が低く，家計支出に占めるエネルギー費の割合が高い低所得者世帯ではエネルギー貧困のリスクが高まる。2020年のEurostatのデータによれば，EU人口の約8％が自宅を十分に暖かく保つことができない状態にある。エネルギー価格が高騰する局面において，適切な経済的支援を提供することなくエネルギー性能の向上に焦点を当てた政策を実施すれば，家計をエネルギー貧困に追い込む可能性がある。建築環境を改善するための対策が，最も脆弱な建物の所有者への過度な負担とならないよう，欧州委員会は同戦略と同時に「エネルギー貧困に関する勧告」[4]を発表した。

　第2に，「行政，教育，医療施設などの公共建築物の改修」である。公共施設の改修は一般市民に対し，改修の相互利益を可視化するだけでなく，都市・街づくりのモデルとなりうる点が強調された。

　第3に，「冷暖房システムの脱炭素化」である。冷暖房システムの近代化は，

278 第Ⅳ部 市民社会

建物ストックを脱炭素化し，地域への再エネ導入を促し，EUの化石燃料の輸入依存度を下げるために不可欠である。EUでは，住宅で消費されるエネルギーの約80％が暖房，冷房，家庭用温水に使用されている。さらに，こうしたエネルギーの3分の2は化石燃料に依存している。冷暖房システムの脱炭素化のために，欧州委員会は「エネルギー効率化指令（Energy Efficency Directive：EED）」の見直しによって，建物の再エネ最低利用率に関する条件を設定し，域内の包括的な冷暖房計画を準備する。改修の義務や基準は，加盟国や地方自治体に対し，ベストな結果を生み出すための具体的柔軟性を提供する。

　以上のようなリノベーション・ウェーブ戦略の波に乗る「建物の改修」には多くの社会的効果が見込まれる。同戦略では，こうした改修におけるシナジーは，地区・地域社会密着型で波及していくことが期待されている。例えば，複数の建物がある地区は，建物間でエネルギー消費を最適化していく「ポジティブ・エネルギー地区（Positive Energy Districts）」として機能し，再生可能エネルギーや廃熱回収によって，より先進的な地域冷暖房システムを構築する可能性がある（COM/2020/662）。住民を広く包括的に巻き込むことで，地域全体を変革し，新たなビジネスチャンスを生み出すこともできる。欧州委員会は，こうした地域密着型のアプローチによって，冷暖房の脱炭素化をより低コストで実施する方法が提案され，燃料の切り替えが進展したり，古い住宅をより安価なアクセスとモビリティサービスで改善させる可能性があると指摘している。模範的な地区改修プロジェクトは，国の復興計画に盛り込まれ，新たなウェーブとして道を開くことができるのである。

　以上のように，建物改修による都市・地域開発を目指すリノベーション・ウェーブは，EUの新たな社会政策としても位置付けられる。

3. 建物のエネルギー効率向上と循環型建設セクター確立へ向けた取組み

　建設エコシステムはEUのGDPの約5.5％を占め，約2,500万人が雇用されている。建築資材関連の企業は，EUに43万社あり，総売上高は8,000億ユーロに達する。建設業者や開発業者が請け負う建設工事はEUのGDPの6.1％，

EUの雇用の7.3％を占める（Council of the EU, 2023）。そのため，建物改修への投資は，建設エコシステムおよび経済全体への景気刺激策となりうるのである。建設業は労働集約的であることから，改修工事の多くは地域のサプライチェーンに根差した雇用の創出や投資，エネルギーや資源効率の高い設備への需要を生み出し，不動産に長期的な価値をもたらす。具体的には，2030年までに，当該戦略によってEUの建設セクターで新たに16万件のグリーン雇用が創出される可能性があると試算されている（COM/2020/662）。改修需要の増加は，中小企業が90％以上を占める当該セクターにとって，業況改善の好機に結び付くのである。

　2020年のユーロスタットのデータによれば，建設工事は欧州の廃棄物の最大の発生源であり，廃棄物総量の37.5％を占める。建設・解体廃棄物の回収率は，加盟国間で大きな差があるものの，EU27全体で89％となっている。しかし，近年ほとんど改善されておらず，その多くは解体工事などにおける埋め戻しによるものである。EUでは再利用やリサイクルによる一次材料の実際の代替率が依然として低いままであり，EU域内で現在の慣行が継続される場合，建物の改修だけで2022年から2050年までに9億1,800万トンのバージン材料が消費されることになる。一方で，建設業には，より資源効率の高い方法で操業し，有害物質の使用を避けながら，二次材料をより多く利用する機会がある。例えば，金属，石膏，アスファルトなど，建設に一般的に使用される材料の中には，理論的には完全にリサイクル可能なものもあることから，より効率的に活用すれば，建築物の材料使用量を30％削減できる可能性がある（European Commission, 2023, 10）。欧州委員会は2024年末までに，建設廃棄物および解体廃棄物に関するEUの材料回収目標を見直すことを示唆している。再利用とリサイクルのプラットフォームを拡大し，二次材料のEU域内市場が十分に機能するよう支援するための措置を講じる予定である。具体的には，建設資材規則（Construction Products Regulation）と廃棄物枠組指令（Waste Framework Directive）の法改正があげられる[5]。全体として，建設工事における資材消費を削減するための最も効果的な施策は，建築資材のエネルギー効率を上げるとともに，既存資産＝建築物の寿命を延ばすことなのである。

　また，生産性と資源効率を高める方法として，同戦略では，最新のデジタル

280 第Ⅳ部 市民社会

工業化技術の積極的な導入が不可欠である。建設サプライチェーンにおける調達，建築許可，プラットフォーム，建築アーカイブと情報のデジタル化の進展によって，建設セクターはデジタルへの移行を加速させている。同時に，BIM（ビルディング・インフォメーション・モデリング），IoT，ドローン，スキャニング・ツールなどの応用によって，建築環境の構築・管理・介入の方法が変容しつつある。新たなデジタル技術は，建築物のライフサイクル全体にわたる排出量の正確な記録，評価，シミュレーション，測定，追跡，排出削減も実現することが可能である。リノベーション・ウェーブ戦略において，「Level (s)」は，建物のサステナビリティ性能評価（LCA）の中核的指標として位置付けられている。加えて，建物の「エネルギー性能評価証明書（Energy Performance

図表 17-2　リノベーション・ウェーブ戦略の展開：EU の包括的な政策アプローチ

目的	政策アプローチ・関連法案
持続可能な建設・建物のエネルギー性能効率化	■建物のエネルギー性能指令（EPBD）改正 　Directive/2024/1275（2024年5月発効）（Fit For 55） ■再生可能エネルギー指令（RED）改正 　Directive/2023/2413（2023年10月発効）（Fit For 55） ■エネルギー効率化指令（EED）改正 　Directive/2023/1791（2023年9月発効）（Fit For 55）
建設・建物における資源利用の持続可能性	■建築資材規則（CPR）改正 　欧州理事会・欧州議会採択済（2024年2月）（循環型経済行動計画） ■持続可能な製品のためのエコデザイン規則（ESPR） 　Regulation/2024/1781（2024年7月発効）（循環型経済行動計画）
ライフサイクル全体の持続可能性評価基準	■Level (s)
建物のエネルギー性能に関するデータ収集	■Digital Building Logbook ■建物改修パスポート（Building Renovation Passport）
サステナブルファイナンス・リノベーション投資	■EU タクソノミー ■EU 復興レジリエンスファシリティ ■EU ETSⅡ近代化基金
建物の持続可能性と生活・デザインの調和	■新欧州バウハウス（New European Bauhaus）

出所：COM/2020/662，Directive（EU）/2024/1275，Directive（EU）/2023/2413，Directive（EU）/2023/1791，Regulation（EU）/2024/1781 等，欧州委員会の各種官報から筆者作成。

Certificate)」などから得られる情報を統合する「Digital Building Logbooks」として，EU共通の単一登録簿の構想が進められている。このように，当該部門でのデジタル化促進は，持続可能な建築環境の基盤となりうるのである。

2021年以降，EUでは，リノベーション・ウェーブ戦略を起点とする，持続可能な建築のための包括的な政策アプローチが展開されつつある（図表17-2）。同戦略を通じたEUの政策は，建物および建設環境のエネルギー効率の改善，循環型社会を実現する資源効率の促進とデジタル技術とを組み合わせることによって，建設エコシステムに好循環をもたらすこととなる。これは，REPowerEU（COM/2022/230）やグリーンディール産業計画（COM/2023/62）の目標達成にも貢献する。

2021年7月には，Fit For 55のパッケージの一環として，公共調達や公共建築物のエネルギー効率化に関連するEEDの改正案が発表された。従来，指令第5条において，加盟国のすべての公共機関は，毎年，建物の床面積の3％以上を改修する義務を負うことが定められているが，今後は地域・地方自治体も対象となる（Directive（EU）/2023/1791）。また，公共部門には，1.9％の年間エネルギー消費削減目標が新たに導入された。さらに，改正されたEPBD（Directive（EU）/2024/1275）は，2024年5月にすべてのEU加盟国で発効した。EPBDは，各国で最もエネルギー性能の悪い建物について，改修率の向上を目指すものである。加盟国の居住用建物の平均一次エネルギー使用量を，2020年比で2030年までに16％，2035年までに20〜22％削減させるという拘束力のある目標を定め，そのうち少なくとも55％はエネルギー性能最下層建物の改修で達成することとなった。また，非居住用建物に対する最低エネルギー性能基準を設定し，加盟国は段階的に導入する。なお，EU全体の最低エネルギー性能基準に適合させるための建築物の改修は，建築物の改修活動に関連するEUタクソノミーの基準に沿って行われる。また，REPowerEUに基づき，加盟国に太陽光発電の設置を義務付けるとともに，住宅や商業用建物の駐車用スペースにEV用充電インフラとして，電気配線の準備を義務付ける提案がなされた。建築物への電気自動車用充電ポイントの設置，駐輪場に関する規定によって，持続可能なモビリティの普及を後押しする。加えて，化石燃料由来のボイラーの完全廃止（設置に対する公的補助金の禁止）が求められている[6]。

282   第Ⅳ部　市民社会

　以上を踏まえた，建物構造効率性能を高める最新の動向として，ヒートポンプのような，ゼロ・カーボン・ビルディングをより簡単に実現できる技術に投資が向けられている。2022年のEUのデータによると，域内の建物に設置されたヒートポンプは約300万台で，前年比で40％近く増加している。IEA（2023）の分析によれば，欧州のヒートポンプ市場規模は約140億米ドルと推定され，ヒートポンプは，安全で持続可能な暖房への移行における中心的技術として注目を集めている。欧州委員会は，REPowerEUやEPBDの一環として，ヒートポンプの普及を後押ししているが，この動きを継続させるためには，安全で柔軟なサプライチェーンの構築が重要である。ヒートポンプの世界市場において，世界の5大メーカーはアジア太平洋地域に本社を置いているものの，生産能力は世界全体のシェアの約半分しかない。そのため，EUのメーカー各社は，域内の増産に向けた投資を進めており，域内市場のさらなる販路拡大を目指している。

おわりに

　EUのリノベーション・ウェーブ戦略は，単なるカーボン排出の抑制策にとどまらず，改修シナジーの加盟国・各地域への波及効果の拡大や，建設エコシステムおよびEU経済全体への景気刺激策となりうる可能性を有している。また，EU域内の建物全体のエネルギー効率の底上げを追求し，EU市民にとってより安全でコストパフォーマンスに優れた住宅への移行をサポートする様々な社会的対策を提案しているのである。今後は，稿を改めてリノベーション戦略を基盤とした，加盟国レベルの政策動向も検討が必要である。

[注]

[1]　エンボディド・エネルギー（Enbodied Energy）とは，建物の運用に使用されるエネルギーを除いた，建物のライフサイクル全体で使用される総エネルギーとして定義される（Rahman, A., 2019）。

[2]　EUレベルでの建設工事の全ライフサイクル排出量に関するデータは限られているが，近年，ユーロスタットでは建設・解体工事のカーボンフットプリントを推計している。

[3]　レベルGに該当するのは，各加盟国で最も効率の悪い最下層から15％までの建築物。

[4]　Commission Recommendation（EU）2020/1563.エネルギー貧困の抑制に向けた長期改修戦略の策定に向けた加盟国向けの指針である。

第17章　EUリノベーション戦略と建設エコシステムの課題　　283

5　2024年3月には，CPRは「持続可能な製品のためのエコデザイン規則（ESPR）」に対応した形で改正され，建設資材に関する「デジタルパスポート」システムの構築が規定された。EU域内における建築資材の規格の調和が進み，製品仕様情報へのアクセスが容易になれば，製品の製造にどれほどの環境負荷がかかっているのかを，事業者だけでなく消費者も定量的に把握できるようになる。建設エコシステムの競争力を向上させ，市場の障壁を撤廃することが求められているのである。

6　European Commision（2023），Commission welcomes political agreement on new rules to boost energy performance of buildings across the EU, 7 December.〈https://ec.europa.eu/commission/presscorner/detail/en/IP_23_6423〉。

[参考文献]

Council of the EU（2023）Circular construction products : Council and Parliament strike provisional deal, 1036/23, press release.

European Commission（2023）Transition pathway for Construction, Directorate-General for Internal Market, Industry, Entrepreneurship and SMEs, final report.

ECORYS（2016）The European construction value chain : performance, challenges and role in the GVC, Final Report, Ecorys in cooperation with WIIW and WIFO.

Filippidou, F. and Jiménez Navarro, J.P.（2019）Achieving the cost-effective energy transformation of Europe's buildings, JRC Technical Report, Publications Office of the European Union.

IEA（2017）IEA EBC Annex 57 Evaluation of Embodied Energy and CO2eq for Building Construction : 2017.

IEA（2019）Material Efficiency in Clean Energy Transitions, 2019.

IEA（2023）World Energy Investment, 2023.

Nußholza,J. , Çetinb,S., Eberhardtc,L., Catherine De Wolfd and Bockene, N.（2023）"From circular strategies to actions : 65 European circular building cases and their decarbonisation potential", *Resources, Conservation & Recycling Advances*, Vol. 17, May, 200130.

Rahman, A.（2019）"Chapter 5 - Life Cycle Energy Consumption of Buildings : Embodied + Operational", Vivian Y. Tam and Khoa N. Le edt, *Sustainable Construction Technologies -Life-Cycle Assessment*, pp. 123-144, Butterworth-Heinemann.

Röck,M., Saade,M.R.M, Balouktsi,M., Rasmussen, F.N., Birgisdottir,H., Frischknecht,R., Habert,G., Lützkendorf,T., and Passer,A.（2020）"Embodied GHG emissions of buildings – The hidden challenge for effective climate change mitigation", *Applied Energy*, Volume 258, 15 January 2020, 114107.

World Green Building Council（2019）Bringing embodied carbon upfront -Coordinated action for the building and construction sector to tackle embodied carbon-.

World Green Building Council（2022）EU Policy Whole Life Carbon Roadmap #Building Life.

EUの政策文書，法令等については，本書巻末のリストを参照。

（髙﨑春華）

第18章

EUの気候変動対策におけるEU市民の役割

はじめに

　EUは，現代の人類が取り組むべき最優先課題のひとつである気候変動問題に対して積極的な取組みをしている。特に2019年12月に就任したフォン・デア・ライエン欧州委員長は「欧州グリーンディール」を掲げ，その成功にはすべての市民の参加が不可欠であるとして，EUが市民とともに問題に取り組むべく「欧州気候協定」を2020年3月までに立ち上げることを提案した（COM/2019/640, 41）。同欧州委員長は就任にあたって「欧州将来会議」の開催を約束し，EU市民による大規模な市民協議を実施した。そこでもグリーン・トランスフォーメーションを議論の重要なテーマにすることを宣言している。

　このようにフォン・デア・ライエン欧州委員会による気候変動対策の特徴として，市民との協働と市民参加の環境づくりが挙げられる。本章は，同委員会が気候変動対策において市民との協働を重視する理由と，EU市民の役割を明らかにすることを目的とする。

1. EUガバナンスにおけるEU市民の参加

1-1　EUガバナンスにおける市民参加の考え方

　EUでは，法的には，市民社会がEUの全活動領域に適切な手段で参加する機会を欧州連合条約が保障している（第11条）。環境分野に関しては，EUは2005年にオーフス条約を批准している。同条約は環境問題を解決するためには市民の参加が必要であるとし，特に政策決定へのアクセスは可能な限り早い段階から行われる必要性があることを謳っている（第6条）。

しかし，EUという政体の政策決定に市民が参加することは容易ではない。政治学において，政策決定への市民の参加は権力者の支配が被支配者から承認される根拠，つまり民主的正統性の源となる。したがって，国家において，その民主的正統性は市民の参加や合意，つまり議会を中心とした民主的手続きに由来する（インプット正統性）（Scharpf, 1999, 6-10）。他方，国際機関の場合は与えられた目的と権限の範囲内で任務を効果的に遂行すること，つまりテクノクラート的な効率性に基づく正統性が求められる（アウトプット正統性）（Scharpf, 1999, 10-13）。国際機構の民主的正統性は，国際機構それ自体ではなく加盟国の民主主義に依存するとされる。もしEUを国際機関と捉えるならば，EUの政策決定に市民社会が平等に参加することは重視されないことになる。

そこでEUという政体をどう理解し，その民主的正統性はどのように考えられるべきなのかという問題が浮上する。EUはしばしば「特異な」政体と表現されるが，その由縁は加盟国が共同体に主権を委譲するという超国家性にある。欧州統合の初期段階において，その超国家性は優先課題である市場統合に限定されていた。加盟国はその主権を市場統合の領域に限って委譲する代わりに，経済的利益が配分される。そのことによって共同体は市民の支持を担保しているとされた。

しかし，それはあくまで理論的に当時の共同体の正統性を説明しようとしたものであり，実際に市民がそのように理解していたわけではない。市場統合という目的が達成され，単一欧州議定書（1987年発効）により共同体の権限が拡大し市民の生活にも大きな影響を及ぼすようになると，「民主主義の赤字」問題が認識されるようになった。その契機となったのが，1992年6月2日にデンマークが国民投票によってマーストリヒト条約の批准を否決した「デンマーク・ショック」である。欧州統合の深化に伴い政治や経済がブリュッセルの官僚や政治家に牛耳られていると市民が不安を感じる一方で，世論を共同体立法に反映する仕組みが不足していることが問題視された。これ以降，共同体立法に市民がいかに関与・統制するかが重要な課題となった（吉武, 2005, 88）。

286　第Ⅳ部　市民社会

1-2　「民主主義の赤字」問題と市民参加の必要性

　このように，統合が深化した共同体の民主的正統性を考察するとき，「民主主義の赤字」問題は不可避である。この問題に関する議論は ① EU 政治過程に対する議会の統制不足，② EU レベルの行政部中心の意思決定，③ EU の立法過程の不透明性，④ 市民参加やヨーロッパ・アイデンティティの不足，という 4 つに分類できる（Douglas-scott, 2002, 131）。「民主主義の赤字」問題[1]とは，加盟国が主権の一部を共同体に委譲することにより国内議会が失った立法権限を，各国行政府が理事会において共同行使していることに起因している。具体的には，民主的選挙によらず任命される欧州委員会が法案提出権を独占しており，共同体レベルの行政においても各国官僚・専門家とともに主要な役割を果たしている（主に ②）。これらの状況に対して，加盟国議会も欧州議会も十分な民主的統制をすることができない（主に ①）。したがって，市民の意思が政策に反映されないとの批判である。

　EU は 1990～2000 年代の一連の基本条約改正により共同体立法過程に加盟国議会を関与させ，欧州議会に理事会とともに立法府としての権限を与えることで ① と ② の批判に応えてきた。次に取り組まれるべきなのは，③ と ④ の問題ということになる。実際に EU は 2000 年代，困難に直面した際，EU 市民の声に耳を傾けながら市民社会と協働して欧州統合の将来像を描き出す姿勢を見せるようになった。

　例えば，2005 年 5 月 29 日と 6 月 1 日のフランスとオランダで国民投票により欧州憲法条約の批准が拒否された際，欧州理事会は 6 月 1 日，欧州市民とともに同条約に関する検討，議論を目的として，いわゆる「熟考の期間」を設けることを決めた。各加盟国首脳は，条約批准を急がずに市民の声に耳を傾け，市民との対話や討議が必要であることを認識したのだ（COM/2005/494, 2）。その活動を周知させるために欧州委員会はアクション・プラン（SEC/2005/985）と合わせて「プラン D」を発足させ，欧州の将来についてのコンセンサスを市民と共有することを目的とした市民討議プロジェクトを募集した。欧州委員会によって 6 つの市民討議プロジェクトが採択され，2007 年末までにそれぞれ実施された[2]。

1-3　フォン・デア・ライエン欧州委員会における市民参加の意義

　直近では，2021〜2022年にかけて「欧州将来会議」が開催された[3]。これは従来EUの制度や活動に馴染みがなかったあらゆる年齢，国籍，背景をもつ市民を結びつけ，EUの将来像を織り上げることを目指したもので（European Commission, 2022），EUと市民社会による過去最大の協議となった。フォン・デア・ライエンは欧州委員長就任にあたり，EUのデモクラシーを推進するための一環として同会議の実施と，その成果をEUの政策に活かすことを約束していた（European Commission, Directorate-General for Communication, Leyen, U., 2020, 18）。

　「欧州将来会議」のプロセスとスケジュールは図表18－1と図表18－2に示した通りであるが，2代前のバローゾ欧州委員会時代に実施されたプランDと比較して，より積極的に若い世代の意見表明の機会が確保されている。そのこと

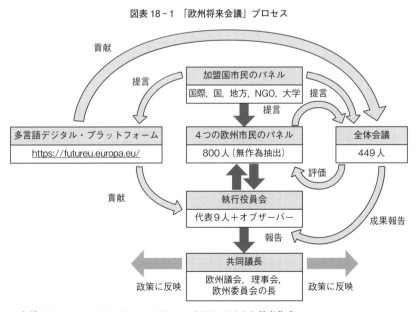

図表18-1　「欧州将来会議」プロセス

出所：Conference of the Future of Europe（2021a, 21）より筆者作成。

288 第Ⅳ部 市民社会

図表 18-2 スケジュール

		全体イベント	市民イベント	報告書
2021年	3月	共同宣言署名，事務局初会合		
	4月	第1回執行役員会，多言語DP開設		
	5月			
	6月	第1回全体会議	欧州市民イベント（リスボン）	
	7月			
	8月			
	9月		第1回欧州市民パネル①②	第1次中間報告書
	10月	第2回全体会議	第1回欧州市民パネル③④，若者イベント	第2次中間報告書，若者意見報告
	11月		第2回欧州市民パネル①②③④	
	12月		第3回欧州市民パネル①②	第3次中間報告書
2022年	1月	第3回全体会議	第3回欧州市民パネル③④	
	2月			
	3月	第4回全体会議		
	4月		欧州市民パネル評価イベント	
	5月	共同議長会議		最終報告書

出所：Conference of the Future of Europe（2021a, 21）より筆者作成。

は市民イベントのメインとなる欧州市民パネルとは別に若者による意見交換と討論が実施され[4]，報告書も欧州市民パネルのものとは別に「若者のアイディア（Conference of the Future of Europe, 2021b）」としてまとめられたことからも窺える。

　フォン・デア・ライエン欧州委員会が特に若い世代の声に耳を傾けようとするのは，同欧州委員会が発足する直前の欧州議会選挙とも関係している。同欧

州委員長は2019年に公表した施政方針で「欧州議会選挙における記録的な高投票率は，EUの民主主義の活力を示している。われわれはその声に応え，市民がEUの意思決定においてより強い役割を果たすようにしなければならない」と表明し，欧州将来会議の開催もここで約束している[5]。この選挙では反EU勢力の伸長が注目された。二大会派は初めて過半数を割り，リベラル派の「欧州自由民主同盟」と「緑の党・欧州自由連合」を合わせてかろうじて親EU派が議席の3分の2を獲得した。特に「緑の党・欧州自由連合」はその躍進によって，反EU勢力からEUを守る防波堤の役割を果たしたが，その背景にはグレタ・トゥーンベリに象徴される若者たちが地球温暖化対策を求めて各地に拡がった抗議活動があった。投票者の属性を見ても，2014年から2019年の選挙で最も投票率が伸びたのが若い世代であった[6]。非リベラル，反EU勢力による逆風の中での船出を余儀なくされた同欧州委員会にとって，EUに期待を寄せる若い世代をEUのデモクラシーの将来を築くパートナーとすることは不可欠である。

2. 欧州気候法におけるEU市民の参加

これまで見てきたように，EUガバナンスにおいて市民参加はますます重要になり，特に環境政策の分野において不可欠となっている。2021年7月に公布された欧州気候法はグリーンディールの一部を構成し，気候変動政策の将来にとって重要な意味をもつ。同法は2050年までに気候中立の達成，2030年までに温室効果ガス排出を少なくとも55％削減（1990年比）するという目標に法的拘束力をもたせた。欧州委員会は，一連の気候変動に関する政策過程において市民社会と協議の場を設けており，欧州気候法もこうした事前協議の結果に依拠している（Ammann and Boussat, 2023, 237）。

2-1 「「万人のためのグリーン・プラネット」コミュニケーション」(CPAC)

CPACの市民協議は，温室効果ガス排出削減のためのEUの長期戦略について市民からの意見を集めることを目的に，2018年7月17日〜10月9日に実施された（European Commission, 2018）。この市民協議は，EUのオンライン・プ

ラットフォームに掲出された74の質問からなるアンケートと，専門家と市民で構成するステークホルダーによる2日間の対面協議という形式がとられた。アンケート回答者4,031件のうち3,302件（74％）が個人による回答で，残りの729件は専門家または企業，NGOs，研究機関，政府や自治体などの組織による回答であった。回答者はEU加盟28カ国のうち27カ国をカバーしており，ドイツが973件（35％）で最も多く，以下，ベルギー326件（12％），スペイン277件（8％）が続いた。

　パリ協定の目標の達成に向けてEUがどれだけ貢献すべきかという質問では，2050年までに「排出量を1990年比で80％削減する」との回答が16％，「80〜95％の範囲で削減する」が31％，「排出量と削減量のバランスをとる（実質ゼロ）」が53％で最も多かった。グリーンディールの発表前に，EU市民には目標値について意見表明の機会が与えられていたことがわかる。

2-2　「2030年気候目標計画」(CTP)

　さらに2020年にはCTPの市民協議が3月31日〜6月23日に実施された。2030年までに気候変動対策への意識を高めるためにとるべき行動について，市民の意見を集めることが目的だった[7]。当時，すでにEUは欧州グリーンディールにおいて欧州を世界初の気候中立な大陸にするという目標を掲げており，そのためにEUの2030年の温室効果ガス排出削減目標を，1990年比で少なくとも50％，さらに55％まで引き上げる意向であった。この2030年目標を上方修正することで2050年までに気候中立を達成するための道程をより緩やかにしたい考えがあった。

　この市民協議においてもEUのオンライン・プラットフォームに61の質問からなるアンケートが掲出され，4,032件の回答があった。このうち，3261件（80％）が個人，202件（5％）が企業，その他はNGOs，研究機関，政府や自治体などの組織による回答であった。国別では最も多かったのがドイツの2,136件（53％）で，続くフランス522件（13％）とベルギー323件（8％）を大きく上回っている。

　2030年における温室効果ガス削減目標について問われた質問では，「少なくとも40％にする」との回答は9％，「少なくとも50％にする」は14％，最も厳し

い削減目標である「少なくとも55％にする」が77％という結果となった（European Commission, 2020, 12）。つまり、回答の大多数は、グリーンディールが提案する排出量削減の上方修正案を強く支持した。

このように、欧州気候法が掲げる目標は、市民社会との協議を踏まえたものであることが確認できる。ただし「欧州将来会議」にも当てはまることだが、CPACとCTPのオンライン市民協議で集められた回答数がEU市民の総数に比して少な過ぎるという批判がある。また、これらの市民は親EUと反EUのどちらにせよ、すでにEUの問題に積極的なステークホルダーであることが示唆され、EUが目指している多様性のある参加者とは言い難い。このことからインプットの代表制という点でも限定的である点は留意すべきである。

3. 気候中立達成に向けた欧州気候協約とEU市民の役割

3-1 欧州気候協約と気候協約大使の役割

EUは欧州グリーンディールを立ち上げて様々な政策や法を整備しているが、すべての市民が積極的に関与し、貢献をしなければ気候中立という目標は達成は難しい。そこで、欧州委員会は2020年12月9日、欧州市民協約を発足させ、気候変動対策にひとりひとりの市民が参加することを促し、気候変動問題に関する情報を共有し、議論し、行動するための場を提供している（European Commission, 2023）。

同協約では、これまでのような合意形成のための協議型の市民参加ではなく、合意事項の実践への市民参加が求められている。欧州委員会は同協約発足と同時に、その中核をなす気候協約大使（Pact Ambassador：PA）の公募を開始した。PAに求められている役割は、気候変動や環境保護のための行動変容の「模範を示すこと」、市民、組織、地域・国家政府に対し、気候変動対策に参加するよう「はたらきかけること」、そして志を同じくする欧州全域の市民と情報を共有するための「つながりをつくること」である[8]。

また、PAには①組織や団体、地域社会・運動のリーダー、②議員、その他の公職者、③教育、研究機関の代表者、④インフルエンサー、オピニオンリーダーであることの他、EU加盟国の居住者であることが求められる。2023

292　第Ⅳ部　市民社会

年時点でPAは約500人，任期は1年で年次報告によって任期を更新すること
ができる。活動にあたっては，気候協定の価値観を尊重し，少なくとも年に3
つの具体的な気候変動対策のための活動をすることなどが義務付けられてい
る。PAには，PAが構成する欧州ネットワークへのアクセス，欧州気候変動
対策，気候協約に関する資料へのアクセス，欧州各地で開催されるイベントに
参加する権利が与えられるが，金銭的な報酬はなく，その活動はボランティア
である。

3-2　PAの現状分析

　EUのウェブサイトに掲載されているPAのプロフィールをコード化して分
析したトスンらの研究[9]によると，属性について，男女比率（女性：47%，男
性53%）は概ねバランスがとれており，国別ではイタリアが最も多く，スペイ
ン，ドイツがこれに続いている。また，PAとなる動機として最も多いのが
「若い世代の意識を高めるため」(21.8%)で，「若い世代として行動するため」
(5.82%)，「将来世代により良い環境を届けるため」(4.34%)と続いている。

　この研究によれば，若者や将来世代の利益を擁護するのは若い世代の比率が
高いものの，PAとなる動機において若い世代や将来世代に言及する比率が高
いのは，「両親」や「祖父母」といったアイデンティティを自己申告している上
の世代であることも明らかにされている。PAたちのアプローチは，若者や将
来世代がどのような世界を受け継ぐかを自ら決定するという意味で有望に見え
る。しかし，トスンらは，これらは最初の一歩に過ぎず，EUデモクラシーに
おける「近視眼[10]」を克服するには十分ではないと指摘する。

　現時点でPAの役割を分析する方法はトスンらのようにプロフィールを分析
するか，個々のPAの活動を追うなど選択肢は多くない。本稿では，PAのひ
とりであるミッコ・アールトネン氏（Mikko Aaltonen）にインタビューをし
た[11]。同氏のPAとしての主な活動は，フィンランドのタンペレ市議会議員と
して気候変動対策の重要性を啓発することであり，実際にタンペレ市議会は
2030年のカーボンニュートラルに向けたロードマップを採択した（PAに求め
られている「はたらきかけ」）。同時に欧州地域委員会委員でもある同氏は，タ
ンペレ市のグッドプラクティスを欧州地域委員会で紹介し情報を共有している

第18章　EUの気候変動対策におけるEU市民の役割　293

（「つながり」）。また，私生活では旅行等の移動手段として航空機ではなく列車など公共交通機関を利用してSNSで発信するなど，気候変動に配慮した代替案を推進している（「模範を示す」）。

同氏はPAになった動機について「気候変動やそれによる災害が，全人類にとって最も危険な脅威であると考え，この問題に対する人々の意識向上に貢献したい」と語った。その活動からは，目標がどんなに大きくても，目標達成のために日常の中でできることを確実に行う姿勢が窺える。同氏は気候変動問題における自らの貢献は微々たるものであると語る。しかし，このような行動を市民ひとりひとりが起こすことが，気候変動対策に必要な市民の行動変容なのではないか。その意味で，同氏はまさしく模範的なPAであると言える。

おわりに

気候中立のために市民が行動変容を続けることは簡単なことではない。アールトネン氏は，「ロシアのウクライナ侵攻によって引き起こされたエネルギー供給の問題が，市民の貢献意欲に影響を与え，気候変動対策への支持を減じているのではないかと心配している。このような意見がどの程度広まっているのかを推し量るのは難しいが，少なくとも極右の政治家の中には，こうした感情をキャンペーンに利用している者もいる」と語る。実際に，フィンランドでは，2023年4月の選挙で極右「フィン人党」が第2党となり，6月には第1党の中道右派「国民連合」を中心に「フィン人党」を含む連立政権が誕生している。「フィン人党」は移民受け入れだけでなくEUの先進的な気候変動対策にも批判的である。

さらにオランダでは11月の選挙で，パリ協定離脱や気候変動対策廃止，国内の環境法制解体を掲げる極右「自由党」が第1党に躍進し，欧州世論を揺るがしている。専門家は，中東やアフリカからの移民流入への反発だけでなく，EUの野心的な気候変動対策が市民の生活感覚から乖離していることが要因だと指摘する（『毎日新聞』，2023）。EUが促進するGX（グリーン・トランスフォーメーション）が，電気自動車や太陽光パネルを設置する経済的余裕のない市民層には不満となっている。

294　第Ⅳ部　市民社会

　気候変動に関する世論調査では，ウクライナ侵攻の前後でEUの気候変動政策への市民の支持に大きな変化は見られない[12]。しかし2023年の別の世論調査で，自国が直面している最も重要な問題2つについて尋ねたところ，45％が「物価上昇」を挙げ，「経済状況」(18％)，「環境と気候変動」(16％)，「移民問題」(14％)，「健康問題」(14％)，「エネルギー供給への懸念」(12％)が続いた (Standard Eurobarometer, 2023)。多くの市民にとって気候変動問題が重要であることは間違いないが，目前の生活の緊急性がより高くなっていることが窺える。

　気候変動対策において，市民は単にEUの民主的正統性を担保する存在にとどまらず，目標達成のための不可欠なパートナーである。EUには，その野心的な目標を維持しつつ，パートナーである市民を置き去りにしないようケアすることが求められる。

[注]
[1]　詳細は細井 (2023) を参照。
[2]　詳細は細井 (2012) を参照。
[3]　「欧州将来会議」の概要と分析については細井 (2023) を参照。
[4]　2021年10月8，9日に16～30歳の若者1万人がオンラインまたはストラスブールの欧州議会に集まり，EUの将来に関して専門家や政治家と意見交換した (Conference of the Future of Europe, 2022, 32)
[5]　European Commission, Directorate-General for Communication, Leyen, U. (2019, 19-20)
[6]　16/18～24歳 (14ポイント増)，25～30歳 (12ポイント増)，40～54歳 (7ポイント増)，55歳以上 (3ポイント増)。
[7]　European Commission, Climate Target Plan ウェブサイト参照。
[8]　European Union, European Climate Pact ウェブサイト参照。
[9]　2023年1月16日時点でウェブサイトに掲載されている876人のPAのプロフィールから算出されたものであり，これらはプロフィールの抽出時期により異なる (Tosun, Geese and Lorenzoni, 2023)
[10]　政治家は投票権のない将来世代よりも目の前の国民の選好を優先すること。
[11]　筆者が2023年11月27日～12月8日にメールでインタビューを実施。
[12]　2050年までにEUを気候中立にする政策に同意している市民は2021年では90％，2023年では88％ (Special Eurobarometer, 2021；Special Eurobarometer, 2023)

[参考文献]
細井優子 (2012)「国境を超える市民のデモクラシー　―プランDを事例に―」，『社会科学論集』第137号。
細井優子 (2023)「EUのデモクラシーと市民社会の将来――『欧州の将来に関する会議』の意義」『日本EU学会年報』第43号。
吉武信彦 (2005)『国民投票と欧州統合―デンマーク・EU関係史』勁草書房。
『毎日新聞』2023年12月5日「フィンランド新政権，極右と連立　EU環境政策を批判」
Conference of the Future of Europe (2021a), Activity Report Mar-Jun, Jul-Oct.

第18章　EUの気候変動対策におけるEU市民の役割　295

Conference of the Future of Europe (2021b), Youth Ideas Report for the Conference on Conference of the Future Europe.

Conference of the Future of Europe (2022), Report on the final outcome.

European Commission (2018), Report on the results of the Public Consultation, Vision for a long-term EU strategy for reducing greenhouse gas emissions.

European Commission, Directorate-General for Communication, Leyen, U. (2019), A Union that strives for more – My agenda for Europe – Political guidelines for the next European Commission 2019-2024.

European Commission (2020), In-depth report on the results of the 2030 Climate Target Plan open public consultation.

European Commission, Directorate-General for Communication, Leyen, U. (2020), *Political guidelines for the next European Commission* 2019-2024.

European Commission (2022), Commission sets out first analysis of the proposals stemming from the Conference on the Future of Europe, Press release (IP/22/3750).

European Commission (2023), The European Climate Pact : empowering citizens to shape a greener Europe, Press release (IP/20/2323).

SEC (2005) 985 final, Action plan to improve communicating Europe by the Commission.

Ammann, O. and Boussat, A. (2023), "The Participation of Civil Society in European Union Environmental Law-Making Processes : A Critical Assessment of the European Commission's Consultations in Connection with the European Climate Law", *European Journal of Risk Regulation*, Volume14, Issue 3.

Douglas-scott, S. (2002), *Constitutional Law of the European Union*, Harlow, Longman.

Scharpf, Fritz W. (1999), *Governing in Europe : Effective and Democratic?* Oxford University Press, New York.

Tosun, J., Geese, L. and Lorenzoni, I. (2023), "For Young and Future Generations? Insights from the Web Profiles of European Climate Pact Ambassadors", *European Journal of Risk Regulation*, Volume14, Issue 3.

EUの政策文書，法令等については，本書巻末のリストを参照。

ウェブサイト

European Commission, Climate Target Plan.〈https://ec.europa.eu/info/law/better-regulation/have-your-say/initiatives/12265-2030-Climate-Target-Plan/public-consultation_en〉

European Parliament, 2019 European election results.〈https://www.europarl.europa.eu/election-results-2019/en/european-results/2019- 2024/〉

European Union, European Climate Pact.〈https://climate-pact.europa.eu/get-involved/become-pact-ambassador_en〉

ユーロバロメーター

Special Eurobarometer 513, Climate Change, March-April 2021.

Special Eurobarometer 38, Climate Change, May-June 2023.

Standard Eurobarometer 99, Spring 2023.

（細井優子）

第19章

ポーランドにおける原発計画と市民意識

はじめに

　本章は，ポーランドにおける原子力発電所（以下，原発）建設に関する政治過程[1]に着目する。ここでの目的は，当時のポーランド政府（「法と正義（PiS）」を中心とする右派政権）がどのような言説を用いて原発建設を正当化したのか，そして国民がどのような論理でそれを支持したのかを明らかにすることである。分析の期間は，2023年の選挙に向けた動きが活発になる前の2019年から2022年とする。2015年12月のパリ協定採択，2019年12月の欧州グリーンディール（European Green Deal：EGD）の発表，そして2021年7月のFit for 55の発表と，気候変動問題を中心として環境問題に対する認識が高まる中で，欧州屈指の石炭産出国ポーランドがいかにして原発建設に舵を切ることになったのか。エネルギー安全保障とカーボンニュートラルという二つの命題を手がかりに考察したい。

1. ポーランドと原発

　現在，ポーランドには原発は存在しない。他方で，世界的な気候変動への取組み強化の流れの中で，同国の石炭依存に対しては批判的な目が注がれてきた。本節ではまず，議論の前提として，ポーランドのエネルギーの状況を概観したい。

1-1　石炭を中心とした化石燃料依存の構造

　ポーランドのエネルギー需給状況は，パリ協定やEU気候変動政策の観点からみると厳しい。2021年の同国における発電量のうち，79.7％が石炭火力発電

に依存している（IEA, 2022, 103）。近年その割合は風力発電や天然ガスの利用によって減少傾向にあるが，石炭火力発電所は主力電源としての地位を維持している。

ポーランドの産業分野における燃料別エネルギー最終消費量については，石油・天然ガスに対する依存度も高い（IEA, 2022, 5）。しかも，これらの化石燃料はそのほとんどを輸入に依存していることから，エネルギー安全保障の観点からは心許ない。

そこで，ポーランドにおける化石燃料輸入の状況を確認したい。石炭については2008年から安価なロシア産の石炭に押されて石炭純輸入国になっている（IEA, 2022, 123）。天然ガスについては一貫して純輸入国である。2014年のロシアによるクリミア併合を受け，中東諸国からの輸入を増やしてきたが，ロシア産天然ガスへの依存は顕著である（IEA, 2022, 132）。原油についても天然ガス同様，2014年以降，中東・アフリカ諸国からの輸入を増やすことで供給の多様性を高めてきたものの，ロシア産原油に過度に依存していることは明白である（IEA, 2022, 148）。

1-2　エネルギー安全保障の希求

このような状況は，2015年の選挙で勝利した保守系与党PiSにとっては重要な問題として映った。ナショナリズムに依拠する政治スタイルを貫くPiSは，国家中心のエネルギー・ガバナンスを希求した（Szulecki, 2020, 5）。そこで脚光を浴びたのが原発であった。2021年に発表された『2040年までのポーランドのエネルギー政策』[2]では，2035年には原発の発電総量に占める割合が9％，2040年には同16％になると計画された（IEA, 2022, 164）。

1-3　ポーランドの2030年目標

この計画に基づいて，ポーランドはEGDおよびFit for 55（温室効果ガス排出量を1990年比で55％減少させる目標）に適応するため，2030年目標を立てている。重要なのは以下の3点である（IEA, 2022, 23）。

第1に，公共交通機関の自動車の電化割合を100％にすること，電気自動車充電ポイントを現状の509カ所から最大8万5千カ所に飛躍的に増大させるこ

298　第Ⅳ部　市民社会

と，スマートメーターの設置割合を80％にすることなど，エネルギーの電化を進める方針を強く打ち出した。そのため，発電のためのエネルギー構成が重要となる。

　第2に，2021年の時点で79.7％という極めて高い石炭火力発電の割合を37.5〜56％の範囲に縮小する。それを埋め合わすために計画されているのが風力発電と原発である。

　最後に，ポーランドは原発に移行するがゆえに，EUが嫌うポーランドの石炭火力発電を縮小する，というロジックを立てた。これは，ブリュッセルに対しても一定の説得力をもちうるし，2006・2009年のウクライナ＝ロシア間のガス危機や2014年のロシアによるクリミア併合などによりエネルギー安全保障の意識が急速に高まっていたポーランド国民に対しても魅力的なものと映った。

1-4　2030年に向けた目標達成のために

　ポーランドでは2030年までに温室効果ガス排出量を30％減らさなければならない（IEA, 2022, 38）。西欧のEU加盟国に経済的に追いつくため，またこれら諸国企業の工場立地国として，産業分野の温室効果ガス排出量はなかなか減らせないのが現状である。そこで，輸送分野の電化と，発電分野の原発・風力発電への移行による排出削減が，目標達成のために重要となる。

　そのカギとなるのは，最も温室効果ガスを排出している石炭利用からの脱却である。産業分野で利用する石油や天然ガスの使用量を急激に減らすのは困難なため，発電分野で利用される石炭を減らす必要がある。しかし，石炭はポーランド国内で産出される重要な国内資源である（IEA, 2022, 39）。これを過度に減らすことについては，PiSを始めとしてポーランドの各政党もエネルギー安全保障の観点から望ましいとは考えていない。よって，「国産」エネルギーによる代替が必要であるという認識が高まり，それが原発と風力発電という選択に帰結していった。

2. PiSによる原発への傾倒

　PiSを中心とする政府は，エネルギー安全保障の概念を押し出しつつ，原発建設への条件を整えようと躍起になった。本節ではその政治過程を整理したい。

2-1　エネルギー安全保障の重視

　PiSは手始めに2015年にインフラ開発省からエネルギー分野を切り取り，エネルギー省を設立した。さらに，大手エネルギー企業の管理を強め，政府の直接指揮下に置くこととした(Szulecki, 2020, 6)。さらに，2020年の10月6日の省庁再編を受けて，エネルギー部門を管轄することになった気候・環境省は，同月9日，新たな原子力開発計画[3]が閣議決定されたことを発表した。ここでは，2021年に技術的検討，2022年に最初の原発の建設場所の選定，技術提供事業者との契約を締結する予定が示された。その後，2026年に建設を開始し，2033年には運転を開始するとした。この背景には，2019年ごろから活発化した同国政府の活動が指摘できる。

2-2　初めてのSMR建設の動き

　政府は2019年7月には，エネルギーに関する米国との協力を模索していた。国営エネルギー企業のPGNiGは液化天然ガスに関して米国企業と多くの交渉を行い，米国のペリー(Rick Perry)エネルギー庁長官は，同国のウェスティングハウス(WH)の代理として，ポーランド政府に原発建設についてロビイング活動を行っていた。

　2019年10月，GE日立ニュークリア・エナジーとポーランドの化学企業シントスは，小型モジュール原子炉(以下，SMR)建設に関する覚書に調印した。このSMRは出力が300MWではあるものの，これが完成すれば，ポーランドがエネルギー供給を多様化するための大きな一歩になるだろうと考えられた。

300　第Ⅳ部　市民社会

2-3　米国との継続的関係強化と国民の原発支持

　2020年11月3日，米国の大統領選挙が行われ，バイデン（Joe Biden）が次期大統領となることとなった。ポーランド政府やドゥダ（Andrzej Duda）大統領は前任のトランプ（Donald Trump）大統領との関係が緊密であり，この結果には落胆の色が隠せなかった。しかし，2021年1月3日，クルティカ（Michał Kurtyka）気候・環境相は両国の戦略的な関係に変化はないと強調し，引き続き洋上風力発電および原発建設について米国との協力関係の維持を期待した。同気候相は，原発は「当然の選択」であり，脱炭素化に貢献するだけでなく，安定的で競争力のあるエネルギーを提供することができると強い意欲を示した。

3.　Fit for 55, EUタクソノミーそして原発建設の正当化

　欧州委員会は2021年7月14日，「Fit for 55：気候中立を達成するためのEUの2030年気候目標」（COM/2121/550）を発表した。国際的な約束としてのパリ協定と欧州の産業・環境政策パッケージとしてのEGDのもと，さらにFit for 55を掲げることで，国際的な気候変動交渉の主導権を取ることを目指した。
　石炭を主要なエネルギー源とするポーランドとって，このEUの野心的な目標は達成困難なものであると認識された。そして，脱石炭を加速化させるための方策として原発建設がさらなる正当性を持つようになった。

3-1　Fit for 55と原発建設の正当化

　Fit for 55を巡って，ポーランドでは脱石炭に関する議論が活発化した。
　ポリティカ・インサイト社のエネルギーアナリストであるトマシェフスキ（Robert Tomaszewski）は「この高い目標設定は，ポーランドだけでなく，欧州全体にとって画期的」と肯定的に捉えた。シンクタンクであるワイズ・ヨーロッパのエネルギー・気候・環境プログラムの責任者であるスニェゴツキ（Aleksander Sniegocki）は，ポーランドにおける原発の役割として水素社会への移行をあげた。グリーンピース・ポーランドの気候・エネルギー部門の責任

者であるフリソフスカ（Joanna Flisowska）は「ポーランドでは，エネルギー移行する以外に道はない」とし，クルティカも，「この戦略は，わずか20年の間にエネルギー状況を完全に変える」と述べた。

産業界も原発建設がFit for 55に沿うエネルギー政策であることを強調した。ポーランド最大のエネルギー会社PGEのドンブロフスキ（Wojciech Dąbrowski）CEOは，「現在，原子力以外に石炭を中心とした従来のエネルギーを代替できる技術はない」「エネルギー移行期に原子力なしでエネルギー安全保障を維持することはポーランドでは不可能だ」として，原発の推進を主張した。

3-2　EUタクソノミーと原発建設の正当化

2022年2月2日，欧州委員会は気候変動対策に貢献する投資先として，原発[4]と天然ガスを認定する法案（EUタクソノミー）を発表した。この結果は，フランスとポーランドのロビイングによるものであるとされている。

もちろんこれに対して他の加盟国からの反対意見がなかったわけではない。ドイツのレムケ（Steffi Lemke）環境相は，「原発は良いものでも安全なものでもないと考えている」と，EUタクソノミーをさらなる機会としたポーランドの原発建設を牽制した。

3-3　KGHMとNuScale PowerによるSMR契約

しかし，ポーランドの動きは速かった。2022年2月14日，サシン（Jacek Sasin）副首相兼国有財産相はワシントンでグランホルム（Jennifer Granholm）米エネルギー庁長官と会談し，ポ＝間の経済協力は戦略的なものであると述べた。同日，サシンはポーランドの国営精銅採掘企業KGHMと米国のSMR技術開発会社NuScale Powerとの間でのSMR6基の開発に関する契約書の調印式に参加した[5]。サシンは会談後，「我々は主に，大規模な原子力エネルギーの分野における具体的なビジネスソリューション（中略）について話をした」と会談内容を明かした。

この契約は，SMR投資で当時世界最大とされ，最初のSMRは2029年までに稼働し，これによりポーランドは年間で最大800万トンのCO_2排出量を削減できるとされた。KGHMのフルジニスキ（Marcin Chludziński）CEOは「SMRは

302　第Ⅳ部　市民社会

当社のコスト効率を高め，ポーランドのエネルギー構造に変革を起こすだろう」と話した。

3-4　『2040年までのポーランド環境政策』改訂

　ポーランドのSMR重視の姿勢は，2022年3月30日に閣議で採択された『2040年までのポーランドのエネルギー政策』の改訂文書でも明確に記載された。「エネルギー安全保障とエネルギー独立を強化する」というサブタイトルがついた同文書では，原発とSMRを組み合わせることで，国家および地域のエネルギー安全保障を強化できるとした（Ministry of Climate and Environment, 2022, 3）。

　2022年2月24日，ロシアによるウクライナ侵攻が始まった。エネルギー安全保障（および対露化石燃料依存の解消）のための原発建設という言説は，さらに正当性を増した。

4.　ダボス会議における気候・環境相の態度表明

　ポーランドにおける原発建設は2022年4月に入ると具体的な段階に入った。本節では，各ステークホルダーの動きを時系列的に整理するとともに，2022年5月24～25日に開催されたダボス会議での気候・環境相の談話を紹介する。これにより，ポーランド政府の原発建設への真剣度が増したことが理解できる。

4-1　PEJによる環境認可手続き開始

　ポーランド国営原子力企業PEJは，原発建設に関連する環境認可に向けた手続きを行うため，環境影響評価報告書を環境保護総局に提出した。PEJによれば，報告書は，建設予定地の一つであるホチェヴォ（Choczewo）に最大3750MWの原発を建設・運転するプロジェクトに関するものである。

　これに続いて，PEJはホチェヴォの住民を対象とした説明会を開催した。説明によると，2026年までに道路や鉄道を含む原発建設に付随するインフラが完成し，その後，原発建設が行われる。発電所は，3基の原子炉から構成さ

れ，4基目の計画も存在する。冷却水は5.5km離れたバルト海から供給され，8000人の雇用が生まれる。

4-2　モスクファ＝シムソン会談

　2022年4月26日には，シムソン（Kadri Simson）EUエネルギー担当委員がワルシャワを訪問し，モスクファ（Anna Moskwa）気候・環境相と会談した。欧州のエネルギー安全保障が主な議題となった。

　ここでモスクファは，「ロシアETS」なる制度を構築することを訴えた。これは，EU ETS（EU域内排出量取引制度）を模した形で，ロシア産化石燃料に依存した場合に課金する制度を想定しており，ポーランドとしてはEU加盟国全体の脱露化を進める意図が感じられた。

　またモスクファは「ポーランドでは再生可能エネルギーの普及が進んでいるが，投資を増やすことで，さらなる普及を加速させたい。同時に，これらの電源が発展するためには，ベースロード電源が必要だ。ポーランドでは石炭とガス，そして最終的には原発がこれにあたる」として，再生可能エネルギー普及のためには，原発が必要という主張をおこなった。

4-3　ダボス会議におけるモスクファ談話

　2022年5月24-25日に開催されたダボス会議では，ロシアによるウクライナ侵攻にともなうエネルギー安全保障が大きなテーマとなった。これに関する会議には，モスクファとギブルジェ＝チェトヴェルティニスキ（Adam Guibourgé-Czetwertyński）副気候・環境相が出席した。24日に開催された「石油・ガス共同体晩餐会」においてモスクファは「ポーランドは長年にわたり，EUのエネルギー部門をロシア産化石燃料に依存させることに警告を発してきた。ポーランドはガス供給源多様化戦略を一貫して実行してきた」と述べた。これは，ポーランドが自国産石炭利用についてEU各国から非難されてきたことを正当化するとともに，依然としてロシア産化石燃料禁輸に踏み切れない国に対する批判でもあった。

　続いて，「我々は正しかったのだ。現在，国際的なレベルで議論されている多くの提案は，ロシアからの化石燃料供給から独立したポーランドの経験に基

304　第Ⅳ部　市民社会

づくものである」として，自国の化石燃料の脱露化を自画自賛した。

　25日に開催された原発に関するパネルに出席したモスクファは，エネルギー移行における原発の役割と今後のポーランドの計画について「私たちは，原発を貴重なエネルギー源と考えており，気候変動との戦い，社会経済の発展，そして最近ロシアによるウクライナ侵攻により，それは不可欠となった」「私たちは，原子力がエネルギーの安全保障と独立性を強化する鍵になることを理解している」と発言した。

　その上で，ポーランドにおける原発建設計画について以下のように述べた。「初の原発建設に関する作業は予定通り進行中だ。2026年に建設を開始する予定だ」。そして，注目の契約相手先についても「現在，フランス，韓国，米国の原子力企業と議論を継続している」と明かした。

　ダボス会議でのモスクファ談話は，自国の近年の政策の成功を提示し，他国に脱ロシア産化石燃料を求めるとともに，原発の建設によるエネルギー安全保障とエネルギー独立を目指すという国際公約となった。

5.　動きだす原発建設計画

　2022年7月12日，ケリー（John Kerry）米国気候変動特使がワルシャワでギブルゲ＝チェトヴェルティニスキとナイムスキ（Piotr Naimski）戦略エネルギー・インフラ担当政府全権大使との会談に臨んだ。会談では冒頭，ポーランド側が，米国との関係を高く評価し，特に原発建設に関する資金調達の分野でさらなる協力を期待していると述べた。具体的にポーランドにおける原発建設契約が動き始めた。

5-1　ポ＝米エネルギー会議

　この会議では，3つの重要なテーマが議論された。

　第1は，気候変動外交に関するものである。両国は，気候変動目標の達成とエネルギー安全保障を両立するために，革新的技術への投資を加速させる必要性を議論した。

　第2は，エネルギー安全保障についてである。ポーランド側は，ロシアによ

るウクライナ侵攻により地政学的勢力図が変化し，同国は以前にも増して欧州のエネルギー安全保障を強化するために行動していることを強調した。

第3は，原子力分野での協力である。ナイムスキは『ポーランド原子力計画[6]』に基づき，2043年までに6基の原発を建設し，まずは2023年までに最初の原子炉を稼働させる予定であることを説明したのち「原発建設に必要な期間とその60年の寿命を考慮すると，ポーランドとそのパートナーは1世紀にわたる協力関係を結ぶことを意味する」と指摘した。これはエネルギー安全保障分野において1世紀変わらぬ関係を維持できる国と原発建設契約を結ぶ意図を意味し，暗にそれが米国であることが示唆された。

5-2　モラヴィエツキ＝ハリス会談

2022年9月4日，アメリカ側の要請によってモラヴィエツキ（Mateusz Moraciecki）ポーランド首相とハリス（Kamala Harris）米副大統領との電話会談が実施された。ここでの主たる議題は，エネルギー安全保障であった。

モラヴィエツキは，ポーランドにおいて原子力を含む新しいエネルギーを開発することが必要となっていることを強調し，原発建設とSMRの開発について，政府として詳細な分析を行っていることを説明した。ハリスは，この分野において米国の経験を共有する用意があることを表明した。加えてハリスは，ポ＝米の戦略的パートナーシップがより強固かつ重要になっていることを強調し，バイデンがポーランドに常設軍事拠点を設置したことを決定したことを挙げた。

ポーランド政府としては，このことは，原発の建設は単にエネルギー安全保障の問題のみならず，米国との長年の安全保障上の戦略的パートナーシップを意味することとなった。

5-3　WHとの原発建設契約

このような情勢を背景としてWHのフラグマン（Patrick Fragman）CEOは2022年8月末までにポーランド政府に対して原発建設の提案を行うことを正式に表明，同年9月にはその内容が明らかとなった。6基の原子炉（AP1000）により，ポーランドの電力需要の25％が供給され，5300万トンのCO_2が削減さ

れるという計画であった。また同社はポーランド企業と会合を重ね，多くの企業と下請け契約を締結しており，プロジェクトの実現を通じて1000億ズウォチ以上がポーランド経済に還元されると見積もられた。資金調達については，WH以外に，米国輸出入銀行（Export-Import Bank of the United State：EXIM）や米国国際開発金融公社（U.S. International Development Finance Corporation：DFC）などが関与する。同社は，技術提供者の選定は，入札ではなくポーランド政府による政治的決定になるとした。良好なポ＝米関係を基礎として，自信の滲む提案であった。

　さらにWHはポーランド企業22社とMOC（Memorandum of Cooperation）を締結した。この契約は原発建設に関するもので，ポーランド政府がWHのオファーを認めた場合，ポ＝米関係が強化されるためのツールとされた。実際，ブレジンスキー（Mark Brzezinski）駐ポーランド米国大使は，「MOCへの署名はポ＝米関係が特別であることを示すものであり，ポーランドの原発建設はクリーンな未来を創造するための機会である」と述べた。さらにブレジンスキーは，「ポ＝米両国は軍事だけではなくエネルギーにおいても安全保障をともに作り上げる」と述べた。ウクライナの西隣にあり，地政学的な脆弱性を孕むポーランドにとっては，エネルギー安全保障協力を梃子とした米国との安全保障協力は魅力的だった。

　10月26日，サシンは，WHがポーランド初の原発建設に協力する可能性があると記者団に述べた。同氏は，同年9月の同社からの提案を受け，同月24日にグランホルム（Jennifer Granholm）米エネルギー庁長官と会談をしていた。ポーランドは他に，フランスのEDFと韓国のKHNPからも原発建設のオファーを受けていたが，軍事的安全保障とエネルギー安全保障の両取りを図った格好となった。

　2日後の同月28日，モラヴィエツキは，WHが同国初の原発の建設にあたることを発表した。「ハリス米副大統領およびグランホルム米エネルギー庁長官との最近の実りのある会談の後，我々は，実績があり安全なWHの技術で原子力プロジェクトを実施することを確認する。協力をいただいた駐ポ米国大使に感謝する」とのコメントを出した。さらに「強力なポーランドと米国の同盟は，我々の共同イニシアティブの成功を保証する」とも述べた。ブレジンス

キーも「モラヴィエツキ首相とグランホルム長官に感謝する。一緒に二国間関係を強化し，将来世代のためにポーランドのエネルギー安全保障を強化しよう！」と訴えた。ポーランド政府のミュラー（Piotr Mueller）報道官も「原子力エネルギーはポーランドのエネルギー安全保障の重要な要素になるだろう」とし，さらに「他のパートナー国とも可能なプロジェクトについて議論している」と述べた。

　11月2日，モラヴィエツキはポーランド政府として原発建設に関する決議を採択し，同国最初の原発への技術提供者としてWHを選択したと正式に発表した。

5-4　KHNPとの原発建設計画策定意向書調印

　ミュラー談話はすぐに現実のものとなった。ポーランド国有資産省は10月31日，韓国貿易産業エネルギー省とポーランドにおける原発建設に関する協力・支援協定に調印した。ポーランドは，中部ウッジキエ県のポントゥフに韓国の技術を使った原発を開発することとした。この合意は，サシンと韓国産業通商資源部の李昌洋（Lee Chang-Yang）長官によってソウルで署名された。

　また同日，ポーランドのエネルギー会社PGEと韓国の電力会社ZE PAKがソウルで，韓国のAPR1400炉技術を用いたポントゥフ工場の建設計画の作成に関する趣意書に署名した。同プラントの計画には，初期環境影響分析，予算と資金調達モデル，プロジェクトのスケジュールが含まれており，初期開発計画は2022年に完了する予定となっている。

　サシンは，ポントゥフ発電所の建設が始まるまでに必要な書類の準備には4～5年かかると述べ，「建設は（2025年）よりも遅くはないと思う」と述べた。サシンは，韓国資本がこのプロジェクトに参加することも明らかにした[7]。

　重要な点は，これは政府によるプロジェクトではなく，あくまでビジネスである点である。したがって国庫の直接的な資本関与はなく，少なくとも政府の立場から見れば資金調達の問題は存在しない。関連各社で，資金調達モデルやプロジェクトの株式分割を決定することになる。韓国側の出資比率は49％，ポーランド側の出資比率は51％となる予定である。これまでのところ，ZE PAKは約25％，PGEは約20％を超えない範囲となっている。サシンは「2つの

原発プロジェクト（米国との協力と韓国との協力）は完全に並行したものである。韓国とのプロジェクトには，ポーランド政府が資金を提供するものではない」とした。

5-5　原発とSMRの相補関係

2022年7月，OSGE（Orlen Synthos Green Energy）はSMRの技術評価を国立原子力庁に提出した。同社はGE日立ニュークリア・エナジーのMWRX-300を基本として，2030年に最初のSMRを建設する予定である。同年8月，DBエナジー社はラスト・エナジー・ポルスカ社とともにヴロツワフ近郊のレグニツカ経済特区に200MWのSMRを10基建設するとした意向書に署名した。

2022年2月14日に米国のNuScale PowerとのSMRに関する契約を行ったKGHMのフルジニスキは同年6月，「再生可能エネルギーは重工業が使用するエネルギーには適しておらず，SMRが必要である」「ロシアによるウクライナ侵略は，我々のSMRへの投資を決定づけた」と述べた。KGHMはさらに同年9月，ルーマニアの原子力企業SN NuclearelectricaとSMRの開発に関する覚書に調印した。これによりKGHMは10年後までにSMRを開発することを目指した。

2022年11月15日，ポーランドのデラ（Andrzej Dera）大統領府長官はカナダで，「ポーランドはSMRを必要としており，カナダはこの技術でリードしている」と同国への期待を表明した。すでに同年10月にスミス（Todd Smith）オンタリオ州エネルギー相がギブルジェ＝チェトヴェルティニスキに対して，SMR技術開発における協力可能性について話し合っていた。実際，OSGEは，BWRX-300 SMRの建設に関心を持ち，2029年末までに最初の1基を稼働させることを望んでいた。

このような原発とSMRの相補関係は，ポーランドのエネルギー安全保障にとって，同時に石炭を基盤としたエネルギー状況の変革にとって重要である。実際，ドゥダは2022年11月17-18日に参加した国連気候変動枠組条約COP27での演説において，「ポーランドは（中略）再生可能エネルギーシステムや低炭素の民生用原発プログラムを積極的に開発し，eモビリティやエネルギー効率の推進，新技術の開発などを進めている」と述べて，再生可能エネルギーと原

発を両輪とした脱炭素化を国際公約とした。

6. 原発建設に関する市民意識

このような早さで進むポーランドの原発建設について、ポーランド国民はどのように感じているのだろうか。ポーランドで最も権威のある世論調査会社CBOS (Centrum Badania Opinii Społecznej) のデータを元に議論を進めたい。

6-1 原発に対する国民の支持率

まず確認したいのは国民の原発建設に対する支持率である。ポーランドでは1989年以前から一貫して原発反対が大勢を占めてきた。しかし、2021年後半に大きく原発賛成に国民世論が動いた。2021年5月に賛成39%・反対45%だったものが、2022年11月には賛成75%・反対13%へと劇的に変化したのだ（CBOS, 2022, 1）。この要因については別稿で詳細に検討しなければならないが、化石燃料に依存するポーランドならではのエネルギー事情だけでなく、ロシアによるウクライナ侵攻、ロシアによるポーランド各所へのサイバー攻撃、ベラルーシを通じた「難民攻撃」など、ポーランド国民が国境の東側に対して安全保障上の脅威を感じたことが要因の一部であろう。

6-2 近くに原発が建設されたら？

一般的に原発はNIMBY (Not in my Back Yard) 施設として認識される傾向にあり、「総論賛成・各論反対」となりやすい。しかし、ポーランド国民はここでも大きな世論の転換見せた。「あなたの居住地近くに原発が立地するとしたら、あなたは賛成しますか？」との問いに対して、2021年5月には賛成24%・反対64%であったものが、2022年11月には賛成54%・反対34%と逆転したのである（CBOS, 2022, 1-2）。

6-3 原発の稼働に懸念は？

前項でみた変化は、原発そのものへの技術的信頼度が影響していると考えられる。「原発の稼働に懸念はありますか？」との問いに対して、2022年11月の

310 第Ⅳ部 市民社会

調査では，まったく懸念がない20％・そんなに懸念がない38％と58％の国民がほとんど懸念をもっていないと回答した（CBOS, 2022, 2）。西側諸国の原発技術に対する信頼感も，国民の原発支持を増やした背景となっていることが窺える。

6-4 石炭からの脱却には原発が必要？

もちろん国民の気候変動に対する意識も原発推進の一因となっている。急激な国民の原発シフトの要因の一つであると思われるのが，化石燃料依存からの脱却である。EGD, Fit for 55, パリ協定といった国際的な枠組みのなかでカーボン・ニュートラルな社会を実現しなければならないことを念頭におくと，目下のところ再生可能エネルギーと原発による化石燃料からの脱却が最も有効な解と考えられた。

「石炭からの脱却のために，原発が必要だという意見に賛成ですか？」との問いに対して，2021年5月には，強く賛成する19％・賛成する25％と賛成が44％であったのに対して，2022年11月には，強く賛成する46％・賛成する30％と賛成が76％に上昇した（CBOS, 2022, 2）。カーボンニュートラルの達成と，エネルギー安全保障の確保という二つの難事業は，原発によって解決可能と判断されている。

7. おわりに―原発導入の課題―

これまで，自国産石炭と輸入化石燃料に依存するポーランドが，「国産」エネルギーを基礎としたエネルギー構成を目指すべく，エネルギー安全保障とカーボンニュートラルという二つの困難に対する解として，SMRを含む原発に向かう政治過程を詳述した。ロシアによるウクライナ侵攻は，その「機会の窓」としては十分なインパクトを与えた。ポーランドにおける石炭産業のロビイングの強さを考えても，政府としてはこのタイミングで石炭からの脱却を図ることには意味があった。また原発建設を通じて，米国や韓国とエネルギーだけでなく，軍事的安全保障に関しても協力関係を強化できたことも見逃せない要因である。

第19章　ポーランドにおける原発計画と市民意識　　311

　しかしながら，このような政府や国民の動きとは裏腹に，原発建設がポーランドのエネルギー問題を解決する切り札として十分に機能するかどうかについては，いささか心許ない部分もある。以下，3点を指摘して，稿を閉じたい。

　第1は，原発建設予定地住民の反対である。WHによる原発建設予定地となったホチェヴォでは，原発が生み出す雇用と，今回先進的なアメリカの技術を選択することになったことについて歓迎する意見がある一方で，観光業に従事する人や環境問題に敏感な住民からは疑問の声が上がっている。

　第2は，米韓両国がポーランドにおける原発建設契約を勝ち取ったことに対する政治的な意図に関するものである。専門家の中には，ポーランドとフランスや他のEU加盟国とが，ポーランドにおける「司法改革」について争っていることが，米韓との契約締結の要因となっていると考えているものもいる。実際，PiSのカチンスキ（Jarosław Kaczyński）党首は，ポーランドの法治主義を批判するのは「厚かましい嘘」だとフランスがこれを認めれば，原発についてフランスと話し合ってもよい，と述べたとされる。

　第3に，ポーランドにおける石炭をはじめとする化石燃料から原発へのシフトが，必ずしも対露エネルギー依存からの解放を意味するものではないとする者もいる。ロシアは2021年におけるウラン生産量は世界7位であり，国営ロスアトムは世界のウラン濃縮能力の40％を占めている。この状況で，ポーランドの原発が2033年の稼働以降，ロシア依存を解消できる切り札になるかについては今後を注視する必要がある。

付記：本章は，市川（2024）を圧縮し，加筆・修正したものである。

謝辞：本稿は，科学研究費補助金基盤研究（B）「欧州統合の「逆行」とEU-アジア太平洋関係：国際構　造と地域統合の相関についての考察」課題番号：23732690（研究代表者：岡部みどり・上智大学）による研究成果の一部である。

[注]
[1]　これに関連した著者の論文としては，市川（2023a），市川（2023b），市川（2022），市川（2021）および市川（2020）がある。
[2]　2021年に刊行された『2040年までのポーランドのエネルギー政策』では，「2033年には，100-160万kWの最初の原発ユニットの運転が開始され，その後2-3年ごとに後続のユニットが運転開始される

312 　第Ⅳ部　市民社会

予定である。原発は，大気汚染物質排出ゼロの安定した発電を保証する。(中略)現在使用されている第三世代以上の原発技術と，世界的に厳格な原子力安全基準により，原発の運転と廃棄物貯蔵の高い安全基準が確保されている。原子力計画のかなりの部分は，ポーランド企業の参加によって実施することが可能」と記載されている (Ministry of Climate and Environment, 2021, 10)。

3　この計画は省庁再編直前の2020年10月2日に気候省から発表された (Ministry of Climate, 2020)。

4　原発施設の新規建設と稼働・既存施設の修繕についての条件については，European Commission (2022) を参照のこと。

5　この契約では，最大77メガワットのSMRを，オプションでSMRを最大12基まで拡張することとなっており，その場合には総電量は約1GWとなる。最初のSMRは2029年に稼働しうるという保証をNuScale Powerから得ている，とサシンは述べた。

6　Ministry of Climate (2020)

7　ちなみにモラヴィエツキは11月2日の会見で，米国・韓国とのプロジェクトに続き，第三のプロジェクトも準備を進めている旨明らかにした。

[参考文献]

執筆要領の関係から細かい注をつけることが叶わないが，事実関係については在ポーランド日本大使館，Polska Agencja Prasowa，日本防衛機振興機構，ポーランド政府公式ウェブページ，Financial Timesからの情報によるところが大きい。

市川顕 (2020)「EUエネルギー同盟にみる気候変動・エネルギー規範の持続性：2015年4-6月を中心として」『政治社会論叢』第6号pp.11-20。

―――(2021)「欧州グリーンディールのインパクト」『外交』第67巻，70-75。

―――(2022)「対ロ経済制裁に関するEUの対応―グローバル・ガバナンスの変容可能性―」『ロシアNIS調査月報』第67巻第11号pp.44-66。

―――(2023a)「REPowerEU―危機への対応と3つのE―」日本国際問題研究所 (2023) 編『戦禍のヨーロッパ―日欧関係はどうあるべきか―』日本国際問題研究所，129-141。

―――(2023b)「EUによるウクライナ復興支援―概況および政治的思想―」『ロシアNIS調査月報』第68巻第9-10号pp.2-17。

―――(2024)「エネルギー安全保障とカンーボン・ニュートラルは両立するか？―ポーランドにおける原発計画と市民―」『ロシア・ユーラシアの社会』No. 1070，36-62。

CBOS (2022), *Polish Public Opinion 11/2022*, https://www.cbos.pl/PL/publikacje/public_opinion/2022/11_2022.pdf [Last Access：2023.2.22]

European Commission (2022), *ANEX*I：Amending Delegated Regulation (EU) 2021/2139 as Regards Economic Activities in Certain Energy Sectors and Delegated Regulation (EU) 2021/2178 as Regards Specific Public Disclosures for Those Economic Activities, C (2022) 631/3.

IEA (2022), *Poland 2022：Energy Policy Review*, (Paris, International Energy Agency).

Ministry of Climate (2020), *Polish Nuclear Power Programme*, (Warsaw, Ministry of Climate).

Ministry of Climate and Environment (2022), *Principles for the Update of the Energy Policy of Poland until 2040：Strengthening Energy Security and Independence*, (Warsaw, Ministry of Climate and Environment).

Ministry of Climate and Environment (2021), *Energy Policy of Poland until 2040*, (Warsaw, Ministry of Climate and Environment).

Szulecki, Kacper (2020), "Securitization and State Encroachment on the Energy Sector：Politics of Exception in Poland's Energy Governance", *Energy Policy*, Vo.136, 111066, pp.1-10.

Żuk, Piotr and Kacper Szulecki (2020), "Unpacking the Right-populist Threat to Climate Action : Poland's Progovernmental Media on Energy Transition and Climate Change", *Energy Research & Social Science*, No.66, 101485, pp.1-12.

（市川　顕）

課　　題

第20章

グリーンディールと国際協力

はじめに

　カーボンニュートラルを目指すものである以上，欧州グリーンディールの実現には国際協力が不可欠である。しかし，地政学リスクが顕在化する中で，EUは，経済安全保障政策によりリスク低減（デリスキング）を図りながら国際協力を実現するという困難な課題に直面している。本章では，本書の締めくくりとして，EUがこの課題にどのように取り組もうとしているのかについて次の点を中心に考察する。

　第1に，EUは，開放的な世界市場を前提として持続可能性を埋め込んだ「公正な競争空間（level playing field）」のグローバル・スタンダード化を進めようとしてきたが，世界経済の地殻変動に伴ってEUの通商政策は急速に戦略的利益を重視する方向に変化し，通商戦略と国際標準化戦略が強化された。

　第2に，EUは，ウクライナ戦争を契機として経済安全保障戦略を打ち出した。これはEUと日本，中国の関係にも大きな影響を及ぼしつつあり，これらについて地経学（geoeconomics）の「自己実現（self-fulfilling）のジレンマ」という視点を踏まえて検討する。

　第3に，EUが，経済安全保障委員会を設置し，「証拠に基づく」政策（EBPM）によって内外のステイクホルダーのEUに対する信頼を確保しようとするガバナンス改革に取り組み，貯蓄投資同盟によって政策実行能力を高めようとしている状況を確認する。

　第4に，「ブリュッセル効果」によりGX関連のEU法の国際標準化が進む可能性があるとしても，それはEU経済復興の必要条件ではあるが十分条件ではないことを指摘する。「ブリュッセル効果」は，域外のアクターにとってもGXにおける新たなビジネス機会を生み出す「オリンピック効果」を派生させるが，

318   課   題

経済復興の十分条件を満たすには，その競争に勝ち抜くことが必要である。そのカギを握るのがネットゼロ産業計画だが，その成否は，EUがグローバルサプライチェーンの現実を踏まえ経済安全保障の手段を「証拠に基づいて」運用することによって，域内外のステイクホルダーのEUに対する信頼を確保しうるかどうかにかかっている。

最後に，欧州グリーンディールに内在する矛盾とGXを巡る国際競争の激化を指摘した上で，対立が激化する「割れた世界」において，私たちが，「デカップリングではなくデリスキング」という原則を堅持しながら，いかにして産業の脱炭素化の具体的な移行経路を共創するのかという課題に直面していることを指摘する。

1．EUの成長戦略と通商政策のリンケージ

1-1　成長戦略を補完するEU通商政策

EUにとって，欧州グリーンディールは，リスボン戦略（2000年，2005年改訂），欧州2020年戦略（2010年）に続く3度目の成長戦略である。この背景にあるのは，アジアの新興諸国の台頭と欧州経済の地盤沈下である。IMFによれば，世界のGDP（購買力平価）に占めるEUのシェアは，域内市場統合白書が公表された1985年時点で24％を超えていたが，2000年には20％に，2010年には16％に低下し，2020年以降は14％を切っている。

他方において，中国，インド，ASEANなど新興諸国の台頭は著しく，世界経済の地殻変動が生じている。新興諸国は，それぞれの国益を重視して独自の行動をとるようになり，言わば「中心」と「半中心」の対立が顕在化している。新興経済諸国の大半は，G7が主導する対ロシア経済制裁に参加しておらず，二次制裁の影響を被りながらもロシアとの経済関係を維持しており，拡大したBRICSは同床異夢の様相を呈するとはいえ多極化を求める新興諸国の声を反映する場となっている（蓮見，2023a, 49-52）。

端的に言えば，欧州グリーンディールは，気候変動，EU経済の地盤沈下，世界経済の地殻変動という3つの危機に対する対策として打ち出されたEUの成長戦略であり，通商政策はそれを補完する役割を期待されている。EUの成

長戦略は，産業，環境・エネルギー，通商の3つの分野における政策を総合してEU経済の再興を目指すという点において共通している（蓮見，2023b, ii-v）。

1-2　EU通商政策への持続可能性の埋め込み

2000年に公表されたリスボン戦略は，知識基盤型経済への移行と持続可能な成長を目指すものであったが十分な成果を上げず，2005年に改訂される。翌2006年，欧州委員会は，「グローバル・ヨーロッパ：世界で競争する—EUの成長・雇用戦略への貢献」と題する通商政策を打ち出した（COM/2006/567）。ここでは，エネルギー・一次産品を除いても製造用原材料の3分2が域外からの輸入であり，EUの経済成長にとって「世界中で開かれた市場」を確保することが必要であるとの認識が示されている。重要なことは，同政策文書によって「貿易と持続可能開発章（Trade and Sustainable Development Chapter：TSD）」の履行と執行を強化し，その有効性を高めていくことが，EUの通商政策の原則として組み込まれたことである（明田，2021, 6）。その後，WTO交渉が停滞する中で，EUは，韓国，カナダ，日本などとTSD章を組み込んだ二国間通商協定交渉を強化していった。

2010年，「資源効率的なヨーロッパ」を目指す欧州2020戦略と「貿易・成長・世界情勢—欧州2020戦略の中核的要素としての通商政策」（COM/2010/612）が公表された。後者の副題が示すとおり，通商政策は成長戦略の中核に位置付けられ，産業・環境・エネルギー，通商のリンケージは一層明確となった。

2015年，「万人のための貿易：より責任ある貿易・投資政策を目指して」が公表されるが，これは米国との大西洋横断貿易投資パートナーシップ（TTIP）交渉等の不透明性に対する批判を受けて通商政策の透明性を高めるとともに，貿易投資が成長と雇用創出の推進力であることを強調している（COM/2015/497）。留意すべきは，同文書においてWTO改革の必要性が指摘され，2018年に欧州委員会が持続可能性に対する貿易の貢献を含めたWTO改革案を提出したことである（European Commission, 2018）。

このように，EUは気候変動を重視し，EUの通商政策を通じて求める「公正な競争空間（Level Playing Field）」にTSD章という形で持続可能性の確保を埋

め込んで（embedding）いったのである。

　しかし，EUは，直面する3つの危機（気候変動，EU経済の地盤沈下，世界経済の地殻変動）に対する政策のうち，EU経済の地盤沈下に対応した産業戦略と世界経済の地殻変動に対応した経済安全保障については必ずしも十分ではなかった。その理由として，Danzman and Meunier（2024, 1103-1104）は次の4点を指摘している。①貿易総局から発せられる新自由主義的イデオロギーの影響，②経済目標と国家安全保障の結びつきを監視する場がEUの制度に存在していなかったこと，③2015年の「万人のための貿易」が「埋め込まれた自由主義」を前提にグローバリゼーションの利益の再配分を重視していたこと，④中国との関係において「ビジネスの門戸を開いておく」ことを比較優位と考える加盟国の存在。

2. EU通商政策の地政学的転換

2-1　EUの戦略的利益重視への転換

　しかし，ユンカー前欧州委員長は，2017年の一般教書において，「我々はナイーブな自由貿易主義者ではない。欧州は常に自らの戦略的利益を守らねばならない」と述べた（Juncker, 2017）。これ以降，EUの通商政策は産業戦略と経済安全保障を重視する方向へと急速に変化し始める。2019年3月の政策文書「EU-中国-戦略的展望」は，中国を「緊密に目的を一致させる協力パートナーであり，EUが利害のバランスを見いだす必要のある交渉相手」であると同時に「技術的主導権をめぐる経済的競争相手であり，代替的な統治モデルを追求する体制的ライバルである」と指摘した（JOIN/2019/5）。

　最初の変化を示すのが，2017年9月に提案され，2019年に採択され2020年に発効した対内直接投資審査枠組規則（Regulation（EU）2019/452）である。投資を受け入れるか否かの最終決定は加盟国権限であるが，これは「安全保障あるいは公共の秩序（public order）を脅かす可能性のある」特定の取引について意見を交換し懸念を表明する協力メカニズムである（Danzman and Meunier, 2024, 1105）。

第20章　グリーンディールと国際協力　　321

2-2　産業，環境・エネルギー，通商のリンケージの強化

　3度目の成長戦略である欧州グリーンディールは，文字通り環境・エネルギー政策を成長戦略の中核に置きつつ，新産業戦略と新通商政策と一体となって欧州の産業競争力の強化を図ろうとするものである。2020年，欧州グリーンディールの具体策として示された新産業戦略によれば，GX（グリーン・トランスフォーメーション）とDX（デジタル・トランスフォーメーション）は，「競争の本質に影響する地政学的プレートが動く中で生じ」「公正な競争の場を求めて戦う必要性が，かつてなく高まっている。これは，ヨーロッパの主権に関わる」。欧州が「産業の自律性と戦略的自律性」を維持するには，「単一市場の影響力，規模，統合を活用して，グローバル・スタンダードを設定しなければならない」（COM/2020/102）。

　こうして，2021年2月に示されたのが「通商政策レヴュー——開かれた持続可能で断固たる通商政策」であり，その中核に位置付けられたのが「開かれた戦略的自律性（Open Strategic Autonomy：OSA）」である（COM/2021/66）。同文書によれば，OSAは，「政治的・地経学的緊張に煽られて世界の不確実性が高まっている」中で「EUの戦略的利益と価値を反映し，リーダーシップと関与を通じて自らの選択を行い，自らを取り巻く世界を形成する能力を強調する」ものであり，「開放性と関与（engagement）はEUの自己利益に資する戦略的な選択である」。その上で，EUは，「主要なプレーヤー間の緊張の高まりを特徴とする新たな多極的世界秩序の中で活動する必要がある」として，① 米国との協力強化を優先しつつ，② 中国の国家資本主義に対処しつつ「公正でルールに基づいた」経済関係の構築を追求し，③ アフリカなど域外諸国との協力を進めるとした。

　新通商政策は次の3つの中期目標を掲げている。① GXとDXの目標に沿ったEU経済の復興と根本的変革，② より持続可能で公正なグローバリゼーションのためのグローバルルールの構築，③ EUの利益を追求し必要に応じて自律的に権利を行使する能力を高める。

　この目標を達成するために，同文書は次の分野で対策を進めるとした。① 持続可能性を組み込んだWTO改革，② GXとバリューチェーンに対する責任

の強化，③DXとサービス貿易の支援，④国際標準化戦略の強化，⑤近隣諸国，アフリカとの協力強化，⑥2020年7月に任命された首席貿易執行官を中心に市場アクセスと持続可能性を含む貿易協定の適切な実施と執行を監視し，公正な競争実効性を確保する。

　その後，EUは，脱ロシア依存を目指したREPowerEU計画を公表するが，同日に欧州理事会，欧州委員会，欧州議会の共同政策文書「変貌する世界におけるEUの対外エネルギーへの関与」(JOIN/2022/23) を公表している。これは，将来，再エネの産業利用の要となるグリーン水素市場創出の主導権確保を目指すものである (本書第3章を参照)。

2-3　EU国際標準化戦略の強化

　2021年5月，欧州委員会は，戦略的依存関係のリスクに鑑み新産業戦略を更新し (第10章を参照)，EU産業にとって国際標準化の主導権を確保するための新略を公表するとした (COM/2021/350)。2022年2月，欧州委員会は，2016-2020年標準化規則実施報告書 (COM/2022/30)，「EU標準化戦略—強靱，グリーン，デジタルなEU単一市場を支援するグローバル・スタンダードの設定」(COM/2022/31)，標準化規則改正案 (COM/2022/32) を公表した。

　この背景には，国際標準化を巡る競争がある。世界的に産業政策が復活し (Evenett, Jakubik, Marttín, and Ruta, 2024)，米国，中国，EUが独自の標準化を進めつつあり (Zúñiga, Burton, Blancato and Carr, 2024)，競争が激化している。EUの標準化戦略文書は，「多くの第三国が標準化に積極的な姿勢を示し，市場アクセスや技術展開の面で自国産業に競争力をもたらしている」と述べている。

　その上で，同文書は，「欧州の競争力，技術的主権，依存を低減する能力，および社会・環境に関する野心を含むEUの価値は，欧州のアクターが国際レベルにおける標準化にいかにして成功するかにかかっている」と指摘し，EU標準化システムをGXとDXのテコとする方針を明らかにした。「標準化緊急課題」としてあげられたのは，COVID-19危機を背景とする医薬品，重要原材料 (CRM) のリサイクル，クリーン水素のバリューチェーン展開，低炭素セメント，半導体，データである。

これら産業戦略の要となる分野の標準化を加速する具体策として，次のような措置が提案されている。① 2022年標準化作業計画策定への上記優先事項の組み込み，② 産業戦略に示されたGX・DXと標準化の連携強化，③ 官民ハイレベルフォーラムの設置，④ 専門家による標準化ブースターの設置と欧州標準化機構(European Standard Organization：ESO)のガバナンス改革，⑤ 標準化専門知識を結集するEUエクセレント・ハブの設置と標準化最高責任者の任命。

ESOは民間の非営利組織であるが，欧州標準化規則(Regulation (EU) 1025/2012)により，各国の代表(欧州標準化委員会[CEN]，欧州電気標準化委員会[CENELEC]，およびメンバーの直接参加(欧州電気通信標準化機構[ETSI])に基づいて組織されており，欧州委員会からの標準化要請があった場合に，標準と標準化成果物を発行できる唯一の機関である。だからこそ，EUレベルで戦略を強化するには，標準化プロセスの「公開制，透明性，包摂性」を高め，かつ「規格の使いやすさ，有効性，有用性」を確保することが必要となる。そこで，欧州委員会は，欧州標準化規則に「定められた期限内に欧州規格または欧州標準化成果物の起草を要請できる」との修正を加えると同時に，「当該機関の権限ある意思決定機関内の各国標準化機関の代表のみが決定(標準化の受諾・拒否・実行，新しい作業項目の受け入れ，欧州規格または欧州標準化成果物の採択・改訂・撤回)の決定を行える」とする改正を提案したである(COM/2022/32)。

このように，欧州委員会は，EU内における標準化戦略を強化した上で，国際電気通信連合(ITU)，国際標準化機構(ISO)，国際電気標準会議(IEC)を始め様々な国際フォーラムにおいて国際標準化の主導権を握るとしている。EUが，エコデザインと製品デジタルパスポート(DPP)を基礎としてサーキュラー・エコノミーを目指すEUの産業戦略を進めつつあることを考えれば，国際標準化は欧州グリーンディールの成否を左右する重要課題である。

以上から，EUの通商政策は，開放性，持続可能性，EUの戦略的利益という3つの要素から構成されているが，急速にEUの戦略的利益を重視する方向に変化してきたことがわかる。

324 課　題

2-4　EU経済安全保障戦略

　2023年6月，欧州委員会は，外交安全保障上級代表と共同でEUとして初めての経済安全保障戦略を提案した（JOIN/2023/20）。同文書は，① エネルギー安全保障を含むサプライチェーンの強靭性，② 重要インフラの物理的およびサイバーセキュリティ，③ 技術セキュリティと技術流出，④ 経済的依存関係の武器化・経済的威圧という4つのリスクを指摘し，これらのリスクは「知識創造や基礎研究から大規模な商業化や製造に至るまでバリューチェーン全体で発生し得る」とした。このリスクを低減（デリスキング）するために，① EUの競争力の促進（promoting），② 経済安全保障リスクからのEUの保護（protection），③ 経済安全保障上の懸念・利害を共有する国々との連携強化（partnering）が提案された。

　欧州グリーンディールは，グローバル・バリューチェーンを前提としており，少なくとも「開かれた戦略的自律性」を標榜するものであった。例えば，2020年12月30日には，中国との間に包括的投資協定に関する大筋合意がなされていた。これは，その後，ウイグルの人権問題を根拠として欧州議会が審議を拒否し交渉は停滞している。しかも，ロシアによるウクライナ侵攻を契機として，EUの通商政策は，「広範な多国間協力と開かれた戦略的自律性に焦点を当てたものから，「志を同じくする」西側諸国や近隣諸国とのより狭義の戦略的パートナーシップへと徐々にシフトしていった」（Siddi and Prandin, 2023）。

　競争力の促進（promotion）のためのGXの中心となるのは，欧州産業の戦略的自律を目指すグリーンディール産業計画であり，うち特にネットゼロ産業規則（Regulation（EU）2024/1735，本書第10章を参照）と重要原材料規則（Regulation（EU）2024/1252，本書第9章を参照）である。また，DX分野では半導体強化策枠組規則（Regulation（EU）2023/1781）が成立している。これは，2030年までに世界の半導体市場におけるEUのシェアを10％から20％に倍増させるために官民あわせて430億ユーロを投資するとして，① 財政支援（欧州半導体イニシアチブ），② 生産施設優遇措置，③ 半導体サプライチェーンの監視と危機対応で構成されている（田中，2023，104）。

既に成立している経済安全保障リスクからのEUの保護（protection）の主な施策としては，① 対内直接投資審査枠組規則，② 域外国がEU企業の公共調達へのアクセスを十分に認めない場合，EUの公共調達のアクセス制限を認める国際調達措置規則（Regulation（EU）2022/1031），③ 域外国政府から補助金を受けた企業に事前申告を求める外国補助金規則（Regulation（EU）2022/2560），④ 反経済的威圧措置規則（Regulation（EU）2023/2675）などがある（伊藤，2024，120-121）。

さらに，2024年1月，欧州委員会は次の経済安全保障政策パッケージを公表している（COM/2024/22）。① 対内直接投資審査枠組規則の改正，② デュアルユース技術輸出規制白書，③ 対外投資規制白書，④ デュアルユース技術研究開発白書，⑤ 域内研究開発セキュリティ強化勧告案。

連携（promoting）について，米国との間では，貿易技術評議会（TTC）の枠組で，AI，6G，半導体，クリーンエネルギー，重要鉱物，データなどについて協力が進められている。2024年9月に公開された欧州の競争力強化に関する提言書「ドラギ・レポート（European Commission, 2024a, b）」のベースとなるドロール研究所のレポートによれば，EEAおよびEFTA諸国，英国，米国など戦略的パートナーとの緊密な協力が提言されている（Letta, 2024, 145-147）。

また，ネットゼロ技術に不可欠な金属鉱物資源の確保には，アフリカなど新興諸国との協力が必要であり，これまでも進めてきた二国間の経済連携を強化し，グローバル・ゲートウェイ（JOIN/2021/30）によるインフラ投資支援（2021-2027年3,000億ユーロ）を活用することが想定されている。

2-5 日EUグリーンアライアンス

世界的な産業戦略の復活と国際標準化を巡る競争，そして経済安全保障は，日本の課題でもある。日本は，日EU・EPA（経済連携協定）ばかりでなく，日EU・SPA（戦略的パートナーシップ協定）を締結している。日EU・EPAでは，例外が認められるネガティブ・リストを除き，原則としてサービス貿易・投資分野を自由化することになっている。また，欧州で活動する日系企業のためのルール設定，および電子商取引の安全性・信頼性確保についても協力することが記されている[1]。

さらに，日EU・EPAには，21世紀型のハイレベルなルールにおける協力として次の点が含まれている。① 国有企業は商業的考慮のみによって行動し，民間企業に対しても無差別待遇を付与することや補助金の通知義務など，② GI（地理的表示）による保護などWTO・TRIPSより高度な規律，③ 貿易・投資に関する規制措置について事前公表，意見交換，事前・事後評価などの情報交換。

また，運輸，産業協力，環境，気候変動，エネルギーなど欧州グリーンディールに関わる分野は，日EU・SPAでも重要な協力分野である。

2021年5月27日の第27回日EU定期首脳協議において，日EUグリーンアライアンス（協力覚書）を進めることで合意がなされた。これは，EUが進めるグリーンアライアンスの第1弾である。優先分野として確認されたのは次の点である。① エネルギー移行の技術協力，② 資源循環効率向上や生物多様性など環境保護，③ 企業の移行を支援する規制とビジネス協力，④ 低炭素技術開発と社会実装における研究開発，⑤ サステナブル・ファイナンス協力，⑥ 第三国の気候中立政策に対する支援やグローバル・スタンダードの構築など国際協力，⑦ 公正な気候変動対策のための国際ルールの整備。

留意すべきは，日EUグリーンアライアンスに含まれている移行のためのビジネス支援，サステナブル・ファイナンス協力，グローバル・スタンダードの構築などの協力項目がいずれもEUの新産業戦略と一致していることである。また，日EU間で2023年7月に半導体と重要鉱物資源に関するアライアンス（田中，2023，110-111），2024年6月に水素アライアンスについても合意がなされている。

交渉は停滞しているとはいえ，2020年末に人筋合意されたEU・中国包括的投資協定でも，外国企業に対する技術の強制移転の禁止，技術ライセンス契約への政府介入禁止，国有企業とEU企業との差別的取り扱いの禁止について合意がなされている[2]。また，努力条項にとどまるとはいえ，持続可能性の原則の「埋め込み（embedding）」の試みとして，パリ協定実現，ILO基準の順守，第三者機関による透明な紛争解決などが記されている。

以上から，日EUグリーンアライアンスを深めていくことは，中国など新興諸国に実効性のある公正なルールの受容を促し，経済安全保障を図る上でも重

要な役割を果たすと考えられる。

2−6　中国製EVに対する相殺関税と地経学の陥穽

　EUの経済安全保障政策の主たるターゲットとなっているのは中国である。2020年，ドイツ政府は，衛星通信，レーダー通信，5G技術を持つドイツ中堅企業IMSTの買収を阻止した（ジェトロ，2021）。

　中国は，EVの輸出拠点となっており，近年，中国から輸出されるEVの実に3分の1がEU向けとなっている（Bloomberg, 2024.4.16）。2023年秋以降，中国に対するEVや風力発電などのアンチダンピング調査が開始され，2024年7月から暫定的な相殺関税措置が導入された。上海汽車集団（SAIC）および調査に協力しなかった企業には37.6％の追加関税が課せられたが，BMWブリリアントやテスラを含む調査に協力した企業は20.8％，比亜迪（BYD）は17.4％，吉利汽車（Geely）19.9％であった（ジェトロ，2024a）。また，米国は中国製EVに対して関税率を25％から100％に引き上げている。2024年4月，欧州委員会は，中国経済の歪曲に関する報告書を作成しており（SWD/2024/91），アンチダンピング調査の対象がさらに広がる可能性もある。

　2024年10月29日，欧州委員会は，中国製EVに対して従来の10％に7.8〜35.3％を上乗せし最大45.3％の関税を課すことを決定した。EV相殺関税に対して中国はWTOに提訴している。いずれにせよ，この措置はEU自身にとっても様々なリスクを抱えている。

　第1に，相殺関税を導入したとしても，欧州のEVが競争力を持ち得るかどうかは定かではない。例えば，トラクションモーターについて組立段階では欧州企業が競争力を維持しているものの，原材料，加工材料，コンポーネントでは中国が圧倒的に高い競争力を有している（本書第10章を参照）。欧州産業界からも疑問の声が上がっている。欧州自動車工業会（ACEA）は「EVに関する確固たる産業戦略」が重要であると指摘し，欧州自動車部品工業会（CLEPA）は保護主義に頼らずエネルギー価格や規制改革で競争力を強化すべきだとしている（ジェトロ，2024b）。

　第2に，その副作用として中国産業のサプライチェーンが変化する可能性がある。相殺関税の根拠を立証しうるかについても疑問が残るが，そもそもGX

を巡る競争は激化しており，中国に限らず日欧米も産業助成に多額の支援を行っている。また，欧米が中国製品に対する輸入障壁を高めた結果，完成品工場が中国からASEANなどに移転し，そこに中国から機械，部品，素材の輸出が増えるというかたちで中国産業のサプライチェーンがグローバルに拡大する現象が生じている（津上，2024, 58-59）。

　第3に，上述の問題は，単にEVの問題に限らず，経済安全保障の理論的根拠と想定される地経学（geoeconomics）の「自己実現（self-fulfilling）のジレンマ」と関わっている。対内直接投資審査枠組規則や反経済的威圧措置規則は，「主に防衛的なものであり公正な競争空間の回復を目的としている」としても，他国に同様の対抗措置や代替市場の開発を促す動機付けとなる（Herranz-Surrallés, Damro and Eckert, 2024, 931-933）。

　Danzman and Meunie（2024, 1112）によれば，「地経学的手段は本質的に差別的」であり，「国内的にも国際的にも自己増強的（self-reinforcing）」である。安全保障を理由に産業政策が正当化されれば，投資審査への関心が高まる。積極的な域外措置は，他国に同様の地経学的手段の開発を促す。これは次の3つの課題を生み出している。①「国家安全保障と公共の秩序に関する共通の定義やこの基準を実施するためのメカニズムを，どの程度，どのような方法で構築できるか」，②「国内市場の国家管理強化が，腐敗や民主主義の後退を助長するような方法ではなく，安全保障目的のみに使用されることをどのように保障するか」，③「経済交流と技術開発が急速にゼロサムの枠組で捉えられるようになる中で，各国政府は，どのように信頼を築き維持できるか」。

3. EUのガバナンス改革による政策実現能力の改善と「オリンピック効果」

3-1　ガバナンスの欠如と経済安全保障委員会創設の提言

　これらの課題は，本書第10章で論じたように，EUの産業戦略と財政・金融という問題に集約される。MacNamara（2024, 2387-2388）は，①「EUのガバナンスの欠如」と②「EUが産業政策を遂行する能力」の問題を指摘している。これによれば，「明らかな疑問は，EUが持続可能性，安全保障，サプライ

チェーンの強靭性を追求する上で正しい戦略部門を優先しているかどうかである」。「新産業政策に対するEUの適切なガバナンスの欠如は，単一市場とEUそのものを弱体化させ，新産業政策を失敗に終わらせることになりかねない」。

Letta (2024, 135, 137) は，ガバナンス改革を提言し，「EU理事会内に経済安全保障理事会を設置」し，通商政策においては「行動と不作為のコストと便益，対外競争力，その他の対外的影響を考慮することによって貿易相手国の懸念に応える証拠に基づく政策」が必要だとしている。だが仮にEUのガバナンス改革が進むとしても，EUが市民に対する説明責任を果たし経済安全保障政策の正統性を確保し，対内的に官民の癒着や腐敗を招くことなく，対外的に開かれた国際協力を実現し，EUへの信頼を確保しうるかどうかは定かではない。

3−2　EUの政策実現能力の改善—貯蓄投資同盟創設と国家補助制度改革

　もう一つの問題は，EUが産業戦略を遂行する能力にある。欧州グリーンディール投資計画では，2030年までに官民あわせて1兆ユーロの投資が必要であると想定されていた（COM/2020/21）。EUの財政支援の柱となるのは，復興レジリエンス・ファシリティだが，これまでもその融資枠は十分に活用されていない。ユーロ共同債を財源とする欧州主権基金は頓挫し，フォン・デア・ライエン欧州委員長は，2024-2029年の政策指針「欧州の選択」において新たに欧州競争力基金を提案するとしており（Leyen, 2024），ドラギ・レポートもユーロ共同債の継続的利用を提案しているが，これについては加盟国間で意見の対立がある。欧州主権基金の代替として導入された欧州戦略技術プラットフォーム（STEP）は，デジタル，グリーン，資源効率化，バイオ分野の技術に対して，既存のEU予算（結束基金，インベストEU基金，イノベーション基金，ホライズン・ヨーロッパ，欧州防衛基金など）の相乗効果を高める触媒としての役割が期待されているが，その効果は未知数である（Regulation（EU）2024/795）。欧州委員長の政策指針でも，「公的資金だけでは賄えない」が「資本市場同盟を完成させれば年間4,700億ユーロの追加投資を呼び込める」と述べられている。

　対策として，Letta (2024, 11-12, 19-22, 28-41) は，貯蓄投資同盟（Savings and Investments Union）の創出と国家補助制度の改革を提言している。これ

330 　課　題

によれば，EUには33兆ユーロの民間貯蓄があるが，EUの戦略的ニーズに十分活用されておらず，毎年，約3,000億ユーロが家計貯蓄が域外，主に米国に流出している。貯蓄投資同盟の創設によって，「公正，グリーン，デジタルの移行と単一市場内の金融統合との強固な結びつき」を確保しなければならない。また，「加盟国の財政的余地の違いが単一市場の競争条件の歪みを増幅させるリスク」があり，「国家レベルでの国家補助の厳格な執行とEUレベルでの資金援助の漸進的な拡大のバランス」をとることが必要であるとして，「加盟国に対して国内資金の一部を汎欧州的な取組みや投資への融資に充てるよう求める国家補助拠出メカニズム」構想について言及している。

　だが，これらの改革の実効性は，「安全保障と公共の秩序」と「公正な競争空間」を確保しつつGXとDXを通じてEU経済を復興するというEUの戦略的課題とその具体策が，市場，市民，国際社会からの信頼を確保しうるかどうかにかかっている。

3-3 　「ブリュッセル効果」と「オリンピック効果」

　本書序章で指摘したように，欧州グリーンディールの進捗状況を評価すれば，① 法的基礎は整い，サステナブル・ファイナンスの枠組も整備され，新たな産業戦略としてグリーンディール産業計画が示されたものの，② サーキュラー・エコノミーのビジネスモデルは未確立で，③ 欧州グリーンディール関連投資の収益性も不確実でESG投資も伸び悩んでおり，EUは，④ 開放経済に基づく国際協力と経済安全保障のバランス，すなわち「デカップリングではなく，デリスキング」という課題に直面している。こうした中で欧州グリーンディールの実効性が問われており，今後，EUのガバナンス改革と政策実行能力の改善を図りながら，産業分野ごとの特性に配慮した移行経路をいかにして共創していくかが課題となる。

　こうした状況を考えれば，欧州グリーンディールが失速する可能性も否定できない。しかし，欧州グリーンディールを過小評価すべきではない。なぜなら，本書序章で指摘したように，これは全てのサプライチェーンに持続可能性を社会実装するための市場と制度を創出しようとする世界で最も体系的な成長戦略だからである。企業や金融機関は非財務情報開示を求められ，企業は持続

可能性に関する社会的責任が強化されている（本書第11章を参照）。

　しかも，EUは，事実上の「ブリュッセル効果」を享受し，さらに補完・代替措置でその影響力を拡大しようとしている[3]。仮に欧州グリーンディールが失速したとしても，持続可能性を埋め込んだEUの制度はグローバル・スタンダードの雛形，言わば国際公共財として残り，企業や投資家の行動を方向付けていく可能性があることを想定すべきである。

　ここで忘れてならないことは，EUが目指しているものが少なくとも公式には持続可能性を埋め込んだ「公正な競争空間」だという点である。以下，図表20-1に基づいて説明していこう。成長戦略という視点から見た場合，「公正な競争空間」が「ブリュッセル効果」とそれを補完する措置によって域外に拡大するとしても，それはEU経済発展の必要条件ではあるが十分条件ではない。なぜなら，域内外で「公正な競争空間」が確保されたとしても，競争の結果，欧州企業が勝者になるとは限らないからである。仮に「ブリュッセル効果」により「持続可能性要件を埋め込んだEU法の国際標準化≒EU法に準じた公正な競争空間≒EU経済発展の必要条件」が成立するとした場合，初期段階において，そのルールに基づくビジネス経験を持つ欧州系企業に有利であるとしても，それ自体は米国，中国，日本など域外の企業のいずれにも新たなビジネス機会を開くものである。

　例えば，CBAMは鉄鋼，アルミ，セメント，電力，肥料，水素を対象とし

図表20-1　「ブリュッセル効果」と「オリンピック効果」

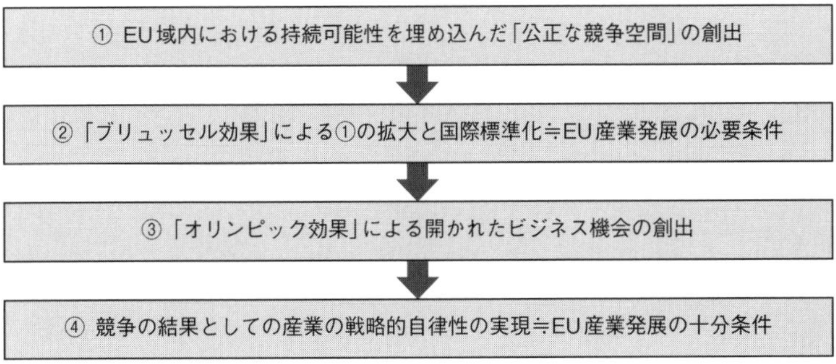

① EU域内における持続可能性を埋め込んだ「公正な競争空間」の創出

↓

②「ブリュッセル効果」による①の拡大と国際標準化≒EU産業発展の必要条件

↓

③「オリンピック効果」による開かれたビジネス機会の創出

↓

④ 競争の結果としての産業の戦略的自律性の実現≒EU産業発展の十分条件

出所：筆者作成。

ており，さしあたり影響を受けるのは中国，ロシア，トルコなどの新興諸国であるが，今後川下への拡大，さらに有機化合物と高分子加工物（ポリマー）への拡大の検討が正式に組み込まれていることから，次第に日本への影響も大きくなることが予想される。欧州委員会が強調するカーボン・リーケージの実証的エビデンスは乏しいものの，少なくともEUのガバナンスが改革され「証拠に基づいて」運用される限りにおいて，CBAMそれ自体は保護主義的措置ではない。なぜなら，CBAMは域内でも船舶，航空機，建物，道路などにも例外なく炭素コスト負担を求め，無償割当枠を廃止する域内市場における「公正な競争空間」の強化とセットで導入されており，CBAMはEUの基準からみた「公正な競争空間」を求めるのものにすぎないからである（蓮見，2024a）。

これは，ビジネスの視点から見ると，「オリンピック効果」と考えるとわかりやすい。オリンピックに採用されるルールから勝者を予想することは難しく，あくまでも勝者は「公正」な競争の結果として決定される。仮にオリンピックに参加する中で，そのルールが「公正」を欠くという疑義が生じた場合でも，「証拠に基づいて」ルールの修正について協議を求め，「公正」を実質化する機会がある。

こうした持続可能性を埋め込んだ「公正な競争空間」において，欧州企業が実際の産業構造を転換し戦略的自律性を確立することが，EU経済発展のための十分条件なのである。GXとDXを巡ってEU（グリーンディール産業計画），米国（IRA），中国（製造2025）の間で激しい主導権争いが展開されていることを考慮すれば，現時点で欧州グリーンディールがEU経済発展の必要十分条件を満たすかどうかは定かではない。

4. 欧州グリーンディールの矛盾とGXの競争激化[4]

EUは，経済安全保障戦略の具体策として，ネットゼロ産業規則や重要原材料規則などグリーンディール産業計画によってクリーンエネルギー技術の主導権を握ることを目指している。しかし，EUの経済安全保障戦略は，これまでEUの再エネやEVの発展を支えてきた構造と根本的に矛盾している。カーボンニュートラルを目指すEUの体系的なエネルギー・環境政策が再エネやEV

の発展を加速させたことは確かであるとしても，忘れてはならないのは過去10年あまりの間に太陽光発電やバッテリーのコストがおよそ10分の1に低下し，それが再エネやEVの経済性を高めてきたことである（蓮見，2023c, 21-24）。そして，これに大きく貢献してきたのが，まさに中国なのである。

EUは，対ロシア経済制裁を強化し脱ロシア依存を進めたものの，結果的に米国のLNG（液化天然ガス）に依存せざるを得なくなっている。かといって太陽光パネルや風力タービンなどを利用した再エネの設備容量を急速に拡大しようとすれば，ますます中国依存を深めるリスクが生じる（蓮見，2022）。Vezzoni（2023）が指摘しているように，再生可能エネルギー関連の機械・設備は金属鉱物資源という物質的基礎によって支えられている。Vezzoniの試算によれば，REPowerEU計画が示した太陽光発電の目標を達成するためのマテリアルフットプリントは2030年までに3倍増となるが，REPowerEUの時間軸では原材料と加工能力が足りず，当面は中国に依存せざるを得ない。太陽光やリチウムイオン電池など技術の標準化が進み価格競争が重要となる分野では，中国が支配的地位を占めている（本書10章を参照）。デリスキングを目指して重要原材料規則により域内生産を拡大すれば，環境コストは増加する。

欧州グリーンディールは，「経済成長と資源利用を切り離す」として，サーキュラー・エコノミーを目指しているものの，循環率（原材料に占める二次原材料の割合）は11％前後と改善しておらず，EVの発展に伴い大量廃棄が予想されるバッテリーなどのリサイクル過程における環境コストも生じる（本書第9章を参照）。本書第10章で指摘したように，ネットゼロ産業規則は一時的な環境破壊さえ許容している。

言い換えれば，環境コストが低いとされるEUの再エネやEVは，環境コストを価格に十分に反映させていない（つまり環境コストを中国の人々が背負っている）が故に安価な中国の金属鉱物資源や部品・コンポーネントによって支えられてきたのである。中国に対して適正価格を求め，さらにCBAMなどを通じて適正な環境コストを求めること自体は，持続可能性を埋め込んだ「公正な競争空間」の創出という点から見れば正当な要求である。だが，それは，こうした安価な稀少金属や部品・コンポーネントを断念し，環境コストを組み込んだ「適正（つまり世界中の人々が等しく環境コストを分かち合う）」価格を受

け入れることであり，結果的に再エネやバッテリーのコスト上昇につながるかもしれない[5]。

しかも，EUは，大規模な民間投資を呼び込むことによってグリーンディール産業計画を進めEU産業の復権を目指しているにもかかわらず，グリーン転換関連投資において中国に後れを取っている（図表20-2）。

したがって，EUのグリーン関連技術におけるサプライチェーンの現実を踏まえて，EUが，どのようにして中国との協力を継続しつつデリスキングを実現し得るのか，今後の対応を慎重に見極めていく必要がある。忘れてはならないことは，ネットゼロは欧州だけで実現できるものではなく，ことの性質からして国際協力が不可欠だと言う点である。

日本は，EUと経済連携協定だけでなく，グリーンアライアンス，水素アライアンスを締結し，半導体についても連携強化を進めており，対中国関係を考える上でも日EU協力は重要性を増している。しかし，その際，日本は欧米と

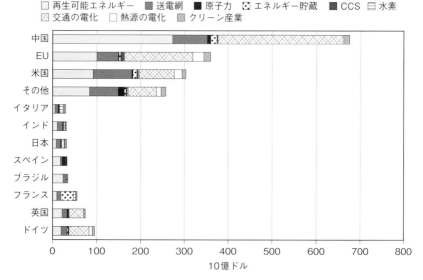

図表20-2 GX関連投資上位10カ国（2023年，10億ドル）

出所：Bloomberg（2024.4.16）に基づき筆者作成。

政策協力しつつも，それらの政策に振り回されることなく，産業の戦略的自律性の確立という観点から独自の判断をすることが重要である。なぜなら，中国との経済関係において，EUや米国と日本とでは，その深さにおいても構造においても質的に大きく異なっているからである。

今日，経済安全保障あるいはデリスキングを議論することは重要である。しかしそれは，国際協力とグローバルサプライチェーンの現実を踏まえた議論でなければ「偽装された保護主義」に陥りかねず，かえって産業の競争力を損なうリスクが生じることを忘れてはならない。問われるべきは，文字通り「公正な競争空間」を確保するための措置であるかどうか，そしてその実効性なのである。① 法整備，② 技術的・経済的な実効性，③ EU経済の再興という目標の達成は，明確に区別されなければならない。ネットゼロ産業のグローバルサプライチェーンの現実を踏まえつつ，対立が激化する「割れた世界」の中で「明確なリスク評価」と「デカップリングではなくデリスキング」という原則」（Leyen, 2024）を堅持しながら，いかにして産業の脱炭素化の具体的な移行経路を共創していくことができるのか。これからがまさに欧州グリーンディールの正念場であり，多様な現実を踏まえた具体策をともに考えることが必要となっている。当然，そこには域内外のステイクホルダー間の妥協と協力が含まれている（蓮見, 2024d）。

[注]
1 以下，特に注記しない限り，日本外務省公表資料に基づいている。
2 https://policy.trade.ec.europa.eu/eu-trade-relationships-country-and-region/countries-and-regions/china/eu-china-agreement_en
3 庄司（2023）によれば，ブリュッセル効果には，市場規模，規制能力，厳格基準，非弾力的消費者市場，不可分性という5つの発生条件があり，かつ市場の誘因と多国籍企業の利害（市場を活用した規制パワー）がある。さらに，EUは，規制の輸出，規制の先導，相互承認，協調による補完・代替措置を講じている。
4 以下，蓮見（2024a，2024b）を加筆・修正したものである。
5 ただし，太陽光発電や風力発電は，燃料費を必要としないという点において，価格競争力を維持しうると考えられる。

[参考文献]
明田ゆかり（2021）「欧州グリーン・ディールと日EU・EPA」（公開講演会「欧州グリーン・ディールと日本」講演録，『立教大学経済研究所年報2021』，3-10。

336 課 題

伊藤さゆり（2024）「EUの対中国デリスキングの行方─2024年欧州議会選挙を越えて」『ニッセイ基礎研所報』68，117-134。

庄司克宏（2023）「EUの規範形成パワーと規制戦略─「規制の輸出」とブリュッセル効果」『EUの規範形成パワーの展望：グリーン・デジタル・人権』日本経済研究センター「欧州研究」報告書，2023年，3-21。

ジェトロ（2021）「中国企業による欧州企業買収に波紋」3月25日。

ジェトロ（2024a）「欧州委，中国製BEVへの暫定的な相殺関税措置を発動」7月8日。

ジェトロ（2024b）「欧州委，中国製BEVへの相殺関税措置の概要を事前開示」6月14日。

田中友義（2023）「欧州グリーンディール産業計画と経済安全保障─温室効果ガス排出ゼロ（ネットゼロ）技術・産業の優位性確保と支援体制の構築─」『欧州グリーンディール戦略の現状と課題』ITI調査研究シリーズNo. 153，一般財団法人国際貿易投資研究所，94-112。

津上俊哉（2024）「EV通商紛争の行方」『海外投融資』7月号，56-59。

蓮見雄（2022）「EUの脱ロシア依存とエネルギー安全保障」『上智ヨーロッパ研究』14，72-105。

─────（2023a）「ロシア経済と多極化する世界（2）」*CISTEC Journal*, 208, 18-53。

─────（2023b）「グリーン・リカバリーと本書の構成」蓮見雄・高屋定美編著『欧州グリーンディールとEU経済の復興』文眞堂， i -x。

─────（2023c）「欧州グリーンディールの射程」蓮見雄・高屋定美編著『欧州グリーンディールとEU経済の復興』文眞堂，1-55。

─────（2024a）「競争政策としてのEUの炭素国境調整メカニズム（CBAM）と諸外国への影響」MUFG BizBuddyユーラシア研究所レポート，1月26日。

─────（2024b）「「割れた世界」とサーキュラー・エコノミーへの移行経路の共創」『農林金融』77（42），42-43。

Bloomberg（2024.4.16）「EU，中国の貿易慣行は不公正との主張強める─民主主義脅かすと警戒」https://www.bloomberg.co.jp/news/articles/2024-04-16/SC08VHT1UM0W00

Danzman, S. and S. Meunier（2024）"The EU's Geoeconomic Turn：From Policy Laggard to Institutional Innovator", *Journal of Common Market Studies*, 62（4）1097-1115.

European Commission（2018）"Concept paper WTO modernisation Future EU proposal on rulemaking".

European Commission（2024a）The future of European competitiveness PartA｜A competitiveness strategy for Europe.

European Commission（2024b）The future of European competitiveness PartB｜In-depth analysis and recomendations.

Evenett, S., A. Jakubik, F. Marttin, and M. Ruta（2024）"The return of industrial policy in data", *The World Economy*, 47, 2762 2788.

Herranz-Surrallés, A., C. Damro and S. Eckert（2024）"The Geoeconomic Turn of the Single European Market?", *Journal of Common Market Studies*, 62（4），919-937.

Juncker, J.（2017）State of the Union 2017. European Commission, 13th September.

Letta, E.（2024）MUCH MORE THAN A MARKET SPEED, SECURITY, SOLIDARITY Empowering the Single Market to deliver a sustainable future and prosperity for all EU Citizens.

Leyen, Ursula von der（2024），EUROPE'S CHOICE POLITICAL GUIDELINES FOR THE NEXT EUROPEAN COMMISSION 2024-2029.

McNamara,K.（2024）"Transforming Europe? The EU's industrial policy and geopolitical turn", *Journal of European Public Policy*, 31（9），2371-2396.

Siddi, M. and F. Prandin（2023）"Governing the EU's Energy Crisis：The European Commission's

Geopolitical Turn and Its Pitfalls", *Politics and Governance*, 2023, 11 (4), 208-296.

Vezzoni, R. (2023) "Green growth for whom, how and why? The REPowerEU Plan and the inconsistencies of European Union energy policy", *Energy Research & Social Science,* 101, 1-15.

Zúñiga, N, S. Burton, F. Blancato and M. Carr (2024) "The geopolitics of technology standards：historical context for US, EU and Chinese approaches", *International Affairs*, 100：4, 1635-1652。

EUの政策文書，法令等については，本書巻末のリストを参照。

（蓮見　雄）

［参考文献：EUの政策文書，法令］

COM/96/576 ENERGY FOR THE FUTURE : RENEWABLE SOURCES OF ENERGY - Green paper for a Community Strategy

COM/97/599 ENERGY FOR THE FUTURE : RENEWABLE SOURCES OF ENERGY - White Paper for a Community Strategy

COM/2005/494 The Commission's contribution to the period of reflection and beyond - Plan-D for Democracy, Dialogue and Debate

COM/2006/232 Proposal for a Directive establishing a framework for the protection of soil and amending Directive 2004/35/EC

COM/2006/567 Global Europe : Competing in the world

COM/2010/612 Trade, Growth and World Affairs Trade Policy as a core component of the EU's 2020 strategy

COM/2010/639 Energy 2020 - A strategy for competitive, sustainable and secure energy

COM/2010/2020 EUROPE 2020 A strategy for smart, sustainable and inclusive growth

COM/2011/0571 Roadmap for Resource Efficient Europe

COM/2014/398 Towards a circular economy : A zero waste programme for Europe

COM/2015/497 Trade for All Towards a more responsible trade and investment policy

COM/2015/614 Closing the loop - An EU action plan for the Circular Economy

COM/2018/28 A European Strategy for Plastics in a Circular Economy

COM/2018/773 A Clean Planet for all A European strategic long-term vision for a prosperous, modern, competitive and climate neutral economy

COM/2019/640 The European Green Deal

COM/2020/21 Sustainable Europe Investment Plan European Green Deal Investment Plan

COM/2020/22 Proposal for a REGULATION establishing the Just Transition Fund

COM/2020/66 A European strategy for data

COM/2020/98 A new Circular Economy Action Plan For a cleaner and more competitive Europe

COM/2020/102 A New Industrial Strategy for Europe

COM/2020/299 Powering a climate-neutral economy : An EU Strategy for Energy System Integration

COM/2020/301 A hydrogen strategy for a climate-neutral Europe

COM/2020/380 EU Biodiversity Strategy for 2030 Bringing nature back into our lives

COM/2020/381 A Farm to Fork Strategy for a fair, healthy and environmentally-friendly food system

COM/2020/662 A Renovation Wave for Europe -greening our buildings, creating jobs, improving lives

COM/2020/767 Proposal for a REGULATION on European data governance (Data Governance Act)

参考文献：EU の政策文書，法令　　339

COM/2020/842 Proposal for a REGULATION on contestable and fair markets in the digital sector (Digital Markets Act)

COM/2021/66 Trade Policy Review – An Open, Sustainable and Assertive Trade Policy

COM/2021/102 The European Pillar of Social Rights Action Plan

COM/2021/350 Updating the 2020 New Industrial Strategy : Building a stronger Single Market for Europe's recovery

COM/2021/550 'Fit for 55' : delivering the EU's 2030 Climate Target on the way to climate neutrality

COM/2021/554 Proposal for a REGULATION amending Regulations (EU) 2018/841 as regards the scope, simplifying the compliance rules, setting out the targets of the Member States for 2030 and committing to the collective achievement of climate neutrality by 2035 in the land use, forestry and agriculture sector, and (EU) 2018/1999 as regards improvement in monitoring, reporting, tracking of progress and review

COM/2021/557 Proposal for a DIRECTIVE amending Directive (EU) 2018/2001 of the European Parliament and of the Council, Regulation (EU) 2018/1999 of the European Parliament and of the Council and Directive 98/70/EC of the European Parliament and of the Council as regards the promotion of energy from renewable sources, and repealing Council Directive (EU) 2015/652

COM/2021/563 Proposal for a COUNCIL DIRECTIVE restructuring the Union framework for the taxation of energy products and electricity

COM/2021/699 EU Soil Strategy for 2030 Reaping the benefits of healthy soils for people, food, nature and climate

COM/2021/800 Sustainable Carbon Cycles

COM/2021/802 Proposal for a DIRECTIVE on the energy performance of buildings

COM/2021/803 Proposal for a DIRECTIVE on common rules for the internal markets in renewable and natural gases and in hydrogen

COM/2021/804 for a REGULATION on the internal markets for renewable and natural gases and for hydrogen

COM/2022/21 REPORT on the application of Directive 2013/53/EU of the European Parliament and of the Council of 20 November 2013 on recreational craft and personal watercraft and repealing Directive 94/25/EC

COM/2022/31 An EU Strategy on Standardisation Setting global standards in support of a resilient, green and digital EU single market

COM/2022/32 Proposal for a REGULATION amending Regulation (EU) No 1025/2012 as regards the decisions of European standardisation organisations concerning European standards and European standardisation deliverables

COM/2022/46 Proposal for a REGULATION establishing a framework of measures for strengthening Europe's semiconductor ecosystem (Chips Act)

COM/2022/71 Proposal for a Directive on Corporate Sustainability Due Diligence and amending Directive (EU) 2019/1937

COM/2022/108 REPowerEU : Joint European Action for more affordable, secure and sustainable energy

COM/2022/140 On making sustainable products the norm

COM/2022/142 Proposal for a REGULATION establishing a framework for setting ecodesign requirements for sustainable products and repealing Directive 2009/125/EC

340 参考文献：EUの政策文書，法令

COM/2022/144 Proposal for a REGULATION laying down harmonised conditions for the marketing of construction products, amending Regulation (EU) 2019/1020 and repealing Regulation (EU) 305/2011

COM/2022/221 EU Solar Energy Strategy

COM/2022/230 REPowerEU Plan

COM/2022/304 Proposal for a REGULATION on nature restoration

COM/2022/305 Proposal for a REGULATION on the sustainable use of plant protection products and amending Regulation (EU) 2021/2115

COM/2022/453 Proposal for a REGULATION on prohibiting products made with forced labour on the Union market

COM/2022/454 Proposal for a REGULATION on horizontal cybersecurity requirements for products with digital elements and amending Regulation (EU) 2019/1020

COM/2022/548 Commission work programme 2023：A Union standing firm and united

COM/2022/672 Proposal for a REGULATION OF THE EUROPEAN PARLIAMENT AND OF THE COUNCIL establishing a Union certification framework for carbon removals

COM/2022/677 Proposal for a DIRECTIVE on packaging and packaging waste, amending Regulation (EU) 2019/1020 and Directive (EU) 2019/904, and repealing Directive 94/62/EC

COM/2023/24 New European Bauhaus Progress Report

COM/2023/62 A Green Deal Industrial Plan for the Net-Zero Age

COM/2023/76 Promotion of e-mobility through buildings policy

COM/2023/148 Proposal for a REGULATION amending Regulations (EU) 2019/943 and (EU) 2019/942 as well as Directives (EU) 2018/2001 and (EU) 2019/944 to improve the Union's electricity market design

COM/2023/155 Proposal for a DIRECTIVE on common rules promoting the repair of goods and amending Regulation (EU) 2017/2394, Directives (EU) 2019/771 and (EU) 2020/1828

COM/2023/156 on the European Hydrogen Bank

COM/2023/160 Proposal for a DIRECTIVE establishing a framework for ensuring a secure and sustainable supply of critical raw materials and amending Regulations (EU) 168/2013, (EU) 2018/858, 2018/1724 and (EU) 2019/1020

COM/2023/161 Proposal for a REGULATION on establishing a framework of measures for strengthening Europe's net-zero technology products manufacturing ecosystem (Net Zero Industry Act)

COM/2023/416 Proposal for a DIRECTIVE on Soil Monitoring and Resilience (Soil Monitoring Law)

COM/2023/420 amending Directive 2008/98/EC on waste

COM/2023/420 Proposal for a DIRECTIVE amending Directive 2008/98/EC on waste

COM/2023/451 Proposal for a REGULATION on circularity requirements for vehicle design and on management of end-of-life vehicles, amending Regulations (EU) 2018/858 and 2019/1020 and repealing Directives 2000/53/EC and 2005/64/EC

COM/2023/757 Grids, the missing link – An EU Action Plan for Grids

COM/2024/21 REPORT on the macroprudential review for credit institutions, the systemic risks relating to Non-Bank Financial Intermediaries (NBFIs) and their interconnectedness with credit institutions, under Article 513 of Regulation (EU) No 575/2013 of the European Parliament and of the Council of 26 June 2013 on prudential requirements for credit institutions and amending Regulation (EU) No 648/2012

参考文献：EUの政策文書，法令　　341

COM/2024/22 Advancing European economic security : an introduction to five new initiatives

COM/2024/63 Securing our future Europe's 2040 climate target and path to climate neutrality by 2050 building a sustainable, just and prosperous society

Commission Notice (2023/C 211/01) on the interpretation and implementation of certain legal provisions of the EU Taxonomy Regulation and links to the Sustainable Finance Disclosure Regulation

Commission Recommendation (EU) 2020/1563 on energy poverty

Council Directive 92/43/EEC on the conservation of natural habitats and of wild fauna and flora

Decision (EU, Euratom) 2020/2053 on the system of own resources of the European Union and repealing Decision 2014/335/EU, Euratom

Decision No 1364/2006/EC laying down guidelines for trans-European energy networks and repealing Decision 96/391/EC and Decision No 1229/2003/EC

Decision 93/500/EEC concerning the promotion of renewable energy source in the Community

Delegated Regulation (EU) 2021/2139 supplementing Regulation (EU) 2020/852 by establishing the technical screening criteria for determining the conditions under which an economic activity qualifies as contributing substantially to climate change mitigation or climate change adaptation and for determining whether that economic activity causes no significant harm to any of the other environmental objectives

Delegated Regulation (EU) 2021/2178 supplementing Regulation (EU) 2020/852 by specifying the content and presentation of information to be disclosed by undertakings subject to Articles 19a or 29a of Directive 2013/34/EU concerning environmentally sustainable economic activities, and specifying the methodology to comply with that disclosure obligation

Delegated Regulation (EU) 2022/1214 amending Delegated Regulation (EU) 2021/2139 as regards economic activities in certain energy sectors and Delegated Regulation (EU) 2021/2178 as regards specific public disclosures for those economic activities

Delegated Regulation (EU) 2022/1288 supplementing Regulation (EU) 2019/2088 with regard to regulatory technical standards specifying the details of the content and presentation of the information in relation to the principle of 'do no significant harm', specifying the content, methodologies and presentation of information in relation to sustainability indicators and adverse sustainability impacts, and the content and presentation of the information in relation to the promotion of environmental or social characteristics and sustainable investment objectives in pre-contractual documents, on websites and in periodic reports

Delegated Regulation (EU) 2023/1184 upplementing Directive (EU) 2018/2001 of the European Parliament and of the Council by establishing a Union methodology setting out detailed rules for the production of renewable liquid and gaseous transport fuels of non-biological origin

Delegated Regulation (EU) 2023/1634 setting CO2 emission performance standards for new passenger cars and for new light commercial vehicles

Delegated Regulation (EU) 2023/2485 amending Delegated Regulation (EU) 2021/2139 establishing additional technical screening criteria for determining the conditions under which certain economic activities qualify as contributing substantially to climate change mitigation or climate change adaptation and for determining whether those activities cause no significant harm to any of the other environmental objectives

Delegated Regulation (EU) 2023/2486 supplementing Regulation (EU) 2020/852 of the European Parliament and of the Council by establishing the technical screening criteria for determining

342 参考文献：EUの政策文書，法令

the conditions under which an economic activity qualifies as contributing substantially to the sustainable use and protection of water and marine resources, to the transition to a circular economy, to pollution prevention and control, or to the protection and restoration of biodiversity and ecosystems and for determining whether that economic activity causes no significant harm to any of the other environmental objectives and amending Commission Delegated Regulation（EU）2021/2178 as regards specific public disclosures for those economic activities

Delegated Regulation（EU）2023/2772 supplementing Directive 2013/34/EU of the European Parliament and of the Council as regards sustainability reporting standards［European Sustainability Reporting Standards：ESRS］

Directive 96/92/EC concerning common rules for the internal market in electricity

Directive 2001/77/EC on the promotion of electricity produced from renewable energy sources in the internal electricity market

Directive 2005/32/EC establishing a framework for the setting of ecodesign requirements for energy-using products and amending Council Directive 92/42/EEC and Directives 96/57/EC and 2000/55

Directive 2009/28/EC on the promotion of the use of energy from renewable sources and amending and subsequently repealing Directives 2001/77/EC and 2003/30/EC

Directive 2009/72/EC oncerning common rules for the internal market in electricity and repealing Directive 2003/54/EC

Directive 2009/125/EC establishing a framework for the setting of ecodesign requirements for energy-related products

Directive 2009/147/EC on the conservation of wild birds

Directive（EU）2018/2001 on the promotion of the use of energy from renewable sources

Directive（EU）2019/904 on the reduction of the impact of certain plastic products on the environment

Directive（EU）2022/2464 amending Regulation（EU）537/2014, Directive 2004/109/EC, Directive 2006/43/EC and Directive 2013/34/EU, as regards corporate sustainability reporting［Corporate Sustainability Reporting Directive：CSRD］

Directive（EU）2023/958 amending Directive 2003/87/EC as regards aviation's contribution to the Union's economy-wide emission reduction target and the appropriate implementation of a global market-based measure

Directive（EU）2023/959 amending Directive 2003/87/EC establishing a system for greenhouse gas emission allowance trading within the Union and Decision（EU）2015/1814 concerning the establishment and operation of a market stability reserve for the Union greenhouse gas emission trading system

Directive（EU）2023/1791 on energy efficiency and amending Regulation（EU）2023/955

Directive（EU）2023/2413 amending Directive（EU）2018/2001, Regulation（EU）2018/1999 and Directive 98/70/EC as regards the promotion of energy from renewable sources, and repealing Council Directive（EU）2015/652

Directive（EU）2024/1275 on the energy performance of buildings

Directive（EU）2024/1711 amending Directives（EU）2018/2001 and（EU）2019/944 as regards improving the Union's electricity market design

Directive（EU）2024/1760 on corporate sustainability due diligence and amending Directive（EU）2019/1937 and Regulation（EU）2023/2859

参考文献：EUの政策文書，法令　　343

Directive (EU) 2024/1785 amending Directive 2010/75/EU of the European Parliament and of the Council on industrial emissions (integrated pollution prevention and control) and Council Directive 1999/31/EC on the landfill of waste

Directive (EU) 2024/1788 on common rules for the internal markets for renewable gas, natural gas and hydrogen, amending Directive (EU) 2023/1791 and repealing Directive 2009/73/EC

Directive (EU) 2024/1799 on common rules promoting the repair of goods and amending Regulation (EU) 2017/2394 and Directives (EU) 2019/771 and (EU) 2020/1828

JOIN/2019/5 EU-China – A strategic outlook

JOIN/2021/30 The Global Gateway

JOIN/2022/23 EU external energy engagement in a changing world

JOIN/2023/20 ON "EUROPEAN ECONOMIC SECURITY STRATEGY"

Regulation (EU) 2011/305 laying down harmonised conditions for the marketing of construction products and repealing Council Directive 89/106/EEC

Regulation (EU) No1024/2012 on administrative cooperation through the Internal Market Information System and repealing Commission Decision 2008/49/EC ('the IMI Regulation')

Regulation (EU) No1025/2012 amending Council Directives 89/686/EEC and 93/15/EEC and Directives 94/9/EC, 94/25/EC, 95/16/EC, 97/23/EC, 98/34/EC, 2004/22/EC, 2007/23/EC, 2009/23/EC and 2009/105/EC of the European Parliament and of the Council and repealing Council Decision 87/95/EEC and Decision No 1673/2006/EC of the European Parliament and of the Council

Regulation (EU) 2016/679 on the protection of natural persons with regard to the processing of personal data and on the free movement of such data, and repealing Directive 95/46/EC (General Data Protection Regulation)

Regulation (EU) 2018/841 on the inclusion of greenhouse gas emissions and removals from land use, land use change and forestry in the 2030 climate and energy framework, and amending Regulation (EU) No 525/2013 and Decision No 529/2013/EU

Regulation (EU) 2018/842 on binding annual greenhouse gas emission reductions by Member States from 2021 to 2030 contributing to climate action to meet commitments under the Paris Agreement and amending Regulation (EU) No 525/2013

Regulation (EU) 2019/354 on the manufacture, placing on the market and use of medicated feed, amending Regulation (EC) No 183/2005 of the European Parliament and of the Council and repealing Council Directive 90/167/EEC

Regulation (EU) 2019/452 establishing a framework for the screening of foreign direct investments into the Union

Regulation (EU) 2019/2088 on sustainability related disclosures in the financial services sector (Sustainable Finance Disclosure Regulation：SFDR)

Regulation (EU) 2019/2089 amending Regulation (EU) 2016/1011 as regards EU Climate Transition Benchmarks, EU Paris-aligned Benchmarks and sustainability-related disclosures for benchmarks

Regulation (EU) 2020/852 on the establishment of a framework to facilitate sustainable investment, and amending Regulation (EU) 2019/2088 (Taxonomy Regulation)

Regulation (EU) 2021/1056 establishing the Just Transition Fund

Regulation (EU) 2021/1119 establishing the framework for achieving climate neutrality and amending Regulations (EC) No 401/2009 and (EU) 2018/1999 (European Climate Law)

344　参考文献：EUの政策文書，法令

Regulation (EU) 2021/1253 amending Delegated Regulation (EU) 2017/565 as regards the integration of sustainability factors, risks and preferences into certain organisational requirements and operating conditions for investment firms

Regulation (EU) 2021/2115 establishing rules on support for strategic plans to be drawn up by Member States under the common agricultural policy (CAP Strategic Plans) and financed by the European Agricultural Guarantee Fund (EAGF) and by the European Agricultural Fund for Rural Development (EAFRD) and repealing Regulations (EU) No 1305/2013 and (EU) No 1307/2013

Regulation (EU) 2022/868 on European data governance and amending Regulation (EU) 2018/1724 (Data Governance Act)

Regulation (EU) 2022/869 on guidelines for trans-European energy infrastructure, amending Regulations (EC) No 715/2009, (EU) 2019/942 and (EU) 2019/943 and Directives 2009/73/EC and (EU) 2019/944, and repealing Regulation (EU) No 347/2013

Regulation (EU) 2022/1031 on the access of third-country economic operators, goods and services to the Union's public procurement and concession markets and procedures supporting negotiations on access of Union economic operators, goods and services to the public procurement and concession markets of third countries (International Procurement Instrument – IPI)

Regulation (EU) 2022/1616 on recycled plastic materials and articles intended to come into contact with foods, and repealing Regulation (EC) No 282/2008

Regulation (EU) 2022/1925 on contestable and fair markets in the digital sector and amending Directives (EU) 2019/1937 and (EU) 2020/1828

Regulation (EU) 2022/2065 on a Single Market For Digital Services and amending Directive 2000/31/EC (Digital Services Act)

Regulation (EU) 2022/2560 on foreign subsidies distorting the internal market

Regulation (EU) 2023/839 amending Regulation (EU) 2018/841 as regards the scope, simplifying the reporting and compliance rules, and setting out the targets of the Member States for 2030, and Regulation (EU) 2018/1999 as regards improvement in monitoring, reporting, tracking of progress and review

Regulation (EU) 2023/857 amending Regulation (EU) 2018/842 on binding annual greenhouse gas emission reductions by Member States from 2021 to 2030 contributing to climate action to meet commitments under the Paris Agreement, and Regulation (EU) 2018/1999

Regulation (EU) 2023/955 establishing a Social Climate Fund and amending Regulation (EU) 2021/1060

Regulation (EU) 2023/956 establishing a carbon border adjustment mechanism

Regulation (EU) 2023/1115 on the making available on the Union market and the export from the Union of certain commodities and products associated with deforestation and forest degradation and repealing Regulation (EU) No 995/2010

Regulation (EU) 2023/1542 concerning batteries and waste batteries, amending Directive 2008/98/EC and Regulation (EU) 2019/1020 and repealing Directive 2006/66/EC

Regulation (EU) 2023/1781 establishing a framework of measures for strengthening Europe's semiconductor ecosystem and amending Regulation (EU) 2021/694 (Chips Act)

Regulation (EU) 2023/1804 on the deployment of alternative fuels infrastructure, and repealing Directive 2014/94/EU

Regulation (EU) 2023/1805 on the use of renewable and low-carbon fuels in maritime transport, and

参考文献：EUの政策文書，法令　　345

amending Directive 2009/16/EC

Regulation (EU) 2023/2405 on ensuring a level playing field for sustainable air transport (ReFuelEU Aviation)

Regulation (EU) 2023/2631 on European Green Bonds and optional disclosures for bonds marketed as environmentally sustainable and for sustainability-linked bonds

Regulation (EU) 2023/2675 on the protection of the Union and its Member States from economic coercion by third countries

Regulation (EU) 2024/573 on fluorinated greenhouse gases, amending Directive (EU) 2019/1937 and repealing Regulation (EU) No 517/2014

Regulation (EU) 2024/795 establishing the Strategic Technologies for Europe Platform (STEP), and amending Directive 2003/87/EC and Regulations (EU) 2021/1058, (EU) 2021/1056, (EU) 2021/1057 (EU) 1303/2013, (EU) No 223/2014, (EU) 2021/1060, (EU) 2021/523, (EU) 2021/695, (EU) 2021/697 and (EU) 2021/241

Regulation (EU) 2024/1157 on shipments of waste, amending Regulations (EU) No 1257/2013 and (EU) 2020/1056 and repealing Regulation (EC) No 1013/2006

Regulation (EU) 2024/1252 stablishing a framework for ensuring a secure and sustainable supply of critical raw materials and amending Regulations (EU) No 168/2013, (EU) 2018/858, (EU) 2018/1724 and (EU) 2019/1020

Regulation (EU) 2024/1257 on type-approval of motor vehicles and engines and of systems, components and separate technical units intended for such vehicles, with respect to their emissions and battery durability (Euro 7), amending Regulation (EU) 2018/858 of the European Parliament and of the Council and repealing Regulations (EC) No 715/2007 and (EC) No 595/2009 of the European Parliament and of the Council, Commission Regulation (EU) No 582/2011, Commission Regulation (EU) 2017/1151, Commission Regulation (EU) 2017/2400 and Commission Implementing Regulation (EU) 2022/1362

Regulation (EU) 2024/1689 laying down harmonised rules on artificial intelligence and amending Regulations (EC) No 300/2008, (EU) No 167/2013, (EU) No 168/2013, (EU) 2018/858, (EU) 2018/1139 and (EU) 2019/2144 and Directives 2014/90/EU, (EU) 2016/797 and (EU) 2020/1828 (Artificial Intelligence Act)

Regulation (EU) 2024/1735 on establishing a framework of measures for strengthening Europe's net-zero technology manufacturing ecosystem and amending Regulation (EU) 2018/1724

Regulation (EU) 2024/1747 amending Regulations (EU) 2019/942 and (EU) 2019/943 as regards improving the Union's electricity market design

Regulation (EU) 2024/1781 establishing a framework for the setting of ecodesign requirements for sustainable products, amending Directive (EU) 2020/1828 and Regulation (EU) 2023/1542 and repealing Directive 2009/125/EC

Regulation (EU) 2024/1785 amending Directive 2010/75/EU of the European Parliament and of the Council on industrial emissions (integrated pollution prevention and control) and Council Directive 1999/31/EC on the landfill of waste

Regulation (EU) 2024/1787 on the reduction of methane emissions in the energy sector and amending Regulation (EU) 2019/942

Regulation (EU) 2024/1789 on the internal markets for renewable gas, natural gas and hydrogen, amending Regulations (EU) No 1227/2011, (EU) 2017/1938, (EU) 2019/942 and (EU) 2022/869 and Decision (EU) 2017/684 and repealing Regulation (EC) No 715/2009

346   参考文献：EUの政策文書，法令

Regulation (EU) 2024/1991 on nature restoration and amending Regulation (EU) 2022/869

SWD/2021/450 Sustainable carbon cycles – Carbon farming Accompanying the Communication from the Commission to the European Parliament and the Council Sustainable Carbon Cycles

SWD/2022/82 Accompanying the document Proposal for a Regulation of the European Parliament and of the Council establishing a framework for setting ecodesign requirements for sustainable products and repealing Directive 2009/125/EC

SWD/2022/230 Implementing the Repower EU Action Plan : Investment Needs, Hydrogen Accelerator and Achieving the Bio-Methane Targets

SWD/2024/21 on Common European Data Spaces

SWD/2024/91 On Significant Distortions in the Economy of the People's Republic of China for the Purposes of Trade Defence Investigations (https://ec.europa.eu/transparency/documents-register/api/files/SWD(2024)91_0/de00000001066728?rendition=false)

SWD/Ares/2021/7679109 Scenarios for a transition pathway for a resilient, greener and more digital construction Ecosystem (https://ec.europa.eu/docsroom/documents/47996/attachments/1/translations/en/renditions/native)

付記：以上で示したEU法令は，欧州グリーンディール関連の全ての法令を網羅したものではなく，本書で参照したものに限定されている。また大文字，小文字の区別などの表記は原文にしたがっているが，正式な法令の一部を割愛している。この点，ご留意いただきたい。正式な法令表記に関しては，以下のサイトで確認いただきたい。EUR-Lex (https://eur-lex.europa.eu/)。

　なお，SWD (Staff Working Document) についてはEUR-Lexでは見つからないものもあるため，一部のSWDのリンクを示しておいた。

索　引

【数字・アルファベット】

3R　13, 141, 161
20-20-20目標　30
2018年再生可能エネルギー指令　30, 44, 47, 48, 56
2023年再生可能エネルギー指令　40, 44, 47-49, 56, 66
2030年気候目標計画（CTP）　290
2030年に向けたEU土壌戦略　133
2030年へ向けた生物多様性戦略　126, 127, 129, 132, 134, 138
2040年までのポーランドのエネルギー政策　297, 302
ACER　→　欧州エネルギー規制機関調整機構
AFOLU　130
ASN銀行　226
BDS　→　2030年へ向けた生物多様性戦略
BIM　280
CAP　→　共通農業政策
CASE　11, 18, 85, 87
Catena-X　14, 18, 97, 98
CBAM　→　炭素国境調整メカニズム
CE　→　循環型経済（サーキュラー・エコノミー）
CRM　→　重要原材料
CSDDD　→　企業持続可能性デューディリジェンス指令
CSRD（Corporate Sustainability Reporting Directive）　→　企業サステナビリティ（持続可能性）報告指令
CSR指令　222
DPP（Digital Product Passport）　→　製品デジタルパスポート
DX　→　デジタル・トランスフォーメーション
EBPM　36, 317
Eco-modulation　116
ELV　10, 117, 153
ENTSO-E　37, 66

ENTSO-G　65
ESCO　268
ESIA（European Solar Photovoltaic Industry Alliance）　→　欧州太陽光発電産業同盟
ESRS　→　欧州持続可能性報告基準
ESVD（Ecosystem Service Valuation Database）　→　生態系サービス評価データベース
ETIPWind　41
EU ETS　→　EU排出量取引制度
Euro7　10
EU気候ベンチマーク　202
　――規則　250
EU「グリーンディール産業計画案」　106
EU「重要原材料規則案」　104
EU太陽エネルギー戦略　54-56
EUタクソノミー　179-181, 183-185, 194, 195, 301
EU排出量指令　213
EU排出量取引制度　10, 15, 71, 131
F2F　→　ファームトゥフォーク戦略
Fit for 55　48, 63, 86, 297, 300
　――パッケージ　39
GFANZ　→　ネットゼロ・グラスゴー金融同盟
GHG　→　温室効果ガス
Global European Hydrogen Facility　65
GTAG　→　グリーン技術アドバイザリーグループ
GX　→　グリーン・トランスフォーメーション
ILO　270
IPCEI　→　欧州共通利益に適合する重要プロジェクト
LCA　→　ライフサイクルアセスメント
LCOE　→　均等化発電単価
LEAPアプローチ　236
Level（s）　280
LNG　→　液化天然ガス
NRL　→　自然再生法案
PBAF（Partnership for Biodiversity Accounting Financials）　20, 226, 228, 233, 238

348　索　引

PCAF（Partnership for Carbon Accounting Financials）　→　金融機関の炭素会計パートナーシップ
PSF　180-181, 183-185, 195
R＆D＆D　61
REDⅡ　→　2018年再生可能エネルギー指令
REDⅢ　→　2023年再生可能エネルギー指令
REPowerEU　39, 64-65
──計画　39, 45, 48, 50, 52-54
SDR　→　サステナブル情報開示要件
SDV　89-96
SFDR（Sustainable Finance Disclosures Regulation）　→　サステナブル・ファイナンス開示規則
SHL　→　土壌健全法案
SMR　308
SUR　→　植物防護製品持続可能使用規則案
TCFD　→　気候関連財務情報開示タスクフォース
VRE　→　変動型再生可能エネルギー

【ア行】

アウトプット正統性　285
アップスキリング　268
移行経路（transition pathway）　3, 4, 22, 160, 162
インプット正統性　285
インフレ削減法（Inflation Reduction Act：IRA）　109, 110, 163
ヴァイツゼッカー，E. U.　217
ウクライナ侵攻　293
ウクライナ戦争　61, 317
英国グリーンタクソノミー　244, 245, 247
英国サステナビリティ情報開示基準（SDS）　247
液化天然ガス　68, 333
エコデザイン　19, 116, 149, 151, 157, 323
──規則（ESPR）　10, 56, 150
──指令　48
──要件　149, 151
エネルギー2020 – 競争性，持続可能性，エネルギー安全保障のための戦略　30
エネルギー安全保障　48, 56, 68, 310
エネルギーキャリア　162
エネルギー効率化指令（Energy Efficency Directive：EED）　48, 278

エネルギーシステム統合　61, 64
エネルギー転換　212
エネルギーラベリング規則　56
エレン・マッカーサー財団　142
エンボディド・カーボン　273
欧州エネルギー規制機関調整機構　65
欧州ガス系統運用事業体ネットワーク　65, 66
欧州環境機関（EEA）　14
欧州議会　125, 134, 136
──選挙　288
欧州気候協約協定（European Climate Pact）　21
欧州気候法　289
欧州共通利益に適合する重要プロジェクト　14, 64, 65
欧州クリーン水素同盟　55
欧州グリーンディール　44, 47, 102, 144
欧州原材料同盟（ERMA）　101
欧州持続可能性報告基準　19, 179, 186-189, 194, 195
欧州社会基金プラス（ESF＋）　261
欧州社会権　20
──の柱（EPSR）　259
欧州主権基金　329
欧州将来会議　21, 284
欧州職業訓練開発センター（Cedefop）　267
欧州人民党（EPP）　135
欧州水素銀行　66, 67
欧州水素バックボーンイニシアチブ（EHB）　65
欧州戦略技術プラットフォーム（STEP）　170
欧州太陽光発電産業同盟　48, 54-56
欧州データ戦略　97
欧州電気通信標準化機構（ETSI）　323
欧州電気標準化委員会（CENELEC）　323
欧州バッテリー同盟（EBA）　55, 101, 167
欧州標準化委員会（CEN）　323
欧州標準化機構（European Standard Organization：ESO）　323
欧州風力発電協会（EWEA）　30
欧州連合条約（マーストリヒト条約）　29, 284
欧州労働組合連合（ETUC）　264
オーフス条約　284
オペレーショナル・カーボン　273
オリンピック効果　328

【カ行】

外国補助金規則　325
改正再エネ指令（REDI）　30
改正電力自由化指令　37
カバードボンド　221
ガバナンス改革　328
カーボンニュートラル　47, 49, 101, 310
カーボンファーミング　130, 138
カーボンフットプリント規制　108
カーボン・リーケージ　71, 332
環境管理監査スキーム　216
環境金融　198
環境財・サービス産業（EGSS）　265
環境タクソノミー　181, 184, 185, 195
環境と開発に関するリオ宣言　29
官民連携　159, 160
危機移行暫定枠組（Temporary Crisis and
　Transition Framework：TCTF）　170,
　173
企業持続可能性デューディリジェンス指令
　19, 179, 190, 191, 193-195
企業サステナビリティ（持続可能性）報告指令
　19, 179, 180, 186, 187, 194, 195, 201, 250,
　251
気候関連財務情報開示タスクフォース　240,
　244, 251
気候協約大使（Pact Ambassador：PA）　291
気候中立（カーボンニュートラル）　5, 27, 50,
　326
気候変動に関する政府間パネル（IPCC）　29
気候保護法　214
規制影響評価（RIA）　36
規制緩和　159, 171, 172
規模の経済　35, 61
共通農業政策　18, 125-128
共通利益プロジェクト（PCI）　36
共同体における再生可能エネルギー源の促進に
　関する欧州理事会決定　29
京都議定書　6, 29
均等化発電単価　46, 56
金融機関の炭素会計パートナーシップ　20,
　226, 228, 238
金融機関向け生物多様性フットプリント

（Biodiversity Footprint for Financial
　Institutions：BFFI）　233
クリーンエネルギーパッケージ　44, 47
クリーン自動車（clean vehicle：CV）　109
グリーニアム　204
グリーンウォッシュ　200, 223
グリーン技術アドバイザリーグループ（GTAG）
　243, 248
グリーン債　221
グリーン指標　223
グリーンジョブ　264
グリーン水素　59
グリーンスキル　267
グリーンディール産業計画　57, 85-87, 97-99,
　159, 163-165, 169
グリーン・トランスフォーメーション　4, 159,
　163, 284, 321
グリーンボンド　10, 198
グレー水素　58
グレタ・トゥーンベリ　214
グローバルグリーンファイナンス指数　208
グローバル・ゲートウェイ　325
グローバルサプライチェーン　22, 55, 56
経済安全保障　4, 22, 54, 56, 324, 326
　――委員会　328
経済協力開発機構（OECD）　35
経済制裁　333
経済的威圧　324
系統開発10カ年計画（TYNDP）　37
系統柔軟性　33
系統連系　51, 52
決定（decision）　29
原子力開発計画　299
建設資材規則　279
建築物のエネルギー性能指令　48
公益事業規制政策法（PURPA）　28
公正移行プラットフォーム　263
公正移行メカニズム　260, 264
厚生損失　36
公正な移行　7, 259, 264
公正な競争空間（level playing field）　21, 160,
　317, 319, 331, 332
行動変容　160, 161, 291, 293
国際エネルギー機関（IEA）　33

350　索　引

国際交渉委員会　114
国際再生可能エネルギー機関（IRENA）　34,
　　266
国際サステナビリティ基準審議会（ISSB）　247
国際調達措置規則　325
国際電気通信連合（ITU）　323
国際電気標準会議（IEC）　323
国際標準化　322
　　――機構（ISO）　323
国連気候変動枠組条約（UNFCCC）　29, 78
固定価格買取制度（FIT）　33, 44, 46, 67

【サ行】

再エネ発電所　218
再生可能資源からのエネルギーの利用の促進に
　　関する指令（再エネ指令）　29, 66
サイバーセキュリティ　324
サーキュラーモデル　141
サーキュラリティー車両パスポート　153
サステナブル情報開示要件　244, 247, 248, 250,
　　251
サステナブル投資を促進する枠組みの設置に関
　　する規則　250
サステナブル・ファイナンス　160, 179, 180, 194,
　　195, 326
　　――開示規則　180, 183, 187, 190, 194, 201,
　　250, 251
　　――行動計画　179, 200
産業アライアンス　14, 163
シークエンシング（sequencing）　3, 162
資源効率性　144, 145, 157
自己実現（self-fulfilling）のジレンマ　21, 317,
　　328
自然関連財務情報開示タスクフォース（Taskforce
　　on Nature-related Financial Disclosures：
　　TNFD）　236
自然再生計画　127, 132
自然再生法案　132, 135
自然独占　35
自然の柱　125, 135-137
持続可能性（sustainability）　160
資本市場　173
市民参加　284
市民討議プロジェクト　286

社会気候基金（SCF）　264
社会実装　326
社会住宅　222
社会タクソノミー　181, 184-186, 195
車載電池　101
重要原材料　45, 51, 53, 55, 56, 154, 155, 157, 322
　　――法　56
循環型経済（サーキュラー・エコノミー）　56,
　　85, 87, 94, 95, 114, 115, 140-142, 144-150,
　　153, 154, 156, 157, 159, 160
循環率　14, 148, 156, 333
静脈経済　13, 56, 141, 150, 157, 160
植物防護製品持続可能使用規則案　133, 135
食料安全保障　130, 135, 136
食料システム　126
森林　130
水素アクセラレーター・イニシアチブ　64, 65,
　　68
水素系統運用事業体ネットワーク（European
　　Network of Network Operators for
　　Hydrogen）　66
スキルギャップ　269
ステイクホルダー　22, 335
生態系サービス評価データベース　235, 237
製品デジタルパスポート　10, 146, 151, 153,
　　157, 323
生物多様性　20, 126, 326
　　――フットプリント　228, 233, 235
政府保証（Power Purchase Agreement：PPA）
　　171
世界エネルギー展望（WEO）　33
世界貿易機関（WTO）ルール　73
セクターカップリング　61, 62, 64
戦略的原材料（SRM）　155
戦略的自律性（strategic autonomy）　9, 163
戦略的対話　137
送電混雑　36
双方向差額契約（Contract for differences：CfDs）
　　171

【タ行】

大西洋横断貿易投資パートナーシップ（TTIP）
　　319
対内直接投資審査枠組規則　325

索　引　351

託送料金　38
タクソノミー　10, 147
　――規則　39, 180, 183, 186, 195
脱ロシア　166, 333
建物のエネルギー性能指令（Energy Performance of Buildings Directive：EPBD）　276
ダブル・マテリアリティ　187
炭素価格　213
炭素国境調整メカニズム　17, 71
炭素除去認証　131
地域単位の公正移行計画（TJTP）　260, 264
蓄電池のデューディリジェンス（due diligence）　107
地経学（geoeconomics）　21, 317, 328
地政学　9, 159
　――的転換　64
貯蓄投資同盟　329
低炭素技術　326
デジタル・トランスフォーメーション　10, 163, 321
デリスキング　4, 54, 164, 330
電池　→　バッテリー
デンマーク・ショック　285
電力広域的運営推進機関　38
電力自由化指令　35
動脈経済　13, 160
土壌健全法案　133, 135
土壌モニタリング法案　135
土地利用部門　130
トリオドス銀行　227, 228
努力分担部門　129

【ナ行】

二次原材料　141, 148, 160
日EU・EPA（経済連携協定）　325
日EU・SPA（戦略的パートナーシップ協定）　325
日EUグリーンアライアンス　325
ネットゼロ加速バレー（Net-Zero Acceleration Valleys）　172
ネットゼロ技術　163
ネットゼロ金融センター　245, 251, 252, 254
ネットゼロ・グラスゴー金融同盟　245, 246, 251

ネットゼロ産業　86, 87, 98, 159
ネットゼロ排出（NZE）シナリオ　34
ネットワークコスト　37

【ハ行】

廃棄物枠組指令　279
配電系統運用者（Distribution System Operator：DSO）　49
バタフライ・ダイアグラム　142, 143
発送電分離　35
バッテリー　153
　――規則　12, 86, 87, 104
　――パスポート　86, 98, 153
パリ協定　34, 212, 326
バリューチェーン　54, 55, 145, 324
汎欧州エネルギーネットワークのためのガイドライン　36
汎欧州研究開発・イノベーションプロジェクト　102
反経済的威圧措置規則　325
半導体　322, 324
「万人のためのグリーン・プラネット」コミュニケーション（CPAC）　289
非財務情報　200
非財務情報開示　10
　――指令（Non-Financial Reporting Directive：NFRD）　201
ヒートポンプ　282
費用便益分析（CBA）　36
開かれた戦略的自律性（Open Strategic Autonomy：OSA）　321
ビンスヴァンガー，H. C.　217
ファームトゥフォーク戦略　126, 127, 129, 132, 134, 138
フィード・イン・プレミアム（Feed-in Premium：FIP）　44
フォルクス銀行　227, 228
復興レジリエンス・ファシリティ　173
ブラウン水素　58
プラスチック　114
　――汚染　115
プラネタリー・バウンダリー（惑星の限界）　7, 8, 140, 160
プランD　286

352 索　引

ブリュッセル効果　330
ブロックチェーン　152
変動型再生可能エネルギー　8, 33, 44, 45-47,
　56, 62
貿易技術評議会（TTC）　325
貿易と持続可能開発章（Trade and Sustainable
　Development Chapter：TSD）　319
法的分離　35
補助金・相殺措置（Subsidies and Countervailing
　Measures：SCM）　165
ホールライフ・カーボン　273

【マ行】

未来のためのエネルギー：再生可能なエネル
　ギー源　29
民主主義の赤字問題　285
民主的正統性　21, 285
メリットオーダー　47

【ヤ行】

優先給電　44, 46, 47
優先接続　44, 46
ユーロ共同債　329

【ラ行】

ライフサイクルアセスメント（LCA）　10, 86,
　98, 273
リサイクル　115, 155
──／リユース　102
リスキリング　268
リスボン条約　29
リニアエコノミー　13, 141
リニアモデル　140-141
リノベーション　21
──・ウェーブ　21, 272
ロシアETS　303

執筆者紹介（執筆順）

蓮見　雄（はすみ　ゆう）

立教大学経済学部教授　編者，序章，第3章，第10章，第20章担当

主要業績：

『欧州グリーンディールとEU経済の復興』（共編著，文眞堂，2023年）

『沈まぬユーロ―多極化時代における20年目の挑戦』（共編著，文眞堂，2021年）

『拡大するEUとバルト経済圏の胎動』（編者，昭和堂，2009年）

『琥珀の都カリーニングラード―ロシア・EU協力の試金石』（東洋書店，2007年）

高屋定美（たかや　さだよし）

関西大学商学部教授　編者，第12章担当

主要業績：

『欧州グリーンディールとEU経済の復興』（共編著，文眞堂，2023年）

『国際金融論のエッセンス』（共編著，文眞堂，2021年）

『沈まぬユーロ―多極化時代における20年目の挑戦』（共編著，文眞堂，2021年）

『欧州危機の真実―混迷する経済・財政の行方』（東洋経済新報社，2011年）

安田　陽（やすだ　よう）

ストラスクライド大学電子電気工学科アカデミックビジター，九州大学洋上風力研究教育センター客員教授，環境エネルギー政策研究所（ISEP）主任研究員　第1章担当

主要業績：

Quantifying the reduction in coal and increase in renewables in OECD (Organisation for Economic Co-operation and Development) countries：Proposal for a coal-renewable energy index and map (Renewable and Sustainable Energy Reviews, Vol. 198 (2024) 114424, DOI：10.1016/j.rser.2024.114424)

Flexibility chart 2.0：An accessible visual tool to evaluate flexibility resources in power systems (共著, Renewable and Sustainable Energy Reviews, Vol. 174 (2023) 113116, DOI：10.1016/j.rser.2022.113116)

Yasuda, Y. C-E (curtailment-Energy share) map：An objective and quantitative measure to evaluate wind and solar curtailment (共著, Renewable and Sustainable Energy Reviews, Vol. 160 (2022) 112212, DOI：10.1016/j.rser.2022.112212)

道満治彦（どうまん　はるひこ）

神奈川大学経済学部准教授　第2章担当

主要業績：

「グリーンディールの前提としての再エネ政策―優先規定の変遷から見る日本への示唆」（蓮見雄・高屋定美編著『欧州グリーンディールとEU経済の復興』文眞堂，2023年）

「気候危機時代における環境政策と企業―気候中立とコロナ後のグリーン・リカバリーに向けて」（『比較経営研究』第45号，2021年）

「EUにおける再生可能エネルギーの「優先接続」の発達―2001年および2009年再生可能エネルギー指令における"Priority Access" "Priority Connection"の概念を巡って」（『日本EU学会年報』第39号，2019年）

明日香壽川（あすか　じゅせん）

東北大学東北アジアセンター・同大学院環境科学研究科教授　第4章担当

主要業績：

『今こそ知りたいエネルギー・温暖化政策Q＆A（2023年版）』（原子力市民委員会，2023年）

『グリーン・ニューディール―世界を動かすガバニング・アジェンダ』（岩波書店，2021年）

『「脱原発・温暖化」の経済学』（共著，中央経済社，2018年）

細矢浩志（ほそや　ひろし）

弘前大学人文社会科学部教授　第5章担当

主要業績：

「欧州グリーン・ディールと産業政策の新展開」（『産業学会研究年報』第38号，2023年）

「CASE時代の欧州自動車産業の『脱炭素』戦略」（『産業学会研究年報』第37号，2022年）

「EU統合進展下の中東欧自動車産業―欧州生産ネットワークにおける中東欧の役割」（『東京経大学会誌―経済学』第313号，2022年）

家本博一（いえもと　ひろいち）

名古屋学院大学名誉教授　第6章担当

主要業績：

「欧州の車載電池大国ポーランドにおける，『協業・連携』という新たな方向性の下での車載電池関連ビジネスの実像―2022年～2023年にかけての事業環境の激変を受けて―」（『ロシア・ユーラシアの社会』2024年冬号，No. 1070）

「車載電池大国としてのポーランドの新たな位置―「欧州バッテリー同盟EBA」と「2020年電池規則案」の下での位置づけ」（池本修一・田中宏編著『脱炭素・脱ロシア時代のEV戦略―EU・中欧・ロシアの現場から』文眞堂，2022年）

「欧州バッテリー同盟EBAの特徴・性格と今後の課題―「参加企業動向調査」を踏まえて」（『同志社商学』第72巻第6号，2021年3月）

粟生木千佳（あおき　ちか）

（公財）地球環境戦略研究機関主任研究員　第7章担当

主要業績：

「多国間プロセスにおける脱炭素と循環経済の関連性についての考察と展望―国際文書の事例分析をもとに」（共著，『環境論壇　脱炭素と両立する循環経済の構築，環境経済・政策研究』17巻2号，2024年）

"Assessing economy-wide eco-efficiency of materials produced in Japan," （共著，Resources, Conservation and Recycling, Volume 194, July 2023）

「繊維循環に関する国際動向―欧州の施策を中心に」（『廃棄物資源循環学会誌』Vol. 34, No. 3, 2023年）

「プラスチック資源循環の新たな展開：国際動向からの示唆」（『都市清掃/Journal of Japan Waste Management Association』75（368），2022年）

平澤明彦（ひらさわ　あきひこ）

株式会社農林中金総合研究所理事研究員　第8章担当

主要業績：

「世界の情勢変化と日本の食料安全保障―パンデミックとウクライナ紛争を踏まえて」（『農林金融』76（6），2023年）

「EU共通農業政策（CAP）の新段階」（村田武編『新自由主義グローバリズムと家族農業経営』筑波書房，2019年）

『日本農業年報60　世界の農政と日本―グローバリゼーションの動揺と穀物の国際価格高騰を受けて』（編集担当，農林統計協会，2014年）

太田　圭（おおた　けい）

　　エンヴィックス有限会社調査コンサルティング部研究員　第9章担当
主要業績：
　　欧州の環境政策を中心とした調査・コンサルティング。
　　「欧州環境NGOが解説：重要原料を定義するISO規格が今後3年以内に発行される見通し」（エンヴィックス有限会社『海外環境法規制モニタリング・サービス』2024年10月号）
　　「サプライチェーン全体の持続可能性—サーキュラー・エコノミーとエコデザイン規則の狙い」（共著，MUFG BizBuddyユーラシア研究所レポート，2022年12月1日）

石田　周（いしだ　あまね）

　　愛知大学地域政策学部准教授　第11章担当
主要業績：
　　『EU金融制度の形成史・序説―構造的パワー分析』（文眞堂，2023年）
　　「サステナブル・ファイナンスの拡大に向けたEUの金融制度改革」（蓮見雄・高屋定美編著『欧州グリーンディールとEU経済の復興』文眞堂，2023年）
　　「欧州中央銀行（ECB）のマイナス金利政策がユーロ地域の中小規模銀行に及ぼした影響」（『信用理論研究』第39号，2022年）

山村延郎（やまむら　のぶお）

　　拓殖大学商学部教授，ハンブルク大学持続可能社会研究所客員研究員　第13章担当
主要業績：
　　「オランダのスマート農業における金融機関の役割―ラボバンクの貸出業務とリレーションシップバンキング」（『経営経理研究』116号，拓殖大学，2019年）
　　「現代ロシアの銀行制度について―金融産業の構造」（『経営経理研究』102号，拓殖大学，2014年）
　　「ドイツの銀行監督局・保険監督局の成立史にみる金融機能の安定と顧客保護の位置づけの差について」（『経営経理研究』98号，拓殖大学，2013年）

橋本理博（はしもと　まさひろ）

愛知学院大学商学部准教授　第14章担当

主要業績：

「ASN銀行の投融資におけるサステナビリティ方針の概要」（家森信善編著『未来を拓くESG地域金融―持続可能な地域社会への挑戦』神戸大学出版会，2024年）

「オランダの金融機関における生物多様性の保全に向けた取り組み―金融機関による投融資が環境に与える影響の可視化」（『大銀協フォーラム研究助成論文集』第28号，2024年）

「オランダの協同組合銀行におけるコロナ禍の影響と環境対応」（本多佑三・家森信善編『ポストコロナとマイナス金利下の地域金融―地域の持続的成長とあるべき姿を求めて』中央経済社，2022年）

吉田健一郎（よしだ　けんいちろう）

株式会社日立総合計画研究所，グローバル情報調査室主管研究員　第15章担当

主要業績：

「ブレグジット・ショックにユーロは耐えられるのか？」（蓮見雄・高屋定美編著『沈まぬユーロ―多極化時代における20年目の挑戦』文眞堂，2021年）

『Brexit（英離脱）ショック　企業の選択―世紀の誤算のインパクト』（日本経済新聞出版社，2016年）

「EU離脱で英国はどこに向かうのか」（岡部直明編著『EUは危機を越えられるか―統合と分裂の相克』NTT出版，2016年）

本田雅子（ほんだ　まさこ）

大阪産業大学経済学部教授　第16章担当

主要業績：

『EU経済入門【第2版】』（共編著，文眞堂，2022年）

「単一市場と労働問題―社会的規制は単一市場の発展に役立つか？」（嶋田巧・高屋定美・棚池康信編著『危機の中のEU経済統合―ユーロ危機，社会的排除，ブレグジット』文眞堂，2018年）

「EUの中・東欧への拡大と域内労働移動」（田中素香編著『世界経済・金融危機とヨーロッパ』勁草書房，2010年）

高﨑春華（たかさき　はるか）

東洋英和女学院大学国際社会学部准教授　第17章担当

主要業績：

「コーヒーのサプライチェーンにおける構造的課題―EUのコーヒー市場を事例に」（『人文・社会科学論集』第40号，東洋英和女学院大学，2023年）

「新しいエネルギーのあり方と国際経済―EUがリードする経済政策の可能性」（桜井愛子・平体由美編著『社会科学からみるSDGs』小鳥遊書房，2022年）

「EU地中海政策と欧州生産ネットワークの南への拡大―モロッコの事例を中心に」（『日本EU学会年報』第31号，2011年）

細井優子（ほそい　ゆうこ）

拓殖大学政経学部教授　第18章担当

主要業績：

「EUのデモクラシーと市民社会の将来―「欧州の将来に関する会議」の意義」（『日本EU学会年報』第43号，2023年）

「移民・難民と国境管理―人の移動と国際機構」（庄司克宏編『国際機構　新版』岩波書店，2021年）

「ECにおける参加デモクラシーの可能性―従来の政策形成過程への市民関与形態との比較における市民発議の可能性に関する試論」（『日本EU学会年報』第27号，2007年）

市川　顕（いちかわ　あきら）

東洋大学国際学部教授　第19章担当

主要業績：

「ポーランド―強い欧州のなかの強いV4」（岡部みどり編著『世界変動と脱EU/超EU』日本経済評論社，2022年）

『EUの規範とパワー』（共編著，中央経済社，2021年）

「ポーランド―新型コロナ対策から見えるポーランド政治の特徴」（植田隆子編著『新型コロナ危機と欧州―EU・加盟10カ国と英国の対応』文眞堂，2021年）

カーボンニュートラルの夢と現実

―欧州グリーンディールの成果と課題―

2025 年 1 月 10 日　初版第 1 刷発行　　　　　　　　　　　　　　　　検印省略

著　者	蓮　見			雄
	高　屋	定		美
発 行 者	前　野			隆

発 行 所　株式会社　文　眞　堂

東京都新宿区早稲田鶴巻町 533
電　話　03（3202）8480
ＦＡＸ　03（3203）2638
https://www.bunshin-do.co.jp/
〒162-0041 振替00120-2-96437

印刷・真興社／製本・高地製本所
© 2025
定価はカバー裏に表示してあります
ISBN978-4-8309-5279-1　C3033